农业高等职业教育本科系列教材

智慧农业概论

张慧娜　主编

中国农业大学出版社
·北京·

内 容 简 介

本教材共有八章，包括智慧农业概述、农业大数据、智慧农机装备、农业物联网、农业专家系统、智慧农业经营、智慧农业管理和智慧农业服务。本着理论与实践相结合的原则，每章均配备相应的实践案例，同时也配备相关知识点的视频资源和课件资源，使读者可以多途径学习课程内容；每章后面设置小结和思考题，方便读者对整体内容结构的把握；另外，结合现代农业的发展趋势和国家对农业发展的要求，每章还配备润物微语板块，将课程思政内容有机融入。本教材既可作为职业本科及高职农业类相关学生的学习参考书，也适合从事智慧农业生产、管理及经营者阅读和参考。

图书在版编目(CIP)数据

智慧农业概论/张慧娜主编. --北京：中国农业大学出版社，2022.6(2024.9重印)
ISBN 978-7-5655-2807-1

Ⅰ.①智… Ⅱ.①张… Ⅲ.①信息技术—应用—农业—高等职业教育—教材 Ⅳ.①S126

中国版本图书馆 CIP 数据核字(2022)第 109044 号

书　　名　智慧农业概论
作　　者　张慧娜　主编

策划编辑	司建新	**责任编辑**	司建新
封面设计	郑　川		
出版发行	中国农业大学出版社		
社　　址	北京市海淀区圆明园西路 2 号	**邮政编码**	100193
电　　话	发行部 010-62733489,1190		读者服务部 010-62732336
	编辑部 010-62732617,2618		出　版　部 010-62733440
网　　址	http://www.caupress.cn	**E-mail**	cbsszs@cau.edu.cn
经　　销	新华书店		
印　　刷	天津鑫丰华印务有限公司		
版　　次	2022 年 8 月第 1 版　　2024 年 9 月第 3 次印刷		
规　　格	787×1092　　16 开本　　14.5 印张　　335 千字		
定　　价	44.00 元		

编写人员

主　编　张慧娜（广西农业职业技术大学）

副主编　郑发娇（广西农业职业技术大学）

罗永明（广西农业职业技术大学）

参　编　（以姓氏笔画为序）

刘梦姣（广西农业职业技术大学）

吴人敏（广西农业职业技术大学）

罗华福（广西鸣鸣果业有限公司）

黄夏梦（广西农业职业技术大学）

梁运波（广西农业职业技术大学）

葛　旭（广西南宁昇华农业科技有限公司）

温标堂（捷佳润科技集团股份有限公司）

前　言

党的二十大指出，高质量发展是全面建设社会主义现代化国家的首要任务，要全面推进乡村振兴，坚持农业农村优先发展，巩固拓展脱贫攻坚成果，同时要确保中国人的饭碗牢牢端在自己手中。

信息技术的发展，科学技术的进步，使农业生产方式发生了根本性的变革。谁来种地？怎么种地？如何实现农业的高质量发展？如何实现乡村振兴？这些成为农业发展的新时代命题。

近年来，随着农业传感技术，农业遥感技术，农业物联网技术、大数据技术、云服务平台等信息技术的迅速发展，智慧农业逐步成为现代农业发展的新趋势。智慧农业通过生产领域的智能化、经营领域的差异化以及服务领域的全方位化推动农业产业链的改造升级，实现了农业的精细化、高效化与生态化发展，保障了农产品安全，提升了农业的竞争力，使农业得以可持续发展。农业操作不再是“面朝黄土背朝天”的景象，农民也可以穿西装、打领带、坐办公室进行农事操作，农民将成为一种体面的职业。

乡村振兴，关键在人。农业要大发展，就必须有一支知识及技能强大的多元化人才做支撑。习近平总书记强调，要培养造就一支“懂农业，爱农村，爱农民”的三农工作队伍，这是新时代“新农人”的培养目标。高校是人才的摇篮，是科技创新、成果供给的重要力量，也是培养“新农人”的主要阵地。2019 年，在教育部统筹规划下，“新农科”建设拉开帷幕，志在推进农科与理工文学科深度交叉融合，主动适应信息社会对人才需求的转变。众多高校开始锚定国家重大战略需求，面向“新农业、新农村、新农民”主动适应变革，因时而进，因势而新，以创新方式培养复合型人才。正是在此背景下，广西农业职业技术大学设置了智慧农业技术、设施园艺、作物生产与品质改良等职业本科专业，以适应新时期国家对农业人才的需求。

智慧农业概论教材正是为了支撑农类职业本科教学而编写。本教材从理论政策，专业性，实用性及可操作性等几个方面入手，志在传授智慧农业发展理念及智慧农业相关知识，为培养高层次技术技能型人才做支撑。本教材一共分为 8 个章节，内容贯穿了农业生产、流通、服务三大环节，包括智慧农业概述，农业大数据，智慧农机装备、农业物联网、农业专家决策系统，智慧农业经营，智慧农业管理，智慧农业服务等内容。

本教材是由广西农业职业技术大学智慧农业课程团队教师、广西南宁昇华农业科技有限公司董事长葛旭、捷佳润科技集团股份有限公司董事长温标堂、广西鸣鸣果业有限公司技术总监罗华福等共同策划编写。具体编写分工：第一章由郑发娇编写；第二章主体内容由黄夏梦编写，实践案例由罗华福编写；第三章第二至三节、第四章由张慧娜编写；第三章第一节由梁运波编写；第五章、第六章第一节由罗永明编写；第六章第二节由温标堂编写；第六章第三节由葛旭编写；第七章由刘梦姣编写；第八章由吴人敏编写。本书由张慧娜统稿。在起草阶段，得到了原广西农业农村厅厅长张明沛老先生的支持与帮助，在此表示由衷的感谢。另外，本教材在编写过程中，参考了大量相关文献，在此向有关专家及单位表示感谢！

由于编写时间仓促，同时受编者水平限制，难免会出现错误或不妥之处，肯请各位读者批评指正。如对本教材有疑惑或修改建议，欢迎与课程编写组联系。联系邮箱：1024596266@qq. com。

编 者

2023 年 3 月

目　录

第一章 智慧农业概述

知识目标

1. 理解智慧农业的内涵。
2. 能说出智慧农业的主要内容及特征。
3. 掌握我国智慧农业发展的现状、问题及发展路径。

能力目标

1. 能够描述智慧农业的发展内涵。
2. 能够理解智慧农业在农业生产中的地位。

素质目标

1. 树立科学发展、保护生态环境意识。
2. 培养发展智慧农业共识。

第一节 智慧农业的由来及概念

一、智慧农业的由来

农业的发展经历了原始农业、传统农业、近代农业、现代农业、智慧农业等多个阶段，智慧农业是现代农业发展的高级阶段。

二维码 1-1 智慧农业的由来、主要内容及特征

(一) 原始农业

20 多万年前，原始先民采集植物、捕杀动物充饥，经历了手足分工、直立行走、使用和制造简单工具的漫长进化过程，这一进化过程孕育着农业的诞生。人们偶然发现掉在地上的植物颗粒可以发芽，甚至

长成新的植物，经过几千年的实践探索和经验积累，终于获得了关于植物耕种的季节、气候、水土、种子等相关问题的认识。新石器时代，原始先民开始种植作物、养殖动物，这标志着农业的诞生，农业进入原始农业阶段。

原始农业阶段，原始先民使用木器、骨器、石器等简单工具，采用简单协作的集体劳动，采用刀耕火种、游牧等方式开展农业生产，生产力水平极其低下，维持着低水平的共同生活。刀耕火种是新石器时代的典型农业经营方式，是一种迁移农业。先以石斧砍伐树木，草木晒干后用火焚烧，经过火烧的土壤变得松软，利用地表草木灰作肥料，播种后任其自然生长，直至收获。一般播种一年后换个地方再行烧垦种植。

(二) 传统农业

随着人类社会文明的发展，农业的发展由原始农业步入传统农业时代。传统农业采用人力、畜力作为动力，依靠有机肥或休耕维持地力，使用简陋的工具耕种，采用手工劳动方式，依托经验传承来发展农业生产，逐步形成固定的种植业、养殖业。传统农业时代，人们以土地为生产中心、以家庭为生活中心、以村庄为交流中心，形成了不依赖市场的自给自足小农经济，同时也形成了封闭村庄环境的简单生活模式。

在传统农业阶段，人们主要是看天吃饭，整个种植过程主要靠自然恩赐，如靠下雨解决浇水问题，靠人畜粪便解决施肥问题，靠植物自身的抵抗力抗衡病虫害，靠人的感觉选择农作物种子，等等。这个阶段的农业很脆弱，农作物产量较低，遇到严重自然灾害便可能大面积饿死人。

(三) 近代农业

工业革命带来了工业文明，也带来了农业生产领域的化肥、农药和农业机械化，形成了高投入、高产出、高能耗、重污染的机械化集约农业。近代农业实践是以廉价石油为基础的高度工业化的农业，因此也称为石油农业。在近代农业发展中，对土壤的大面积改良，化肥的发明和应用，除草剂和杀虫剂的大面积使用，大大提高了农业生产效率，农产品不断丰富，从某种程度上解决了人们的吃饭问题。但同时也带来了严重的环境污染和生态危机，导致土壤恶化、气候变暖、臭氧层破坏、生物多样性减少等全球环境问题。

(四) 现代农业

近代农业生产实践虽然使农业生产不断丰收，但也伴随着环境破坏和资源浪费，如何提高劳动生产效率、环境利用效率和土地产出效率成为现代农业迫切要解决的问题，人们开始探索新的农业发展模式。农业信息化的发展，为现代农业生产指明了方向，精准农业、数字农业、智能农业等农业发展模式等逐渐被提出。

精准农业追求以最少的投入获得优质、高效的产出。它是按照农业生产每个环节的具体要求，对各项农业生产管理措施进行精细、准确的调控，对各项农业投入进行最大限度的优化，以获取最大的经济效益和生态效益。精准农业利用遥感技术、卫星定位系统、地理信息系统等技术，在获取作物生产基本信息的基础上，利用智能化的专家决策系统，做到农业生产的精准播种、精准施肥、精准施药、精准灌溉、精准收获等精准化的生产管理。

数字农业是对农业资源(植物、动物、土地等)、技术(品种、栽培、病虫害防治、开发利用)、环境、经济等各类数据的获取、存储、处理、分析、查询、预测与决策支持系统的总称。数字农业强调对农业资源环境和农业生产过程的数字化表达和经营管理，是现代农业建设的基础工程，也是农业信息化的必由之路。

智能农业是在环境条件相对可控的情况下，利于工业化的生产模式，打造集约、高效、可持续发展的农业生产模式，将高新技术应用到农业生产的各个环节，配备高度智能化的专家系统进行分析决策，使农业生产各个环节的决策和运行更加智能化、自动化和标准化。智能农业能够显著提高农业生产经营效率，对现代农业的发展具有重要的作用。

(五) 智慧农业

智慧农业是适应新时代的信息技术革命、新型智能化革命和关注人类健康而提出的一种新的农业发展思路，它是智慧经济的组成部分。智慧农业的概念由精准农业、数字农业、智能农业演化而来。智慧农业是现代农业发展的高级阶段，它既是现代农业发展的重要内容和标志，也是对现代农业的继承和发展。2019 年中央“一号文件”明确提出：“强化创新驱动发展，实施农业关键核心技术攻关行动，培育一批农业战略科技创新力量，推动生物种业、重型农机、智慧农业、绿色投入品等领域自主创新”。这一重大举措为以智慧农业为代表的农业现代化发展提供了新动能，也是智慧农业发展一个难得的机遇。

二、智慧农业的概念

智慧农业是以充分利用各种农业资源，最大限度地降低农业成本和能耗、减少农业生态环境破坏以及实现农业系统的整体最优化为目标，以农业全产业、全过程智能化、泛在化为特征，以全面感知、可靠传输和智能处理等物联网技术为支持和手段，以自动化生产、最优化控制、智能化管理、系统化物流和电子化交易为主要生产方式的低耗、高产、高效、优质、生态和安全的一种现代农业发展模式与形态。

二维码 1-2 智慧农业概述 视频

智慧农业包含两个层面意思：一是侧重于农业生产领域，在农业生产中利用互联网技术，云计算、物联网和大数据等实现对农业精准管理和有效控制；二是从经营管理的角度，就是运用信息网络系统和电子商务平台，实现农业电子商务、食品溯源防伪、农业休闲旅游、农业信息服务等方面的高效运行。可以说，智慧农业是通过生产领域的智能化、经营领域的差异性，以及服务领域的全方位信息服务，推动农业产业链升级，实现农业精细化、高效化与绿色化，保障农产品安全、农业竞争力提升和农业可持续发展。

第二节　智慧农业的主要内容及特征

一、智慧农业的主要内容

(一) 智慧科学与技术

智慧农业充分应用现代科学信息技术成果，集成应用计算机与网络技术、互联网技术、物联网技术、音视频技术、无线通信技术及专家智慧与知识，根据本地实际，实现农业可视化远程诊断、远程控制、灾变预警等智能管理，为农业生产提供精准化种植或养殖、可视化管理、智能化决策。借助现代科技手段，有效推动农业发展，让农业生产、经营、管理更加科学化，更加智慧，更有成效。

（二）智慧生产与服务

农业生产贯穿于整个农业系统，生态、经济、环境、技术是智慧生产的四个要素。通过对农业的生产过程进行科学合理的规划，利用科学先进的生产技术，建立各种农业生产系统，使农业生产的产品更加符合人们的需求，同时极大地降低资源的浪费和对环境造成的污染。智慧生产不仅体现在对农业生产过程、农业生产方式的合理规划布局，还体现在因地制宜地根据环境特点，创新利用本地一切可用的农业资源，解决农业生产中的大问题，为实现农业提质增效提供便捷高效的服务。

（三）智慧经营与管理

智慧农业经营管理是利用互联网信息技术来实现农业的智能化管理运营。智慧农业管理不仅可以随时对商户的进出进行调整，还可以通过科学管理提升农产品的品质，打响品牌，从而提升农业效益。智慧农业管理贯穿于整个智慧农业产业链的方方面面，包括农业灾害监测平台、农业产品交易平台等。如智慧农业灾害监测平台能为农业种植、养殖人员提供精准的气象灾害预报，切实做到灾前精准预报、灾中科学指导、灾后有效恢复生产等，这是农业生产发展的重要保障。

（四）智慧生活与健康

习近平总书记强调“绿水青山就是金山银山”，“像保护眼睛一样保护生态环境，像对待生命一样对待生态环境”。智慧农业要求所生产的农产品不仅健康、安全、生态化，还要保证土地的优质健康和人类的幸福。创造优美愉悦的农业环境，真正坚持以人为本、人与自然和谐共处的价值导向，以提供给人们赏心悦目的自然景观和健康舒适的人文环境为目标，燃起奋发向上的生活热情，激发人们对自然界以及人类自身的道德感和敬畏感。

（五）智慧推动与发展

智慧农业不仅体现在利用智慧生产的科技手段推动农业生产过程更加精细化、科技化、智能化，还体现在农业生产组织手段的创新。通过组织创新把农民有效组织起来，找到可持续的、符合当地生产条件的产业发展模式，不断对产品进行优化，实现区域化的布局，建立现代化的企业管理、经营、服务、生产等一体化模式。了解市场需求，带动基地发展，提升农业市场竞争力，使品牌价值得到提升，农业组织更加智能化，农业发展更好，质量效益更高。

（六）智慧突破与享受

随着人工智能技术的快速发展，智慧农业迎来了新的更大突破。人工智能作为农业发展的一个新引擎，智能农（牧）场、智能化植物工厂、智能渔场、智能果园、农产品加工智能车间、农产品绿色智能供应链等智能化基地将逐步实现。一场由真正智能化的机器人技术以及机器学习算法带来的新农业革命，正在世界各国的田野间铺开。“人工智能+农业”，从本质上来说，也是一项民生工程，人们将享受到智慧农业发展带来的无穷好处和丰硕成果。

二、智慧农业的主要特征

智慧农业是现代农业发展的高级阶段，相比于以往精准农业、数字农业、智能农业等，其具有如下鲜明的特征：

(一) 创新性

智慧农业的发展依赖于现代信息技术的发展，人工智能、移动互联网、物联网、量子信息、区块链、大数据等信息科技领域的创新，都可能引来农业生产的重大变革。创新不仅渗透在信息技术领域，同样渗透在农业生产领域，可以说智慧农业是一种不断创新的农业发展模式。

(二) 网络化

智慧农业的发展离不开互联网技术的支持，智慧农业依托互联网将农作物、肥料、气象、农业从事者等信息进行有效的整合与通联，例如利用传感器技术与互联网技术形成物联网，在物联网下实时采集与传输作物生长信息，并将其实时反馈到作物生长管控中心，为农作物生产决策提供辅助支撑。智慧农业突破了“农场主或农业从事者+农田”的管理与发展模式，使农业发展依赖于现代网络的运行。

(三) 市场化

依托于智慧农业的信息服务系统，农民可以及时获取农业政策、农产品市场、农业科技、农业保险等信息，从而有效地把握市场动向，进行合理的生产决策，推进农业向市场化方向发展。例如，市场及时反馈的“绿色农产品”“有机农产品”等理念引导着农产品种植的发展态势，这些都是智慧农业在市场化下的直观表现。

第三节　智慧农业的关键技术

智慧农业的关键技术包括物联网技术、大数据技术、云计算技术、“3S”技术、农业专家系统等几个方面。

一、物联网技术

二维码 1-3　智慧农业的关键技术 PPT

物联网是通过智能传感器、射频识别(RFID)、激光扫描仪、全球定位系统(GPS)、遥感等信息传感设备及系统和其他基于物物通信模式(M-M)的短距无限自组织网络，按照约定的协议，把任何物品与互联网连接起来，进行信息交换和通信，以实现智能化识别、定位、跟踪、监控和管理的一种巨大智能网络。农业物联网是物联网技术在农业生产、经营、管理和服务中的具体应用，主要包括三个层面：

（一）感知层

运用各类传感器、射频识别（RFID）、摄像头等感知设备，对农作物的生长环境（温度、光照、湿度、二氧化碳等）、生长状况（长势、病虫害情况等）进行高精度的监测并收集农业生产的相关参数，包括各类物理量、音频、视频等数据，实现“物”的识别。

（二）传输层

利用现有的通信技术，与感知层的传感技术相融合，把感知到的农业生产信息无障碍、快速、高安全、高可靠地传送到所需的各个地方，使物品在全球范围内能够实现远距离、大范围的通信。

（三）应用层

应用层包括各种不同业务或者服务所需要的应用处理系统，它是农业物联网体系结构的最高层，是面向终端用户的，根据用户的不同需要，可以搭建不同的操作平台。这些系统利用感知的信息进行处理、分析、执行不同的业务，并把处理的信息反馈并更新。

二、大数据技术

农业大数据是融合了农业地域性、季节性、多样性、周期性等特征后产生的数据集合，涉及耕地、播种、施肥、杀虫、收割、存储、育种等各环节，具有来源广泛、类型多样、结构复杂、具有潜在价值并难以利用通常方法处理和分析的特点。大数据技术采用统计学理论和方法，通过精细化分析、聚类、总结海量数据，找出有价值的目标数据资源，分析繁杂事务中的本质关系；通过比较不同层次、维度、历史和当前数据，找出有规律性的东西，得出有价值的结论。

农业大数据已经成为现代农业新型资源要素，其发展已经成为破解农业发展难题的迫切需要。农业大数据的挖掘与应用，为智慧农业生产管理和决策提供方法论、技术体系和实现路径。

三、云计算技术

云是网络、互联网的比喻说法，云计算是基于互联网相关服务的增加、使用和交付模式。云计算将资源集中于互联网的数据中心，由云中心提供集中服务，用户通过电脑、笔记本、手机等设备接入数据中心，按自己的需求访问数据、进行计算。好比从古老的单台发电机模式转向了集中供电的模式，这意味着计算能力也可以像商品一样进行流通，就像水电一样，取用方便，费用低廉。

与传统的互联网服务相比，云计算具有共享基础设施、节省投资的特点，非常适合农业领域的信息平台建设需求。云服务大大节省了农业用户信息化建设成本，云计算降低了信息化技术在农业使用中的技术门槛和人工成本，同时云计算具有大规模、高可用性、高集成度和高稳定性的特点，保障了农业数据安全。智慧农业的发展离不开云计算的支持。

四、"3S"技术

遥感(RS)、地理信息系统(GIS)和全球定位系统(GPS)三大技术简称"3S"技术。智慧农业体系广泛运用"3S"技术,对农情作出精确分析,进而指导农业生产作出正确的决策。

(一) 遥感技术(Remote Sensing,RS)

遥感,即遥远的感知,指不直接接触物体,通过探测仪器接收来自目标地物的电磁波信息,经过对探测信息的处理,判别出目标地物属性的技术。农业遥感即遥感技术在农业领域的应用。遥感是农业技术体系中重要的工具,主要用于农业资源调查、农作物病虫害监测、农业灾害监测等,为农业生产提供大量的田间时空变化信息。

(二) 地理信息系统 (Geographic Information System,GIS)

地理信息系统是一个具有收集、储存、计算、管理、绘制、显示地理信息等诸多功能的计算机软件系统,主要功能为综合各种图形信息及数据信息并进行分析。该系统由多个用于输入、编辑、管理空间地理数据和非空间地理数据的软件工具组成,能够合理并高效地储存和管理大量地理信息,并能够为空间分析和决策制定提供不同模型。GIS 凭借其特有的空间信息管理与数据处理分析功能成为农业信息化及现代化强有力的分析和决策辅助工具。在现代农业中的运用有效解决了农业生产过程中出现的各种动态问题,如作物农业气候区划、农业土壤评价、作物适宜性评价、农业病虫害风险评估、气象灾害预警评估等。

(三) 全球定位系统 (Global Positioning System, GPS)

全球定位系统,是美国于 1994 年开发成功的新一代卫星导航定位授时系统。其研制的最初目的是为美国军事运载工具实施全方位实时三维导航与定位提供技术支撑,由于 GPS 在定位、导航、测速、授时等方面具有高效率、高精度、易操作等特点,在各领域中得到了广泛的应用。目前,GPS 的概念泛指利用卫星技术,实时提供全球三维地理坐标的系统。由于 GPS 在获取空间信息方面有着其他技术不可比拟的优势,在农业领域有着重要的作用,主要有:

(1)精确定位:农业机械可根据 GPS 导航准确无误地进行施肥、施药操作。

(2)田间作业的导航。

(3)地形地貌测量:GPS 能精确定位和测量地形。

五、农业专家系统

专家系统是通过设计计算机程序,提供一些专家知识来进行决策、咨询、诊断、学习或研究的计算机系统。农业专家系统把人工智能技术与农业技术充分结合,采集农业领域专家、历史案例的知识与经验进行分析和储存,对遇到的新农业问题模拟农业专家进行推理诊断,克服时空等限制因素,将专家知识、经验等信息资源汇集,实现信息共享,极大地提高资源利用率,更好地服务于农业生产和推进农业信息化建设。

智慧农业的关键是对农业信息的分析决策，这也是智慧农业链条中最重要的环节。农业专家系统可以帮助农户更好地选择农作物的种类及品种，使农作物在适宜的土地上生长，最大限度地避免种植和管理上的盲目性；同时，专家系统还可以为农户提供生产各环节的决策支持服务，减少农业投入品的浪费，保护生态环境，提高农作物的产量和质量。

第四节　国内外智慧农业发展现状

目前，智慧农业在世界很多国家尤其是农业发达国家已得到快速发展，其推动农业发展成效显著。在传统农业向现代农业发展的过程中，农业信息化是转型发展的重要引擎。在信息化的带动下，农业实现了由电脑农业向数字农业、精确农业再到智慧农业的递进式发展。

一、国外智慧农业发展概况

（一）起步早

早在 20 世纪 80 年代，美国就提出“精确农业”的发展构想，并在多年的实践过程中逐渐成为精确农业发展最好的国家。2009 年美国新上任的总统奥巴马首次提出“智慧地球”的概念，智慧地球和精确农业的成功实践，为美国智慧农业奠定了良好的发展基础。当前，美国利用物联网等技术开展智慧农业生产的水平处于世界领先地位，带动了农业现代化发展，构建了大农业的发展新格局。从 20 世纪 90 年代起，澳大利亚在农业种植上积极推动新技术的应用，将全球定位系统、农田遥感监测系统、信息采集系统、地理信息系统、农业专家系统、智能化农机具系统、农场数字化管理系统等众多先进技术运用到耕作、养殖上，农业生产实现了从耕作到播种、施肥、施药再到收获等各个环节的精准化。随着智能化时代的到来和网络技术的飞速发展，澳大利亚正在发展运用物联网、云计算、移动互联网等现代信息技术的智能农场、数字农庄等智慧农业模式，取得了明显的成效。

（二）力度大

一些国家较早出台了支持智慧农业发展的政策法规，多方位引导和推进智慧农业发展。率先提出“精确农业”构想的美国，先后出台了六项与农业信息化相关的法律法规和发展计划，在信息、科研、教育、基础设施、投资等方面都以法律法规形式有力推进农业发展，为“智慧农业”及其产业链条的发展提供了良好的政策环境和财政支持。农业资源匮乏、人地分配严重不足的荷兰，自第二次世界大战后政府就把现代农业作为农业发展的主攻方向，大力推进智慧农业发展。荷兰政府和欧盟一直坚持大额农业补贴，用以建设农业发展设施以及农业知识创新体系。农业发达国家基本以政府、高校的农业科技研发机构为主体，政府为主要管理者、研发推动者。企业的重视程度各国略有不同，其他农业相关者紧密配合主要研发机构，共同推进，力

二维码 1-4　智慧农业助力农业高质量发展 文档

度较大。

(三) 成效好

一些起步较早的国家,政策支持、科技研发、创新科技应用方面都早已大规模展开并快速发展,因地制宜创新推动的现代化农业发展模式也已形成并在日益完善,精准生产管理、节约人力、物力资本、提高产能和质量效益等均在逐步实现。以色列在智慧农业的发展过程中对农业物联网技术的运用十分普遍,智慧农业发展取得了巨大的成就。以色列利用低压滴灌系统使全国75%的水实现循环利用,是世界上水的利用率最高、最好的国家。以色列室内系统技术、农作物保护技术、种子繁育技术、病虫害治理技术、计算机监测技术等在世界上处于领先地位。日本在探索智慧农业的过程中,充分利用高新技术发展专业化、集约化、智能化的经营,有效提高科学技术对农业生产的支撑,减轻对土壤、气候等自然条件的依赖,运用先进农业生产技术打造现代农业生态模式。目前,日本已拥有全球最好的无土种植草莓的智慧大棚技术。日本农业以家庭经营为主,面对城市居民对农产品需求的多样化及对食品安全要求的提高,该国政府一方面发展食品全程流通电子追溯系统;另一方面大力发展农用机器人进行农业生产,措施有力,成效显著。

二、我国智慧农业发展现状

1993 年,全球互联网进入运行阶段,1994 年中国接入互联网,随后数字农业、精准农业,智能农业、互联网农业逐步推进,特别是农业部提出的“金农工程”大力度推进了农业信息化发展。2018 年 1 月 16 日国务院办公厅印发的《关于推进农业高新技术产业示范区建设发展的指导意见》提出,要促进信息技术与农业农村全面深度融合,发展智慧农业,建立健全智能化、网络化农业生产经营体系,提高农业生产全过程信息管理服务能力。2022 年 3 月,《“十四五”全国农业农村信息化发展规划》提出,智慧农业是“十四五”时期农业农村信息化发展的主攻方向,重点是聚焦行业发展需求,提升农业生产效率。随着大数据、云计算和人工智能技术的进步,精准农业、无人机植保等的应用,智慧农业提高了生产效率,也改善了生态环境,成效显著,但我国智慧农业发展仍处于探索发展新阶段。

(一) 高度重视,有力推动

我国政府及有关部门高度重视和多方支持现代农业,大力推动智慧农业发展。中央以一号文件要求各级支持农业发展,特别是智慧农业相关概念多次被提出。习近平总书记指出,“农业出路在现代化,农业现代化关键在科技进步”,这给智慧农业发展注入新的活力。可以说,发展智慧农业已经提升到了顶层设计的高度。全国各省也相继出台相关政策支持发展智慧农业,《全国农业农村信息化发展“十三五”规划》要求,今后 5 年内农业农村信息化水平将从当前的 35%提高到 50%,基本完成农业信息化从起步向快速推进阶段的过渡。国家发改委、农业部从 2011 年起,安排中央预算资金支持各地实施国家物联网应用示范智能农业项目;从 2016 年起,国家发改委会同有关部门启动实施农村产业融合发展“百县千乡万村”试点示范工程,在全国确定 137 个试点示范县,这一举措将促进智慧农业发展作为试点示范的重要内容之一。目前农业农村部已经确定了 200 多个国家级现代农业示范区，重点开展物联网、传感网、大数据、云计算、人工智能等现代信息技术在农业领域先试先行，推进资源管理、农情监测、农机调度、灾害预警等信息化的试验示范。

(二) 认识提升，积极探索

我国各地智慧农业建设的开展，改变了原来片面地理解智慧农业只是简单地在田间地头架个摄像头、装个传感器、简单发送数据等观念，提高了人们对现代信息技术、通信技术和互联网技术在有力促进现代农业发展方面的认识。2019 年 10 月 12 日，首届 5G 智慧农业发展论坛在内蒙古呼和浩特召开，大会围绕探索大数据与传统农业的深度融合发展，建设覆盖全产业链条 5G 智慧农业产业集群，推动智慧农业跨越发展进行交流，为各地智慧农业的发展传经送宝、提供科学指导。江苏省率先提出“感知中国”战略思想，先后出台了多项与农业信息化相关的发展规划。浙江省投入大量资金补贴，支持“互联网＋标准体系”“互联网＋农业生产”“互联网＋农业经营”“互联网＋农业监管”“互联网＋农业服务”等发展模式。广东省政府出台《广东省人民政府办公厅关于加快转变农业发展方式的意见》，明确提出了要“加快发展智慧农业，开展‘互联网＋现代农业’行动，推动互联网与现代农业深度融合发展”。

(三) 多种实践，成效显著

当前，我国智慧农业呈现良好的发展势头，各地因地制宜，不断探索符合实际的智慧农业发展路子，并且取得了良好的成效。2014 年、2015 年农业部分别向社会推介 310、116 项节本增效物联网应用模式。山东省德州市创新建成智慧农业大棚，集环境控制、材料科学、现代生物技术、计算机科学等多种技术于一体，实现了标准化，流水线式生产绿色高质高效农产品，成为有名的“农业工厂”，产量是普通农业大棚的 3～5 倍，效益更好。甘肃省兰州市高原夏菜主产区榆中县大力推进“互联网＋设施农业”模式，在田间地头覆盖 Wi-Fi(移动网络)，实现农产品的全程溯源、智能监控、标准化管理和社交网络销售。2015 年，海南省石山镇在全国率先创建“互联网农业小镇”，探索提出了“1＋2＋*N*”的发展新模式(“1”即通过搭建一个互联网农业综合运行平台；“2”即建设“两个中心”：运营管控中心和大数据中心；“*N*”即为当地农产品销售、农民培训、农村政务管理等提供全方位的服务)。

第五节　我国智慧农业发展存在的问题及路径

一、我国智慧农业发展存在的问题

目前我国智慧农业的发展势头良好，典型很多，但还处于试验探索逐步壮大阶段，要实现在农业生产全领域的普及推广，仍然需要较长时间。随着智慧农业生产模式的推广，智慧农业的发展也面临着各种问题和挑战。

（一）条件各不相同，技术难度高

从智慧农业的发展看，物联网技术的开发运用时间较短，在生产、加工，流通、消费各环节深度融合的网络技术设计仍然存在诸多技术瓶颈需要解决，尤其是农业生产中的各种农作物特性不同，生长环境复杂多变，如何有效准确地监测并智能化控制，均是需要攻克的技术难题。目前，推进的项目大多仅限于生长环境较为可控方面，比如大棚蔬菜、食用菌种植等，但对其他的技术运用目前仍较为缺乏。同时，因缺乏统一的物联网技术标准，农业物联网共享平台的应用和开发受到制约，因此，在实现农业生产环境的智能感知、智能预警、智能决策、智能分析、专家在线指导等综合功能方面还有很长的路要走。

（二）科研创新不足，技术转化率低

智慧农业生产所依托的信息采集处理系统以及远程监控系统以科学技术为基础，对提高农业生产效率，优化升级农业生产方式具有重要意义。就目前来看，尽管农业科研成果很多，但成果转化能力不足。许多科研机构尚未建成统一的体系，缺乏明确的分工与合作。另外，我国的农业科研机构也缺乏统一的指导，对科研成果的推广应用力度不够大，缺乏科研机构与智慧农业发展基地的相互依托，加上各地条件不同，都制约了我国智慧农业的发展。

（三）资金投入不足，缺乏整体规划

智慧农业是建立在信息化、智能化基础之上的，它的发展要充分依托大数据收集传输系统、终端远程控制系统等多种现代化技术装备，实现对农业生产的实时监控、智能感知和精准化管理。智慧农业生产相关技术设备价格昂贵，加之农村地区经济发展相对落后，政策支持和财政资金投入能力不足，难以满足智慧农业发展的需求。智慧农业发展缺乏整体规划，项目落实和产业融合存在脱节现象。

（四）产业化水平低，土地流转不够快

作为农业生产的基本要素，土地资源的合理流转和规模化经营是实现农业智慧化生产和发展的前提和基础。智慧农业的发展与推广，将是从根本上改变传统农业的生产经营模式。而这一生产模式的推广，需要大面积的土地使用权和大生产规模。因此它将面临两大约束：一是农村土地使用权的分散化，制约着大面积土地的流转及使用；二是农村分工的新挑战，原有的农民将在这轮农业发展中重新分工，他们的利益必将受到冲击。

（五）自然条件相对较差，设施不完善

我国众多农村地区特别是西部地区处于经济落后和交通不便的山区，可耕地面积较少，机械化耕作难以大规模实现，加之电子商务覆盖率不高，发展智慧农业的基础条件较差。同时，在我国许多农村地区，信息化建设相当落后，农业机械等智能化发展较为缓慢，农机产品更新较慢，现代化农业生产设施严重缺乏，基础设施建设尚待完善，智慧农业发展仍处于探索提升阶段。

（六）观念比较老化，人才素质不高

智慧农业是物联网、大数据等现代信息技术在农业领域的全新应用，属于知识和技术密集型产业，对人才素质要求比较高。智慧农业的发展和实践不仅需要掌握现代农业

生产技能和操作现代化生产设备的高素质农民，更需要一批熟悉农业电子信息化的农业科技人员。由于城乡二元结构的存在，农村大批青壮年劳动力进城务工，留守在农村的农业从业人员整体文化水平偏低，传统观念和知识老化，农业生产决策具有盲目性且往往依赖传统经验，缺乏互联网思维，难以理解和吸收新的农业经营理念和农业生产技术。

二、促进智慧农业发展路径

智慧农业是新时代农业发展的根本出路，是现代农业发展的方向和重点，积极探索智慧农业发展路径，推进三产融合发展，是农业发展的重中之重。

(一) 高度重视，统一规划，合力推动

智慧农业不仅实现了农业生产方式的跨越式发展，更是农业现代化发展的最高形态。资金投入不足以及缺乏整体规划，影响和制约了智慧农业的长足发展。

(1)各地方政府应统筹规划，立足农业发展现状，根据不同的气候和地质地貌情况，加强对智慧农业推进工作的宏观指导，鼓励多元化多方式适宜本土发展的智慧农业模式。比如，在人多地少交通不便的山区，在鼓励精耕细作保护生态环境的同时，应着力发展高附加值的特色高效农作物。

(2)加大对智慧农业基础设施的建设力度，建设统一标准的具有高新技术设备的智慧农业生产基地，有效衔接基地建设和资金的筹集落实，对自主引用遥感设备和监控设备的生产基地，政府应制定一套完整的财政补贴标准，给予大力支持。

(3)加快农村信用体系建设，鼓励商业银行以及农村金融机构向智慧农业基础设施建设提供融资贷款服务，大力支持发展智慧农业。

(4)为避免智慧农业项目落实和产业融合的脱节，对经济发展落后的地区，应大力推广公私合营模式，鼓励有实力的企业和农村集体以入股或合股的方式推进智慧农业的快速发展。

(二) 加大投入，鼓励创新，重点突破

(1)各级政府应树立科技兴农、科技强农的思想观念，加强科技研发投入，加快自主研发的步伐，尽快拥有一系列具有自主知识产权的现代化技术装备。

(2)尽快进行农业科技体制改革，完善对科技研发人员和农业科技推广人员的激励机制。大力推广物联网、区块链、智能监控和“3S”技术在农业生产中的应用，提高农业科技在智慧农业生产中的贡献率。

(3)要加强部门联合，重视智慧农业生产基地和科研部门的联合协作，鼓励研发人员前往农业生产第一线，深入了解农业生产经营者的想法和实际需求，将科研成果直接应用于智慧农业生产实践的同时，大规模的实地检验科研成果的应用效果，在提高科研成果转化率的同时进一步提高农业生产的智慧化程度，实现双方的互利共赢。

(4)加快农村地区信息化建设，采用财政补贴或税赋减免等多样化方式，鼓励电商企业进驻农村。

(三) 整合资源，流转土地，规模经营

土地资源是智慧农业发展的基本要素。加快农村土地流转，不仅可以集中土地实现

规模化经营，还可以解放大批农村劳动力，提高农业生产效率。

(1)以土地管理法为基础，各地方政府要尽快完善土地流转的管理制度，保证土地流转的确权、颁证、合同登记等各项流程都有法可依。

(2)应建立和完善土地流转信息交易平台，减少或避免土地流转双方的信息不对称；健全土地流转市场的相关交易机制，立足有偿自愿的基本原则，鼓励农民以租赁、转让等多种形式流转自己所经营的土地。

(3)增强农民的法律意识，帮助农民了解最新的土地流转交易规则，避免因没有签订转让合同或合同不规范遭受经济损失。

(四) 培养人才，提高素质，扩大队伍

智慧农业的发展离不开大数据、物联网等高新技术的创新和支持，而农业技术的创新和器械设备的操作应用都离不开人的因素，人才在智慧农业可持续发展中占举足轻重的地位。当前，我国农业从业者的文化水平总体偏低，农业科技人员缺口大，且人才结构不尽合理。因此，提高农民综合素质，培育经营智慧农业的高素质复合型人才势在必行。

(1)应加强对农民进行互联网思维、经营理念以及高新技术设备操作的教育和培训，使其成为适应智慧农业发展的现代农民和新型职业农民，使农民真正成为智慧农业发展的推动者、管理者和受益者。

(2)进一步建设和完善农业公共服务体系，扩大农技人员队伍。各地根据自己的财政状况，适当提高农业技术人员的工资待遇。通过智慧农业的长效培训机制，在健全本地人才培养体制的同时，大力引进外来人才资源，带动本地智慧农业的可持续发展。

(3)各有关学校、培训机构要针对智慧农业生产发展的需要，专门设置相关教育教学课程，培育发展智慧农业的共识，多方培养智慧农业生产经营的专业队伍。

(五) 解放思想，放宽政策，多方推动

智慧农业建设是一个系统工程，必须进一步解放思想，开拓创新。

(1)要跳出农业抓农业，破除就农业而发展农业的观念，树立以现代科学新理念引领农业发展的意识，把规模、标准、质量、品牌、智能等理念和企业化经营管理模式引入农业领域，大力推动大数据、云计算、人工智能在农业领域的应用，建立一套与现代农业相适应的管理制度和经营机制。

(2)各地要出台政策，鼓励引导发展智慧农业，加大对农业科技企业扶持力度，鼓励他们寻找国内外在智慧农业方面的标杆，提供学习和培训的机会，学习精准农业、移动互联网、云计算、物联网、智能控制、智能决策、卫星遥感等现代信息技术，加快抢占智慧农业引领发展高地。

(3)政府、企业、高校、科研机构等社会各界要共同发力，通过重点开展农业信息获取技术、农业信息服务技术、农业物联网系统集成、农业物联网技术集成应用等研究推进智慧农业更快更好发展。

(六) 完善标准，有效测评，科学发展

农业标准化是农业智慧化建设有序发展的根本保障，农业智慧化测评是检查、检验

和推进农业智慧化工作进展的重要手段，要使智慧农业健康、快速、有序地发展，就要：

(1)加快研究制定农业智慧化建设的相关标准体系，建立健全相关工作制度，推动智慧农业建设的规范化和制度化。

(2)加快推进农业智慧化测评工作，建立和完善测评标准、办法和工作体系。

(3)认真总结各地的成功经验，并针对各地区不同的地理风貌和人文习惯，因地制宜地实施农业生产，将科学发展理念贯穿始终。

润物微语

农业的根本出路在于现代化，数字化、智能化是重要路径。

实践案例

“慧种田”替代“会种田”

33名新农人如何打理1.56万亩水稻？江西省南昌县蒋巷镇大田现代农业基地给出了答案。在这个基地，天上飞的是植保无人机，地里跑的是智能旋耕机，立在田中的是农情监测点，掌中握的是物联大数据，过去面朝黄土背朝天的庄稼汉，升级为“田管家”。基地水稻的播种、施肥、浇水、杀虫、收割，实现了全流程智能化。

从“会”种田到“慧”种田，科技改变了传统农业，也孕育出新农人。49岁的刘士国是蒋巷镇三洞村村民，过去打理自家5亩水稻已累得够呛。如今，刘士国不用再汗流浃背地在田里顶着日头辛苦劳作，只需拿着手机在一旁遥控驾驶智能农机即可。“耕牛”化身“铁牛”，农机上加装了摄像头和传感器，能全程记录农机的作业面积、运行轨迹和土地平整度等数据。只要打开手机APP，就能即时了解农机的耕作层有多深、耕作面积多大、是否存在重复耕作和漏耕等情况。靠着给大田现代农业基地当专职管理员，刘士国每月能领6 000多元工资，2019年年底还拿了7万多元绩效奖。

在蒋巷镇大田现代农业基地，一眼望不到边的金色稻田中，遍布着37个农情监测点。这种集太阳能发电板、360°摄像头和风速仪等于一体的物联网设备，能实时观察农作物长势。七个功能各异的传感器埋设在不同深度的土层中，可监测土壤湿度、温度、pH等多项指标，数据每隔两小时向后台传输一次，若与设定的标准值比对出现异常，系统会自动报警。如此多的技术应用，是否会推高种田成本？基地负责人邹泰晖介绍，过去农民打药施肥容易过量，如今在对土壤和作物长势情况监测的基础上测土配肥，指挥无人机精量喷洒，每块田打药施肥的剂量都不同，有效提高了产量、降低了成本，更大大减少了农药残留物。年底算完账，节省远比投入多，十分划算。2020年6月，无人机红外线遥感监测发现，部分区域水稻叶面枯黄。与大数据系统中的上千张图片比对后，快速诊断为卷叶虫病，基地迅速采取措施，经无人机喷洒药剂后，病虫害区域控制在2%以内，损失被尽可能降到了最低。

（以上内容引自：夏青．农业步入“智慧时代”．农经，2020.9.18-30.）

本章小结

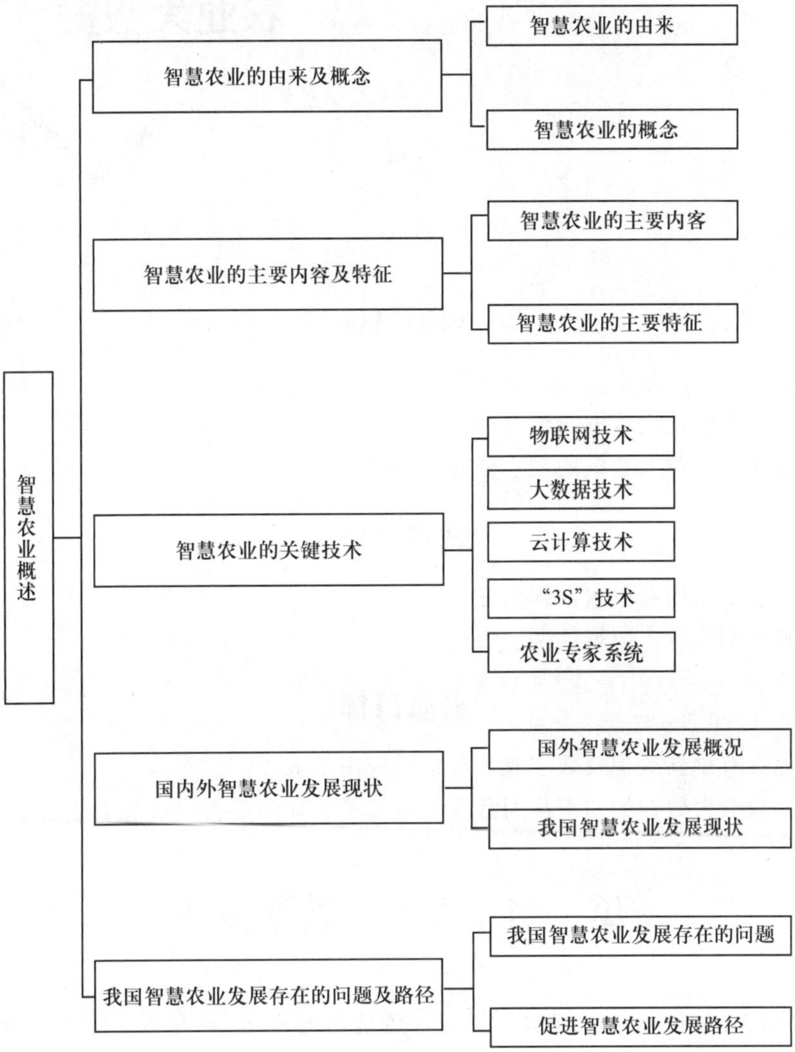

思考题

1. 智慧农业的概念包含了哪两个层面的意思？
2. 相较于以往精准农业、数字农业、智能农业，智慧农业有什么特征？
3. 我国智慧农业发展存在哪些问题？

第二章
农业大数据

知识目标

1. 认识什么是大数据、农业大数据及其特点。
2. 能够说出农业大数据所包含的内容。
3. 能够说明农业大数据的现实意义。

能力目标

1. 能够灵活运用农业大数据。
2. 能够辨别农业大数据类型。

素质目标

1. 培养具有创新意识及数字农业高素质应用型人才。
2. 掌握农业大数据的知识从而激发农业学子主动担当发展智慧农业的使命感。

第一节　农业大数据概述

大数据正在快速发展为发现新的知识、创造新的价值、提升新的能力的新一代信息技术和服务业态，已经成为国家基础性的战略资源，正成为推动我国经济转型发展的新动力、重塑国家竞争优势的新机遇和提升政府治理能力的新途径。2019 年，中共中央办公厅、国务院办公厅印发《数字乡村发展战略纲要》明确指出，农业农村是大数据产生和应用的重要领域之一，是我国大数据发展的基础和重要组成部分。我国已进入传统农业向现代农业加快转变的关键阶段。随着信息化和农业现代化的深入推进，农业农村大数据正在与农业产业全面深度融合，逐渐成为农业生产的定位仪、农业市场的导航灯、农业管理的指挥棒，日渐成为智慧农业的神经系统和推进农业现代化的核心关键要素。

我国农业农村数据数量大、历史长、类型多，然而其长期存在底数不清、核心数据缺失、数据质量不高、共享开放不足、开发利用不够等问题，无法满足农业农村发展需要。随着农村网络基础设施建设加快和网民人数的快速增长，农业农村数据载体和应用市场的优势逐步显现，特别是移动互联网、云计算、大数据、物联网等新一代信息技术的快速发展，各种类型的海量数据快速形成，发展农业农村大数据具备良好基础和现实条件，为解决我国农业农村大数据发展面临的困难和问题提供了有效途径。

二维码 2-1 农业大数据概述 视频

一、大数据概述

（一）大数据的定义

大数据，又称巨量资料，是指所涉及的数据资料量规模巨大到无法通过人脑甚至主流软件工具，在合理时间内达到撷取、管理、处理并整理成帮助生产、管理、经营等单位决策的资讯。

大数据的概念最初起源于美国，从 2009 年开始，大数据成为互联网信息技术行业的流行词语。大数据产业是指建立在互联网、物联网、云计算等渠道中的数据存储、价值提炼、智能处理和分发的信息服务业，大数据企业大多致力于让用户能从任何数据中获得可转换为业务执行的洞察力，包括隐藏在非结构化数据中的洞察力。最早提出“大数据时代已经到来”的机构是全球知名咨询公司麦肯锡。麦肯锡于 2011 年在《海量数据，创新、竞争和提高生成率的下一个新领域》这一研究报告中指出：数据已经渗透到每一个行业和业务职能领域，逐渐成为重要的生产因素。而人们对于海量数据的运用将预示新一波生产率增长和消费者盈余浪潮的到来。大数据是一个不断演变的概念，仅仅在数年时间里，大数据就从专业术语演变成了决定我们未来数字生活方式的重大技术命题。2012 年，联合国发表了大数据政务白皮书《大数据促发展：挑战与机遇》；EMC、IBM、Oracle 等跨国 IT 企业纷纷发布了大数据战略及产品。2014 年 3 月，我国首次将大数据写入《政府工作报告》，2015 年国务院通过了《关于促进大数据发展的行动纲要》。此纲要的通过，从国家战略上推动大数据产业的发展，顺应时代潮流并积极抢占全球竞争的制高点，数据成为国家基础性战略资源。从国内国际的发展来看，大数据正在驱动各个领域的变革。

二维码 2-2 150 秒让你看懂大数据 视频

（二）大数据的特点

大数据具有数据体量巨大（Volume）、数据类型繁多（Variety）、处理速度快（Velocity）、价值密度低（Value）四个特点，简称为“4V”。

1. 数据体量巨大

大数据的数据量巨大。数据集合的规模在不断扩大，已从 GB 到 TB 再到 PB 级，甚至开始以 EB 和 ZB 来计数。例如，一个中型城市的视频监控头每天可以产生几十 TB 的数据。

2. 数据类型繁多

大数据的类型繁多。以往我们产生或者处理的数据类型较为单一，其中它们大部分是结构化数据。而如今，社交网络、移动计算、物联网、在线广告等新的渠道和技术不断涌现，产生了大量的半结构化或非结构化数据，如邮件、博客、XML、即时消息等。企业需要整合并分析来自传统和非传统信息源的数据，另外还包括企业内部和外部的数据。随着传感器、智能设备和社会协同技术的爆炸性增长，数据的类型无以计数，包括文本、微博、音频、视频、传感器数据、点击流和日志文件等。

3. 处理速度快

数据的产生、处理和分析的速度在持续加快，数据流量大。各种加速的原因是数据的实时性及流数据被结合到业务流程和决策过程中。数据处理速度快，体现在处理能力从批处理转向流处理。业界对大数据的处理能力有“1 秒定律”的称谓，这充分说明了大数据的处理能力，体现出它与传统的数据处理技术有本质的区别。

4. 价值密度低

大数据由于体量在不断加大，单位数据的价值密度在不断降低，但是数据的整体价值在提高。有人甚至将大数据等同于黄金和石油，这表明大数据中蕴含了无限的商业价值。企业处理大数据，找出其中潜在的商业价值，这必将会产生巨大的商业利润。

（三）大数据发展及其内在架构

现代化强国的建成离不开大数据，大数据是各个领域“智慧化”的关键性支撑技术。

1. 我国大数据的发展

党的十八大以来，以习近平同志为核心的党中央放眼未来、顺应大势，作出建设数字中国的战略决策。2015 年，国务院发布《促进大数据发展行动纲要》，提出了“数据已成为国家基础性战略资源”的重要判断。同年，习近平总书记在第二届世界互联网大会开幕式上强调：“中国正在实施‘互联网＋’行动计划，推进‘数字中国’建设”。两年后，建设“数字中国”写入了党的十九大报告。2016 年 10 月 9 日，习近平总书记在主持中共中央政治局第三十六次集体学习时提出，建设全国一体化的国家大数据中心；2017 年 12 月 8 日，习近平总书记在主持中共中央政治局第二次集体学习时强调，“大数据发展日新月异，我们应该审时度势、精心谋划、超前布局、力争主动”“要推动实施国家大数据战略，加快完善数字基础设施，推进数据资源整合和开放共享，保障数据安全，加快建设数字中国”。2018 年 4 月，习近平总书记在致首届数字中国建设峰会的贺信中强调：“加快数字中国建设”。2021 年 4 月 25～26 日，第四届数字中国建设峰会在福建省福州市举行，峰会的主题是“激发数据要素新动能，开启数字中国新征程”。

“数字中国”是以新时代中国现代化建设为对象，以新一代数字技术和产业创新发展为引领，以信息资源为核心要素的国家信息化建设系统工程，其目标是为我国经济建设、政治建设、文化建设、社会建设、生态文明建设提供信息化技术和信息资源支撑。

近年来，我国数字化、网络化、智能化深入发展，在推动经济社会发展、促进国家治理体系和治理能力现代化、满足人民日益增长的美好生活需要方面发挥着越来越重要的作用。数字浪潮奔涌而至，我们要抓住机遇踏浪而行，加快数字中国建设，以信息化培育新动能，用新动能推动新发展，以新发展创造新辉煌。

2. 大数据解决方案逻辑层和架构

大数据解决方案的逻辑层提供了设置组件的方式，这些逻辑层提供了一种方法去组织执行特定功能的组件。逻辑层通常由大数据来源、数据改动和存储层、分析层、使用层四个逻辑层组成。

(1)大数据来源。

所有渠道的数据和所有可用于分析的数据即为大数据来源。这些数据的格式和起源各不相同，格式有结构化、半结构化或非结构化之分。因数据源不同使得数据到达的速度和传送它的速率不同，大数据的数据源可能位于企业内部，也可能位于企业外部。

(2)数据改动和存储层。

数据改动和存储层负责从数据源获取数据，并能将它转换为适合数据分析方式的格式。例如，我们可能需要将数据转换成一幅图，才能将它存储在相关存储或关系数据库管理系统的仓库中，以供进一步处理。

(3)分析层。

分析层读取数据改动和存储层整理的数据。有些时候，分析层直接从数据源访问数据。因此，设计者在设计分析层时需要认真地筹划和规划。设计者必须制定如何管理以下任务的决策：生成想要的分析、从数据中分析结果、找到所需要的实体、定位可提供这些实体的数据源、理解执行分析需要哪些算法和工具。

(4)使用层。

使用层使用了分析层所提供的输出数据，使用者可以是可视化的应用程序、人类、业务流程或服务。

3. 大数据分析的基本方面

(1)可视化分析。

数据可视化是数据分析工具最基本的要求。可视化可以直观地展示数据，就好像是让数据“说话”，让用户看到结果，这有助于更多非专业机构和人士来应用大数据，扩大大数据的应用领域。

(2)数据挖掘算法。

若说可视化是给人看的，那么数据挖掘则是给机器看的。集群、分割、孤立点分析，以及其他的算法让人们可以深入数据内部，并挖掘其价值。

(3)预测性分析能力。

数据挖掘可以让分析工作人员更好地理解数据，而预测性分析则可以让分析工作人员根据可视化分析和数据挖掘的结果作出一些预测性的判断。

(4)语义引擎。

非结构化数据的多样性给数据分析带来了新的挑战，人们需要一系列的工具去解析、提取、分析数据。语义引擎需要被设计成能从“文档”中智能地提取信息。

(5)数据质量和数据管理。

数据质量和数据管理是管理方的最佳实践。通过标准化的流程和工具处理数据可以保证得到一个高质量的分析结果。

二、农业大数据概述

2019年中共中央办公厅、国务院办公厅印发的《数字乡村发展战略纲要》中，明确将数字乡村作为乡村振兴的战略方向，加快信息化发展，整体带动和提升农业农村现代化发展。其中提到数字乡村是伴随网络化、信息化和数字化在农业农村经济社会发展中的应用，以及农民现代信息技能的提高而内生的农业农村现代化发展和转型进程，既是乡村振兴的战略方向，也是建设数字中国的重要内容。《中国数字乡村发展报告(2020)》指出，在全球数字乡村发展态势下，农业数据库建设作为农业信息化的重要基础项目，农业数据资源日渐成为农业决策的主引擎。随着信息化和农业现代化的深入推进，农业农村大数据正在与农业产业全面深度融合，成为加速数字乡村建设的关键。

(一) 农业大数据的定义

农业大数据是指运用大数据理念、技术和方法，解决农业或涉农领域数据的采集、存储、计算与应用等一系列问题，是大数据理论和技术在农业上的应用和实践。在推进乡村振兴上，农业大数据就是大数据理念技术和思维模式在农业农村的实践，包括种植与养殖、农业科技、生态保护、资源管理、乡村治理等环节。

二维码2-3　农业大数据的定义及特点PPT

农业大数据由结构化数据和非结构化数据构成。由于农业自身具有的复杂性和特殊性，农业结构化的关系型数据必将转向半结构化和非结构化数据类型。相对于二维表格逻辑表达的关系型数据，农业领域更多的是非结构化数据，如文字、图表、图片、动画、语音和视频等形式的超媒体要素以及专家的经验、知识和农业模型等。

(二) 农业大数据的特点

1. 农业大数据的数据量大

从行业上看，其包含了种植业和养殖业以及林业等领域的信息，并延伸到各个子行业的信息，包括种子、化肥、农药、农机、饲料、农产品加工等所有信息。同时包含各类生产数据、气象数据、价格数据、统计数据、进出口数据等。有国内区域的数据，也有借鉴国外的数据。

2. 农业大数据的类型多

按照农业本身特点以及农业全产业链切分方式，农业大数据可以分为农业环境与资源大数据、农业生产大数据、农业管理和农业市场大数据三类，基本囊括了农产品从产到销的全过程。农业环境与资源大数据包含土地资源数据、水资源数据、气象资源数据、生物资源数据等。农业生产大数据和农业管理大数据包含有种植业数据和养殖业数据，其中种植业数据包括种子、化肥、农药、苗木、地、水利、农机等种植业数据；养殖业数据包括牲畜、饲料、圈舍、疫情等养殖业数据。农业市场大数据包含市场供求数据、行情数据，有国内生产数据和国际农产品动态数据等。

3. 处理速度快

除常规的数据采集、人工报送外，还应用全球定位系统（GPS），可以快速地、大量地生成自己的位置信息；通过地理信息系统（GIS），可以快速地建立农业信息资源库、农业资源动态监测、农业生产的管理和决策；利用遥感（RS）成像技术，可生成农业资源、农业灾害、农作物生长情况的信息地图。

4. 精确度高

农业大数据通过科学采集、预处理，精确地分析和挖掘，具有较高的精确度。

（三）农业大数据的主要任务

基于大数据的理论和技术，农业大数据的主要任务是推进智慧农业的不断发展。农业的分散经营和生产模式使得在市场经济条件下，其在参与市场竞争中对信息的依赖性比以往任何时候都要多，而信息和服务的滞后性又对整个产业链产生巨大的负面影响。另外，由于农业生产很难在全国范围内形成统一的规划，致使农业生产受市场的波动影响较大，而且农业生产很多方面是依靠农户的感觉和经验，缺少量化的数据支撑。而在大数据时代，通过分析大数据，我们不仅可以建立综合的数据平台，调控农业生产，还可以记录、分析农业种养过程、管理过程以及流通过程中的动态变化，由此制定一系列调控和管理措施，使农业高效有序发展。

1. 优化整合农业数据资源

我国农业信息化的系统，构建了不同级别、不同领域的数据资源，形成了庞大的信息资源财富。在众多的涉农网站上汇集了合作信息资源，但是这些信息资源的数据之间缺乏统一标准和规范，存在不能关联互补、不能共享互换、信息与业务流程和应用脱节，形成了“信息孤岛”的局面。

二维码 2-4　农业大数据的主要任务 PPT

基于云计算构架和大数据技术，通过整合数据资源、规范数据标准、统一标识和规范协议等可实现计算资源的虚拟化建设，消除数据“鸿沟”，破解“信息孤岛”，发展农业大数据资源。通过构造虚拟化技术平台，实现 IT 资源的逻辑抽象和统一表示，该平台可以在大规模数据中心的管理和解决方案交付方面发挥巨大的作用。

2. 农业大数据平台建设

发展中，人们需要及时掌握农业的发展动态，依托农业大数据及相关大数据分析处理技术，建设一个农业大数据分析应用平台，以实现不断推进农业经济的优化，实现可持续的产业发展和区域产业结构优化调整，进一步推动智慧农业的发展。

农业大数据平台建设是利用最新的计算机数据挖掘技术、互联网、多媒体和云计算服务模式，以农业智能综合信息服务平台“云平台”+“智能终端”为主要载体，各方有机结合，建立贯通省—市—县（区）—乡（镇）—村—户的信息渠道。在技术上，该平台具有先进的大数据系统框架，能充分融合物联网在数据获取以及云计算在数据处理方面的技术优势，建设具有高效性、先进性和开放性的业务化应用平台。在结构上，该应用平台具有良好的可配置性。此外，随着应用领域的拓宽、业务的发展、业务量的增加，系统具有良好的扩展性和应用性。

农业大数据平台在建立主要粮食作物苗情物联网远程监控系统的同时，还可以跟进数据的获取、数据资源的管理、数据的存储、数据的挖掘、数据的计算、数据的可视化等方面。该平台不仅能够调控农业生产，还可以记录分析农业种养过程、流通过程中的动态变化，并通过分析数据，制定一系列调控和管理措施，促进农业高效有序发展，从而解决农业生产信息、消费信息不对称的问题，提高农业生产效率和产品质量。农业大数据可视化平台如图 2-1 所示。

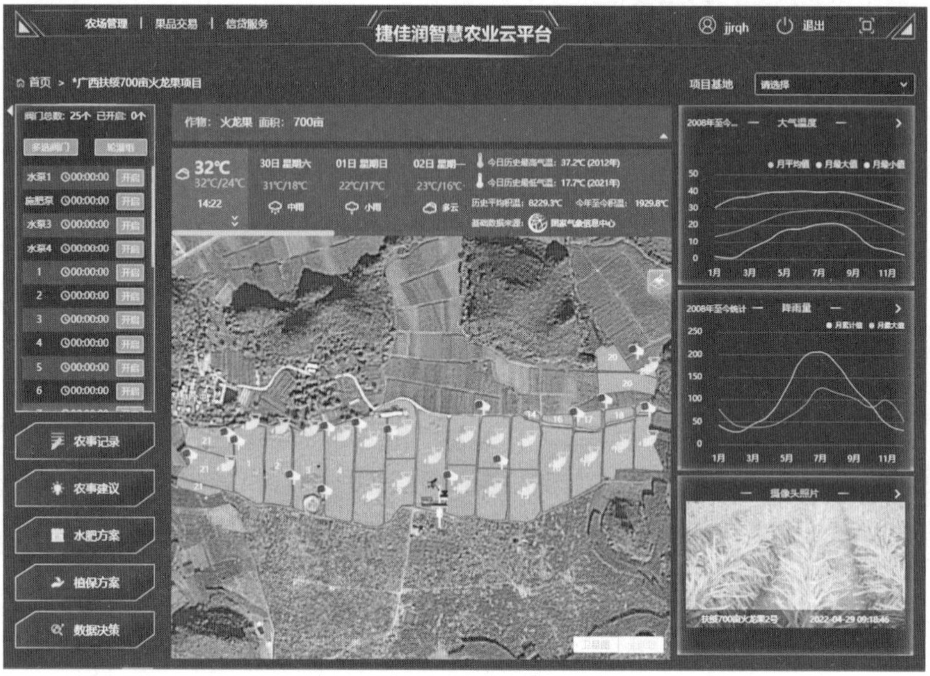

图 2-1 农业大数据可视化平台——捷佳润智慧农业云平台

（图片来源：捷佳润科技集团股份有限公司提供）

3. 农业大数据助推数字乡村发展

为充分发挥大数据在农业农村发展中的重要功能和巨大潜力，有力支撑和服务农业现代化，2017 年农业农村部出台了《农业部关于推进农业农村大数据发展的实施意见》，明确农业农村大数据建设实施分三步走：2016—2018 年基本完成数据的共用共享；2019—2020 年逐步实现政府数据集向社会开放；2021—2025 年建成全球农业数据调查分析系统。

（1）助推农业产销。

农业农村大数据已成为现代农业发展的重要资源不可缺少的要素。农业在时间和空间上的属性决定了农业相关数据必将呈现多而繁杂的状态，而从产到销的整个产业链过程也会有大量的数据产生。在大数据的帮助下生产、采摘、存储、运输、销售实现了无缝衔接，农产品质量全程追溯，加上对市场数据的掌握，可有效减少农产品供需剧烈波动的问题。在大数据的加持下，农业产业链的快速整合，从育种等前端科学的研发应用速度，到生产到产品端流程与区域供需匹配的高效化，有效减少信息流和物流在不必要的环节打转，从而实现信息流和物流的高速匹配。

通过对科技、自然环境、生产过程、消费、价格、信息等海量农业信息数据的挖掘，可达到有效提高农业生产精准化、智能化水平，推进农业资源利用方式转变，进而提高决策的准确性和时效性，提升农业的生产效率和农业资源的利用率。

(2)助推乡村治理。

农村大数据在助推乡村治理过程中主要体现在提升治理主体的协同性、提升过程决策的科学性、提升问题应对的有效性等方面。

激活数据资源和培育数据应用场景是有效解决城乡“不平衡、不充分的发展”的重要手段和途径。建立农村大数据生长周期表、数据开放应用等，不断提升“三农”大数据的标准化、准确化、治理化、完整化，克服乡村区域、产业等信息孤岛短板，提高乡村治理能效水平。

第二节　农业大数据的挖掘

在现代农业发展的过程中，数据呈爆炸式增长。随着移动互联网和物联网技术的发展，在农业生产、农产品流通与交易过程中，农业资源、环境、多样化的生产经营方式等不断产生全量超大规模、多源异构、实时变化的农业数据，产生价值密度低或者价值密度高的数据块。从这些数据中寻求科学规律和有用知识信息，快速抽取出模式、关联、变化、异常特征与分布结构，利用自然语言处理、信息检索、机器学习等技术挖掘抽取知识，从而指导农业生产和经营，即为农业数据挖掘的价值所在。农业大数据涉及育种、耕地、播种、杀虫、施肥、收割、存储等各个环节，是跨行业、跨专业、跨业务的数据分析与挖掘，以及数据的可视化。

一、何谓农业大数据挖掘

农业大数据挖掘可称为数据库中的知识发现，是指从农业数据库的大量数据中揭示出隐含的、先前未知的并有潜在价值信息的过程。原始农业数据可以是结构化的，如关系数据库中的数据；也可以是半结构化的，如文本、图形和图像数据；甚至是分布在网络上的异构型农业数据，如农业技术、农产品市场价格、农业视频等。

二维码 2-5　农业大数据的挖掘 PPT

二、农业大数据挖掘的类型

从农业大数据挖掘的渠道上看，农业大数据挖掘的类型主要有农业网络数据挖掘和农业感知数据挖掘；从农业产业类别即农业数据挖掘应用来看，农业大数据挖掘的类型主要有育种数据挖掘、作物生产数据挖掘和养殖数据挖掘。

(一) 农业大数据挖掘的渠道分类

1. 农业网络数据挖掘

农业网络数据挖掘就是以 Web 信息资源为对象，以信息检索的方式为用户提供所需信息，包括信息收集、信息过滤、信息存取、信息索引、信息检索等环节。互联网上存有海量的农业信息资源，内容涉及实用技术、供求信息、价格信息、农业资讯、农业视频等多个主题。据不完全统计，在国内农业领域现有各类网站 3 万余个，这些农业资源网站信息集中、专业性强、服务有针对性。另外，一些综合类和商务类网站，比如淘宝、阿里巴巴、阿拉丁等提供了大量的农产品供求、农资市场、农业设备等特定的农业数据。对网络中海量的数据先进行挖掘入库，然后再进行智能分析，对于现代农业发展具有非常好的现实意义。

在我国农业网络数据挖掘工具的典型代表有华南农业大学的“华农在线”、中国农业科学院的“农搜”、国家农业信息化工程技术研究中心的 Agsoso 等。目前 Agsoso 已经整合了农业科技、特色农产品、农业生产资料、农业社会经济、农业自然资源、农业产品、农产品市场、农民专业合作社、农业企业、农业视频等 14 个分类，59 个主题信息库，6.8 TB 数据资源，实现了农产品数据集市挖掘、基于规则的包装器专题信息抽取模型、农业信息专题词库更新算法、无序数据的大样本学习机制等技术的应用，为农业知识来源的最大频繁项目集和信息熵集合提供了数据仓库基础。

在国外农业网络数据挖掘工具的典型代表有美国农业网络信息中心（AGNIC）、美国普林斯顿大学建立的 Agriscape Search、法国的 Hultel Multimedia 等。

2. 农业感知数据挖掘

在农业产业链前端以及农业生产过程中，农业生产活动也产生了大量的农业过程数据，农业过程数据主要是通过各类物联网感知设备、自动控制设备、智能农机具及人工操作记录等方式进行采集与收集，统称为农业感知数据。不同于农业网络数据，农业感知数据的来源繁多，数据结构与类型复杂多样，多维特征间关联十分紧密，这些都对农业感知数据挖掘提出了很高的要求。

由于农业生物在生产过程中存在多样性、变异性和不确定性，因此农业感知数据存在季节性、时效性、地域性、多层次性、综合性等特点；而在具体应用场景上也涉及不同专业的多个领域，如气象、动植物育种、土地管理、产量分析、畜禽饲养、土壤水肥、植物保护等。物联网在农业各领域的渗透已经成为农业信息技术发展的必然趋势，将成为农业大数据最重要的数据源。随着物联网数据的不断积累，挖掘分析方法对大数据的处理方法与传统小样本的分析方法有着本质的不同，而且对挖掘深度、数据可视化与实时性等方面都有了更高的要求。

目前农业感知大数据挖掘主要是针对不同领域利用数据挖掘技术解决农业生产过程中的问题。其基本架构包括三部分：农业数据挖掘模型、农业数据挖掘工具集和农业数据挖掘服务。其中，农业数据挖掘模型主要用于数据的特征提取与模型构建；农业数据挖掘工具集提供了大量的数据预处理算法和数据挖掘算法；农业数据挖掘服务则以服务的形式提供了针对不同领域、不同用户的个性化数据挖掘与推荐方法。

例如，在美国，农场主可以通过安装 Climate Corporation 公司的气象数据软件，获得农场范围内的实时天气信息，如温度、湿度、雨水、风力等，同时结合天气模拟、植物构造和土质分析得出优化决策，帮助农场主从生产规划、种植准备、种植管理、采收等各个环节进行优化决策。而美国硅谷的 Solum 公司则致力于提供精细化农业服务，其开发的软硬件系统能够实现土壤的高效、精准的抽样分析，以帮助种植者在正确的时间、正确的地点进行精确施肥，从而提高生产效益。美国 FarmLogs 公司可以让农民通过移动终端，比如通过 Pad(平板电脑)就可以实现农场数据上传，并获取数据分析结果，使农场管理更加便捷。在我国，国家信息化工程技术研究中心等研发组建的“金种子育种云平台”，面向科研单位和育种企业的需求，在采集试验状态、谱系等相关数据上，提供包括种质资源管理、试验规划、性状采集、品种选育、系谱管理、数据分析等育种过程数据分析与服务，并在隆平高科、山东圣丰种业等公司成功应用。

(二) 农业大数据挖掘应用分类

1. 育种数据挖掘

在近代育种技术和理论出现之前，作物育种都是通过天然杂交和变异来产生一些符合人类生产需求的作物品种。随着分子生物学、遗传学、生物统计学等学科发展，作物育种的研究产生了海量的、多种类型的数据，如何整合和最大化利用这些生物学数据，对现代育种研究具有不可估量的重要意义。据不完全统计，我国现有的农作物资源中含有水果、蔬菜等 200 余种作物，其中包含的品种数达到 40 万种。人们可以通过数据挖掘的技术，根据丰富的种植经验从众多品种资源数据库中挖掘出适宜、优质的品种来进行培育。

育种相关数据包括基因组测序数据、转录组测序与分子标记数据、作物表型检测数据、田间数据和农业环境数据等。育种学者们基于经典遗传学、数量遗传学和群体遗传学等原理，采用关联、分类和聚类等各种算法，挖掘种质资源农艺性状、品质、抗逆、抗病虫等特征特性的关联知识，实现育种关联知识发现、野生种质预测、核心种质筛选等。

2. 作物生产数据挖掘

农业数据具有很强的地域性和时效性，围绕农作物生产过程开展关键环节的数据挖掘工作，发现收集苗、水、肥、土、虫、气象、灾害等数据背后隐藏的信息，实时提供相关预测、时令性和指导性的信息是数据挖掘技术在农业领域应用的重要需求。

基于实时灾情、气象、土壤肥力和大宗粮食作物栽培数据的挖掘分析，支撑农业精准生产管理，提高化肥、水、农药等合理投入。而数据挖掘可以对农作物的整个生产过程进行风险评估，通过对农作物病害、杂草、品种抗性以及相关的地理环境等元素的分析，降低气候异常、病虫害等对粮食安全生产的影响。

3. 养殖数据挖掘

先进技术已经成为智能化养殖发展中的重要推动力，其能从养殖群体、个体、投入品、环境等各方面采集全方位、实时、高频度的养殖信息，通过数据挖掘判定畜禽个体健康情况、饲料配比营养状况等，对不同生育期内最佳养殖环境模拟，对个体行为等特征抽取、分类、聚类、预测、关联规则发现、统计分析与预警等，支持高层次的决策分析，保障养殖产品的繁育和生产效率。

第三节　农业大数据应用及存在问题

为提高农业信息化水平，探索农业建设新模式，农业部于 2017 年 1 月 22 日发布了《农业部办公厅关于做好 2017 年数字农业建设试点项目前期工作的通知》(以下简称《通知》)，《通知》明确提出："为贯彻落实'十三五'国民经济和社会发展纲要、全国农业现代化规划关于实施智慧农业工程的部署，提高农业信息化水平，探索建设模式，经研究，决定从 2017 年起组织开展数字农业建设试点项目。"《通知》提出的建设思路为："全面贯彻落实党中央、国务院决策部署，牢固树立新发展理念，充分发挥国家现代农业示范区先行先试和示范引领作用，坚持政府引导、市场主体、多元投入、多方协同的原则，推动大数据、云计算、物联网、移动互联、遥感等现代信息技术在农业中应用，在大田种植、设施园艺、畜禽养殖、水产养殖等领域开展精准作业、精准控制建设试点，探索数字农业技术集成应用解决方案和产业化模式，打造一批数字农业示范样板，加快推进农业生产智能化、经营信息化、管理数据化、服务在线化，全面提高农业现代化水平。"2017 年重点开展大田种植、设施园艺、畜禽养殖、水产养殖四类数字农业建设试点项目，结合产业类型，支持精准作业、精准控制设施设备、管理服务平台等内容建设。

在 2017 年农业农村部出台的《农业部关于推进农业农村大数据发展的实施意见》中，提出要在建设国家农业数据中心、推进数据共享开放、发挥各类数据的功能、完善农业数据标准体系、加强数据安全管理五个方面夯实农业农村大数据发展和应用的基础；在支撑农业生产智能化、实施农业资源环境精准监测、开展农业自然灾害预测预报等方面把握农业农村大数据发展和应用的重点领域。

2019 年中共中央办公厅、国务院办公厅联合印发的《数字乡村发展战略纲要》指出，我国已进入传统农业向现代农业加快转变的关键阶段，要突破资源和环境两道"紧箍咒"制约，需要运用大数据提高农业生产精准化、智能化水平，推进农业资源利用方式转变。破解成本"地板"和价格的"天花板"双重挤压制约，需运用大数据推进农产品供给侧与需求侧的结构改革，提高农业全要素的利用效率。提升我国的农业国际竞争力，需要运用大数据加强对全球农业数据调查分析，增强在国际市场上的话语权、定价权和影响力。引导农民生产经营决策，需要运用大数据提升农业综合信息服务能力，让农民共同分享信息化发展成果。推进政府治理能力现代化，需要运用大数据增强农业农村经济运行信息及时性和准确性，加快实现基于数据的科学决策。

一、农业大数据应用的领域

农业大数据的应用有了强有力的支撑环境，呈现出巨大的发展潜力和广阔的应用前景。《农业部关于推进农业农村大数据发展的实施意见》中有关农业大数据的应用从 11 个方面作了介绍。

二维码 2-6　农业大数据的应用 视频

(一) 支撑农业生产智能化

运用地面观测、传感器、遥感和地理信息技术等,加强农业生产环境、生产设施和动植物本体感知数据的采集、汇聚和关联分析,完善农业生产进度智能监测体系,加强农情、植保、耕肥、农药、饲料、疫苗、农机作业等相关数据实时监测与分析,提高农业生产管理、指挥调度等数据支撑能力。推进物联网技术在种植、畜牧和渔业生产中的应用,形成农业物联网大数据。发展农机应用大数据,加强农机配置优化、工况检测、作业计量等数据获取,提高农机作业质量的远程监控能力,提高对作物种植面积、生产进度、农产品产量的关联监测能力。

(二) 实施农业资源环境精准监测

建立与气象、水利、国土、环保等部门数据共享机制,构建农业资源环境本底数据库。建立农业生物资源、农产品产地环境以及农业面源污染等长期定点、定位监测制度,完善监测评价指标体系,为"一控两减三基本"行动的实施提供数据支撑。开展耕地、草原、林地、水利设施、水资源等数据在线采集,构建国家农林资源环境大数据实时监测网络。逐步公开农业资源环境数据,支持企业开发节水、节肥、节药、农业气象预报等数据产品。

(三) 开展农业自然灾害预测预报

完善干旱、洪涝、冷害、台风等农业重大自然灾害和草原火灾监测技术手段,加强数据实时采集获取能力建设,提高应急响应水平。整理挖掘自然灾害历史数据,加强对灾害发生趋势的研判和预测,掌握灾变规律,强化实时监测与预警,把握最佳防控时机,有效预防和最大程度降低灾害损失。建立农业灾害基础数据库,组织专家团队构建预测模型,开展农业灾害与农业生产数据的关联分析,定期发布灾情预警和防灾减灾措施。

(四) 强化动物疫病和植物病虫害监测预警

建立健全国家动物疫病和植物病虫害信息数据库体系、全国重大动物疫病和植物病虫害防控指挥调度系统,提升监测预警、预防控制、应急处置和决策指挥的信息化水平。健全覆盖全国重点区域的农作物病虫疫情田间监测网点、农药安全风险监测网点、动物疫病风险监测网点、动物及动物产品移动风险监测网点、兽药风险监测网点、屠宰环节质量安全监测网点和重点牧区草原鼠虫害监测网点,提高动物疫病和植物病虫害监测预报的系统性、科学性、准确性。

(五) 实现农产品质量安全全程追溯

加快建设国家农产品质量安全追溯管理信息平台,建立健全制度规范和技术标准,加强与相关部门的数据对接,实现生产、收购、储藏、运输等环节的追溯管理,建立质量追溯、执法监管、检验检测等数据共享机制,推进数据实现自动化采集、网络化传输、标准化处理和可视化运用,实现追溯信息可查询、来源可追溯、去向可跟踪、责任可追究。推进实现农药、兽药、饲料和饲料添加剂、肥料等重要生产资料信息可追溯,为农产品监管机构、检验检测认证机构、生产经营主体和社会公众提供全程信息服务。

（六）实现农作物种业全产业链信息查询可追溯

建立农作物种业大数据信息系统，整合部、省、市、县种业科研、品种管理、种子生产经营、市场供需各环节信息数据，实现新品种保护、品种审定、品种登记、引种备案、种子生产经营许可备案网上申请，种子供求、市场价格、市场监管等信息公开和查询，统一市场种子标签规范，实现从品种选育到种子零售的全程可追溯，为农民选购放心种和农业部门依法治种提供信息服务。

（七）强化农产品产销信息监测预警数据支持

在巩固原有数据采集基础上，开展电子商务、期货交易、电子拍卖、批发市场电子结算等数据的监测分析，加强农产品加工数据采集体系建设，加大消费端数据采集力度，建立覆盖全产业链的数据监测体系，促进农产品产销精准对接。加强全球农业数据调查分析，研发重要农产品供需预测模型，组建跨部门跨行业农业大数据分析团队，开展综合会商，提升分析预警和调控能力。完善农业展望工作制度和涉农数据发布制度，打造权威的农产品产销数据发布窗口。

（八）服务农业经营体制机制创新

开展农村集体经济和农村合作经济发展情况监测，建立健全示范性家庭农（林）场、合作社示范社和重点龙头企业名录，完善现代农业经营方式综合评价制度。加强农村集体资金资产资源信息化管理，加快农村集体资产监管数据库建设。加强对农民收入、农村土地经营权流转、农村集体产权交易、农民负担、新型农业经营主体发展等情况的统计监测，强化相关数据的采集、存储和关联分析，强化对工商资本租赁经营农户承包地情况的监管。建立全国农村土地承包经营确权登记颁证数据库，并与不动产登记信息管理基础平台衔接，推进数据互联互通和共建共享。发展农垦经济大数据，加强农垦土地资源、农业生产信息、农业生产社会化服务和农垦农产品质量安全数据监测。

（九）推进农业科技创新数据资源共享

整合农业科教系统数据资源，推动农业科研数据共享，促进农业科研联合和协作攻关。建立国家农业科技服务云平台，加快国家农业科技大数据建设，集聚农业科教系统各方力量，形成农业科技创新、成果转化、农技推广、新型职业农民培育等领域的数据共享机制。建设育种大数据，实现对农作物表型数据和基因测序数据的长期观测和积累，开展大数据关联分析，加速作物优良品种选育的过程。

（十）满足农户生产经营的个性化需求

加快推进信息进村入户工作，增强村级站数据采集和信息发布功能。建立健全面向农业农村的综合信息服务体系，提升“12316”平台用户体验和服务质量，为农民生产生活提供综合、高效、便捷的农业农村综合信息服务。探索商业化经营模式，鼓励各类经营性农业信息服务组织开发基于APP应用的农业大数据信息服务产品，提高农民使用智能手机的能力，为农民提供精准化、个性化信息服务。

（十一）促进农业管理高效透明

推动农业部门政府数据开放共享，加强农业部门政务数据资源与涉农部门数据、社会数据、互联网数据等的关联分析和融合利用,完善"用数据说话、用数据管理、用数据决策、用数据创新"的机制,提高农业宏观调控的科学性、预见性和有效性。运用大数据推动行政审批流程优化,加快在线审批进程,提高行政审批效率。加强和改进市场监管,构建大数据监管模型,加强事中事后监管和服务,推动政府治理精准化。

展望今后一段时期,农业大数据在助推数字农业农村发展方面将迎来难得机遇。从国际看,全球新一轮科技革命、产业变革方兴未艾,物联网、智联网、大数据、云计算等新一代信息技术加快应用,深刻改变了生产生活方式,引发经济格局和产业形态深度变革,形成发展数字经济的普遍共识。大数据成为基础性战略资源,新一代人工智能成为创新引擎。世界主要发达国家都将数字农业作为战略重点和优先发展方向,相继出台了"大数据研究和发展计划""农业技术战略"和"农业发展 4.0 框架"等战略,构筑新一轮产业革命新优势。从国内看,党中央、国务院高度重视网络安全和信息化工作,大力推进数字中国建设,实施数字乡村战略,5G 网络建设快速推进,为发展数字农业农村提供了有力的政策保障。信息化与新型工业化、城镇化和农业农村现代化同步发展,城乡数字鸿沟加快弥合,数字技术的普惠效应有效释放,为数字农业农村发展提供了强大动力。我国农业进入高质量发展新阶段,乡村振兴战略深入实施,农业农村加快转变发展方式、优化发展结构、转换增长动力,为农业农村生产经营、管理服务数字化提供广阔的空间。

二、农业大数据存在的主要问题

尽管农业大数据的应用已经有了一定的基础和良好的环境,发展前景广阔,但我们也应该看到,我国农业大数据应用发展总体滞后,面临诸多挑战。

1. 发展基础薄弱,数据资源分散。天、空、地一体化数据获取能力不强、覆盖率较低,重要农产品全产业链大数据、农业农村基础数据资源体系建设起步不久。

2. 创新能力不足,关键核心技术研发滞后。农业专用传感器缺乏,农业机器人、智能农机装备适应性较差。

3. 数字产业化滞后,数据整合共享不充分、开发利用不足。数字经济在农业中的占比远低于工业和服务业,成为数字中国建设的突出短板。

综合研判,"十四五"时期是推进农业农村数字化的重要战略机遇期,我们要顺应时代趋势、把握发展机遇,为加快数字技术推广应用,大力提升数字化生产力,抢占数字农业农村制高点,推动农业高质量发展和乡村全面振兴,让广大农民共享数字经济发展红利。

润物微语

农业现代化,关键是科技现代化。要加强农业与科技融合,加强农业科技创新,科研人员要把论文写在大地上,让农民用最好的技术种出最好的粮食。

2020 年 8 月习近平在吉林考察时的讲话

实践案例

鸣鸣果园：用数据定义好水果

农业，在老一辈人脑海里最深刻的烙印是“苦！”“靠天吃饭！”于是，鱼跃龙门、走出大山成为父辈常挂嘴边的劝说。然而，科技发达的今天，鸣鸣果园用实践告诉大家，农业也可以很“科技”。

2014年，一位在工业企业工作多年的公司高管，嗅到了农村土地流转变革的气息，毅然辞职，到南宁市武鸣区拿了一块地，成立了鸣鸣果园，然后选择种了当时国内几乎没有什么种植资料的新品种——沃柑。当时自我打气：农业是勇敢者的游戏！

农业，光靠勇敢不行，一味地勇敢可能只是莽夫，改变不了什么，更不会给农业带来质的变化。想要质变，就必须依靠新技术，尤其是信息技术。于是，鸣鸣果园于2018年4月组建了自己的信息技术团队，并以“用数据定义好水果”作为企业数字化、智能化建设的指导方向。经过多年的实践与探索，鸣鸣果园在农业数据资源建设、农业生产数字化、农产品加工智能化、产业数字化监测、农产品市场数字化监测和农产品质量安全追溯管理等方面都取得不错的成果。

在鸣鸣果园位于南宁市武鸣区城厢镇九联村的沃柑种植示范基地，你会感觉到农业其实已不是人们想象中的“一把黄土一把汗”。鸣鸣果园智慧农业设施分布如图2-2所示。

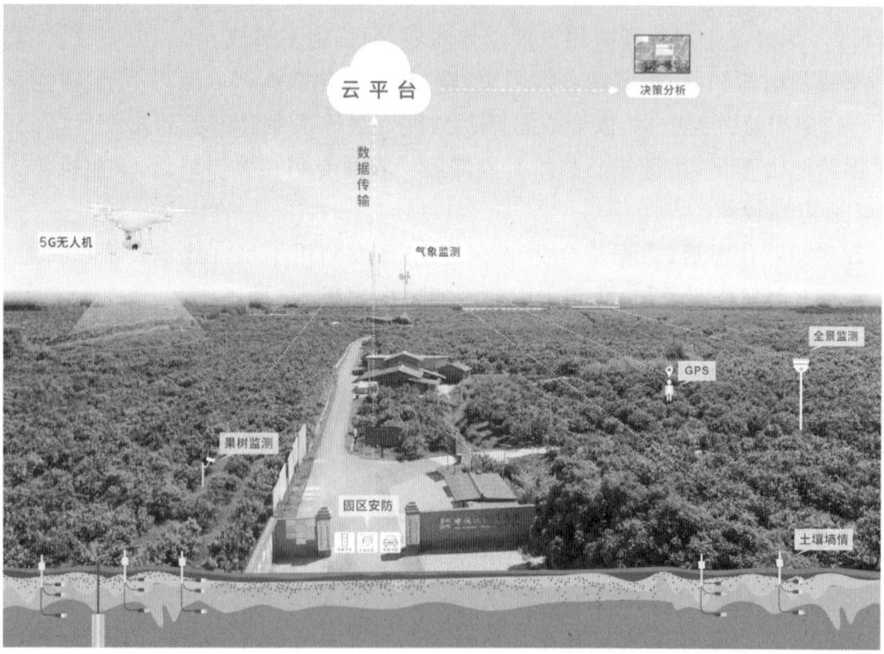

图2-2　鸣鸣果园智慧农业设施分布图

（图片来源：广西鸣鸣果业有限公司提供）

1. 园区智能安防

在大门入口处，可以看到一般城市里才有的远程手机遥控开关大门，大门无人值守。大门入口一旁，是互联网在线视频监控摄像头，这是园区智能安防网络的一部分。通过由摄像头、门禁设备、组网通信设备、报警器等组成的园区安防系统，可以减少人员巡园频率，实现单个管理人员能管理更大的园区。

2. 数字化“三情”监测分析

在一些果树的下方可以看到立着一根杆，末端装着一个带有太阳能板的小盒子，连着一根线插入土里。这是自主研发的基于太阳能供电、自动联网和上传数据的土壤墒情监测设备。每隔 30 分钟，就会将埋在土壤中的传感器检测到的土壤温度、湿度、电导率、pH，氮、磷、钾含量数据上传到公司云服务器，经过云端数据处理，将分析数据推送到管理人员手机 APP，为精准施肥、作业决策提供数据依据。

立在基地办公室前的小型气象站以通用的方式将气候数据实时提交云端服务器，为果树生长模型分析提供数据支撑。园区同时部署了多点全景高位摄像头，摄像头可手机远程遥控旋转、变焦，通过影像画面实时了解园区果树生长情况。

依靠传感器、太阳能设备、信号中继设备、4G/5G、摄像头、小型气象站等物联设备，构建种植园区“三情”监测平台。依托“三情”一体化监测平台，获得作物生长过程中的墒情、气象信息、生长情况等实时监测数据，并基于算法分析，得到农作物的全周期生长曲线，及时获得预警信息和生产管理指导建议。鸣鸣果园监测设备如图 2-3 所示。

图 2-3　鸣鸣果园监测设备

3. 果树数字地图

利用 RTK 定位、无人机航拍、农作物图像识别、GIS 地理信息等技术，将农作物信息、地块分布、滴灌布局、巡检记录、农事记录等信息集成到大家熟悉的地图平台，以空中视角地图的方式直观地了解和掌握园区各项信息数据。通过大量的数据采集分析，管理者可以通过手机快速了解种植园区各项数据，用于指导日常生产活动。可以精准到每棵果树、每个地块、每个管理岗位，进行全产业链质量安全的监控与追溯，实现了经营管理上的标准化与数字化，同时生成了果树数字资产，“用数据定义好水果”成为可能。

4. 数字化病虫害监测

传统的病虫害巡园，大多是把巡园情况记在大脑里，最多再用手机拍几张照片，这些零散的资料信息无法分析挖掘更多价值。呜呜果园借助数字化系统和智能物联设备，搭建了三套监控体系，确保对病虫害及时预警和治理。第一套是巡检汇报机制，基地管理人员、技术人员、考核人员在巡园过程中发现任何异常问题，可以立即打开手机 APP 创建巡检记录并拍照上传，系统会自动存储归档并发消息提醒对应的地块负责人、基地场长，同时形成待办工作要求相关负责人必须及时处理，做到问题处理的闭环。第二套是园区定点高清监控摄像系统，在园区均匀分布高清摄像头，固定位置拍摄某棵果树或果树的某个细节部位，定期传回影像数据，通过后台对影像数据的分析，判别病虫害类型和基数，以数据分析报告的形式提供给公司作为快速决策依据。第三套是无人机巡园，人走完一个上千亩的种植园区估计也要半天或一天，然而无人机飞一遍也就 20 多分钟，提高效率的同时又可以自动保持历史数据，便于之后的大数据分析。呜呜果园数字地图及病虫害监测现场如图 2-4 所示。

图 2-4　呜呜果园数字地图及病虫害监测现场

总之，数字科技时代下的农业已非普通大众认知中传统、落后的样子，数字科技让农业有了新的面貌。

本章小结

- 农业大数据
  - 农业大数据概述
    - 大数据概述
    - 农业大数据概述
  - 农业大数据的挖掘
    - 何谓农业大数据挖掘
    - 农业大数据挖掘的类型
  - 农业大数据应用及存在的问题
    - 农业大数据应用的领域
    - 农业大数据存在的主要问题

思考题

1. 什么是农业大数据？
2. 农业大数据挖掘的类型有哪些？
3. 农业大数据应用领域有哪些？
4. 目前农业大数据主要存在什么问题？

第三章 智慧农机装备

知识目标

1. 能够说出智慧农机装备的主要类型。
2. 能够区别不同农机应用的环境条件。
3. 能够说明常用农业机械的工作原理。

能力目标

1. 能够完成农业生产机械的合理选型。
2. 能够熟练运用现代农业机械装备。

素质目标

1. 树立科技兴农的强国思想。
2. 培养农业劳动安全意识,坚守精益求精工匠精神。

在智慧农业发展实践中,农业机械在实现农业生产的自动化和智慧化方面发挥着重要的作用。智慧农机是在农业机械化快速发展和农业领域的“互联网+农机”背景下产生的。具体来讲,智慧农机是指充分利用物联网、大数据、云计算、人工智能、“3S”等信息技术与农机整个产业链条进行深度融合的农业机械。智慧农机装备包括农用田间作业机械设施、农业装备、农产品加工设备、农田设施设备、农业信息化设备等,涵盖产前、产中、产后、储存、运输以及流通等各个环节,是智慧农业发展不可或缺的物质和技术保证。本章我们主要介绍与种植业相关的智慧农机装备。

第一节 农业动力机械及耕作机械

农业机械化是实施乡村振兴战略的重要支撑,习近平总书记指出要大力推进农业机械化、智能化，给农业现代化插上科学的翅膀。农业机械化的发展，有助于调整农业生产结构，提高农业生产效率，促进现代农业的规模化发展。

农业生产的机械涉及产前、产中、产后等各个环节，包括农业动力机械、土壤耕作机械、栽种机械、施肥机械、中耕机械、植保机械、收获机械等。

一、农业动力机械

二维码 3-1　农业动力机械

农业动力机械是指为各种农业机械和农业设备设施提供动力的机械设备，最常用的有柴油机、汽油机、电动机等。农业拖拉机是最常用的牵引动力机械，使用柴油机作动力源，牵引、驱动各种农业机械和农业设施设备开展各项农业管理措施，如犁耙、松土、起垄、播种、移栽、喷雾、收获、脱粒等。

（一）农业拖拉机的分类

1. 按照功能分类

（1）通用型，主要用于大田作业。

（2）中耕型，用于作物行间中耕。

（3）园艺型，用于庭园、果园、苗圃等。

（4）水田型，用于水稻田作业。

（5）坡地型，用于山坡地作业。

（6）集材型，用于林区集材和运输作业。

2. 按行走装置分类

（1）履带式拖拉机（图 3-1）。履带式拖拉机的行走装置是履带，它主要适用于土质黏重、潮湿地块田间作业，农田水利、土方工程等农田基本建设工作等。

图 3-1　履带式拖拉机

（2）轮式拖拉机。轮式拖拉机的行走装置是轮子。按其行走轮或轮轴的数量不同又可分为手扶拖拉机和轮式拖拉机两种。

①手扶拖拉机（图 3-2）。手扶拖拉机的行走轮轴只有一根。如轮轴上只有一个车轮

的称为独轮拖拉机，有两个车轮的称为双轮拖拉机。因其只有一根轮轴，在农田作业时操作者多为步行，用手扶持操纵拖拉机工作，所以，称其为手扶拖拉机。

②轮式拖拉机(图 3-3)。轮式拖拉机的行走轮轴有两根。如轮轴上有三个车轮的称为三轮拖拉机，有四个车轮的称为四轮拖拉机。我们通常所说的轮式拖拉机是指双轴三轮和四轮这两种型式的拖拉机。我国目前生产和应用比较广泛的是四轮拖拉机。

图 3-2　手扶拖拉机

图 3-3　轮式拖拉机

(3)无人驾驶拖拉机。无人驾驶拖拉机是在现有农用拖拉机的基础上安装自动导航驾驶系统，系统利用全球导航卫星系统(Global Navigation Satellite System，简称 GNSS，包括美国的 GPS、俄罗斯 GLONASS、欧盟 GALILEO 和中国北斗卫星导航系统等)并采用高灵敏度角度传感器采样，再由控制器加入定位信息进行处理，同时对农机的液压系统进行控制，从而控制车轮的偏移角度，使农机按照设定的路线自动驾驶。

与传统人力操作拖拉机不同，无人驾驶拖拉机的重量大大减轻，既节约了燃料，又减轻了对土壤的压力破坏，可使农作物产量比以前多 10%。同时，无人驾驶拖拉机操作也比较简单，流程如下：首先将田块边界地图输入系统，然后使用集成的路径规划软件为拖拉机绘制最高效的田地路径（规划软件在绘制田地路径时不仅会考虑如何减少进地次数，同时也能根据不同的农具幅宽自动调整参数)，最后用户根据软件生成结果选择车辆、田块就可以执行任务了。当拖拉机检测到无法避开的障碍物时，会发出警报，自动停车，等待人为干预。在作业过程中，农户也可根据自身要求，随时停止作业，并实时修改作业任务。

二维码 3-2　无人驾驶拖拉机

(二) 农业拖拉机的发展现状及发展趋势

1. 我国农业拖拉机的技术现状

农业拖拉机技术水平代表着一个国家农业现代化与机械化水平，其作为农机具产品的主要动力输出源，更是农技品类需求量最大的产品，全球农业强国无不将拖拉机作为本国的农机工业核心。随着国民经济的发展和国家土地流转政策的实施，土地的规模化、集约化经营加速了农业机械化进程，国家一系列强农、惠农政策和农机购置补贴政策的实施，使市场对大中功率拖拉机的需求不断增加，拖拉机在发展现代农业中的地位和作用也更加突出。

2005—2020 年国家连续 16 年针对“三农”的“一号文件”的颁布和实施，使我国现代化农机流通体系进程不断加速，现代农业的发展给拖拉机的发展带来前所未有的历史机遇。2019 年国内拖拉机行业比 2018 年新增 25 个新品牌，对中型拖拉机的购买，全年同比增长 15%。虽然近年来我国在农业拖拉机技术方面取得了长足发展，但与欧美发达国家相比在技术、质量上仍有较大差距，需通过技术引进、共同开发、自主研发相结合的方式，生产出适合我国国情的拖拉机。中国一拖借鉴意大利菲亚特技术，同时对技术进行消化吸收，形成了由 LF80/90、东方红-1004/1204/1604/1804，组成的国内最完整的大轮拖系列产品。目前我国大轮拖的技术基本和国际 20 世纪 90 年代的技术水平相当，国内产品和国外产品的主要差距在于发动机的震动、噪声、排放，动力换挡变速箱，拖拉机电子控制系统以及负荷传感液压系统等。

2. 我国农业拖拉机的发展趋势

(1)提高功率、完善标准。首先，针对拖拉机的作业需要提高其输出功率，我国目前大部分拖拉机功率为 88～118 千瓦，在技术方面也从最初的 56 千瓦 提升到了 735 千瓦以上，近年来虽有长足发展，但相比于欧洲、北美等地区的农业强国而言，还存在一定的差距。其次，在拖拉机生产方面，由于轮式拖拉机操作便捷，对土壤破坏较少，因此比履带拖拉机更受欢迎，履带拖拉机随着时代发展逐渐被淘汰。最后，在进行拖拉机生产时，对各种零部件需要统一标准，实现系列化生产，从而有效地降低制造成本。

(2)提高操作应用的可靠性、舒适性。

目前，人们对拖拉机的使用已经不仅仅满足于其作业效率，也更加注重在使用过程中的可靠性、安全性，以及操作的技术是否便捷，对驾驶室的舒适程度要求也大大提高。因此，设计出在各类极限条件下具有高可靠性和良好操作环境的拖拉机，是未来农业拖拉机的发展方向。

(3)提高作业过程的节能性、环保性。

随着农业机械化规模的不断扩大，传统的燃油拖拉机对环境污染的影响也越来越大，这显然和“金山银山就是绿水青山”的环保发展理念不符，因此降低拖拉机尾气排放量，使用新型清洁能源如氢燃料、电池动力蓄电池、生物甲烷等，从根本上解决农业机械作业过程的节能减排及环保问题是未来农业拖拉机作业的一个重要要求。

(4)生产作业的高效化、智能化。

高效作业不仅仅体现在拖拉机自身作业效率上，更是指整个农业生产系统的高效运行。拖拉机作为农业物联网系统中的一个终端，一方面，与生产企业相连通，实现对拖拉机作业状态的实时监控，同时各作业数据也会被上传至相应的服务器，经综合处理后分类入库，对产品的升级换代、故障预测、生产维护、作业情况的数据统计等均具有极其重要的参考价值；另一方面，拖拉机与目标用户联网，可随时响应用户的使用要求，按需分配机具类型、设备数量、功率级别等，以最小的投入达到最佳的经济效益和社会效益，实现有限农业资源的最优分配和高效使用。再者，随着信息技术在农业生产中的应用，拖拉机的智能化也将得到更大的发展，而作为拖拉机智能化的关键技术——拖拉机的智能决策、导航控制、智能驱动及大数据物联网管控技术等，将成为未来拖拉机市场发展的新亮点和新方向。

二、土壤耕作机械

土壤耕作机械是对土壤进行翻耕、深松、破碎、平整、中耕等所用的机械设备，主要包括铧式犁、开沟起垄犁、圆盘犁、开沟犁、凿式犁、深松铲和旋耕机等。

（一）土壤翻耕机械

翻耕是使用犁等农具将土壤翻起、松碎并翻转的一种土壤耕作方式。翻耕是种植前对土壤进行的一系列准备工作，用到的农具主要是犁，主要分为铧式犁、栅条犁、圆盘犁和翻转犁等。

1. 铧式犁

以犁铧为主要工作部件的犁，称为铧式犁（图 3-4）。按应用对象，可分为旱地犁、水田犁、果园犁；按重量可分为轻型犁和重型犁；按与拖拉机的挂接形式，可分为牵引犁、悬挂犁和半悬挂犁。

2. 栅条犁

犁壁为栅条型的铧式犁称为栅条犁（图 3-5）。由于栅条之间有空隙，耕地时不但可减少土壤与犁壁的接触，提高脱土性能，还能减轻犁的工作阻力。栅条犁适用于耕作较黏湿的土壤，犁壁多做成可调式，改变调节板位置，即可改变犁体的翻土及碎土性能。

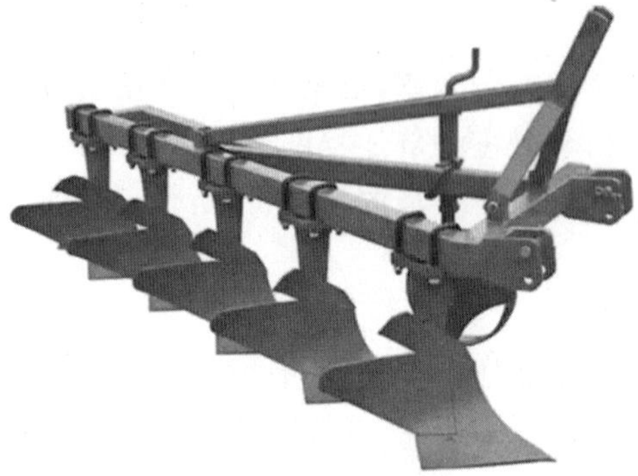

图 3-4　铧式犁

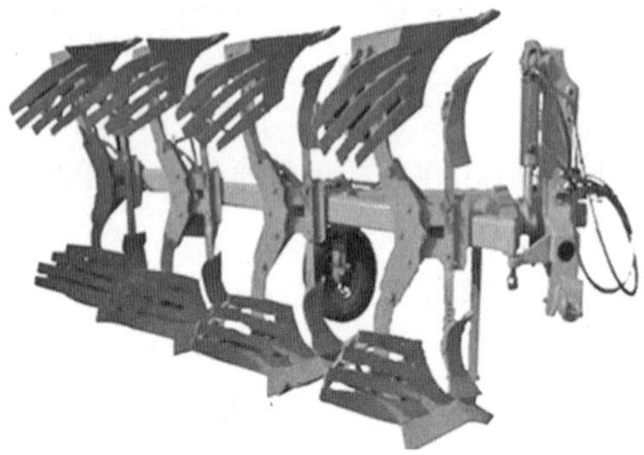

图 3-5　栅条犁

3. 翻转犁

翻转犁（图 3-6）可以实现双向翻土，也称双向犁。用这种犁耕地，垡片始终向地块的一边翻倒，地表不留沟垄，耕后地表平整。双向犁的构造比较复杂、重量较大，且难以进行耕耙联合作业，但因其耕作质量较好，仍具有很大的发展空间。目前我国采用较多的翻转犁是在犁架上下装两组不同翻垡方向的犁体，由双联分配器控制犁的升降和犁的翻转。

4. 圆盘犁

圆盘犁（图 3-7）是以球面圆盘作为工作部件的耕作机械，它依靠其重量强制入土，入土性能比铧式犁差，土壤摩擦力小，切断杂草能力强，可适用于开荒、黏重土壤作业，但翻垡和覆盖能力较弱。

圆盘犁的切割性能和经济性能均较好。圆盘犁工作部件是球面圆盘,工作时因圆盘转动,可以边切土,边松土、碎土、翻土,因为它有锋利的刃口,而且滚动前进,切割茎秆能力强,不易堵塞,比较适合绿肥的翻压还田。在黏重湿润的土壤中工作不易黏土,在较干硬土壤中工作入土性能较好,但圆盘犁耕地覆土性能不如铧式犁,容易跑墒。

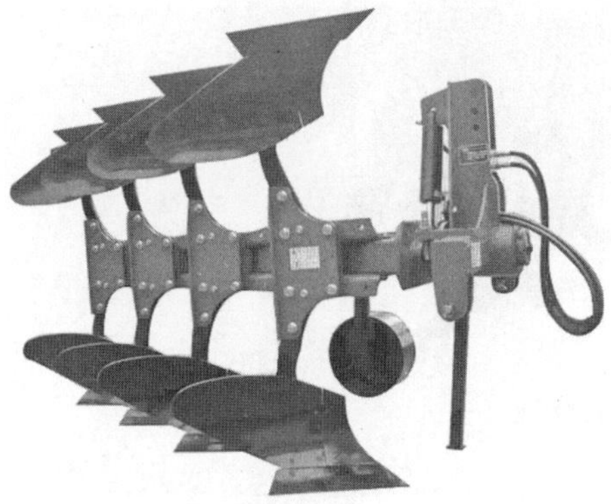

图 3-6 翻转犁

图 3-7 圆盘犁

(二) 土壤深松机械

所谓深松,一般是指超过正常犁耕深度的松土作业。深松可以破坏坚硬的犁底层,加深耕作层,增加土壤的通气透水性,改善作物根系生长环境。按作业性质,可分为全方位深松和局部深松两种作业方式。

1. 全方位深松机

全方位深松是指利用深松铲进行全面松土并打破犁底层的作业。一般从土壤中切出梯形截面土垡并铺放回田中。创造出适宜作物生长的"上虚下实、左右松紧相间及紧层下部有鼠道"的土壤结构。全方位深松机(图 3-8)的深松铲主要是由左右对称的连接板、侧刀和底刀组成的梯形框架,作业时使土壤受剪切、弯曲、拉伸等作用而松碎,并且不会对深松铲底部及侧边的土壤进行挤压。

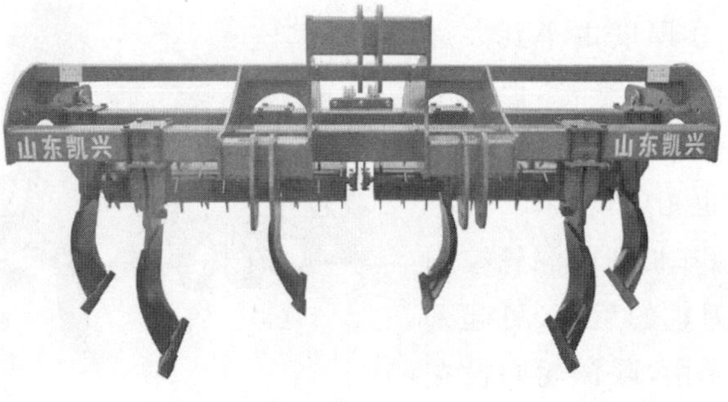

图 3-8 全方位深松机

2. 局部深松机

局部深松机(图 3-9)是利用深松铲进行松土作业,实现疏松土壤,打破犁底层,增加蓄水量,不翻转土壤的保护性耕作方式。局部深松机主要由机架和深松铲组成,相连两深松铲的间距可调。通常深松铲的耕深比深松犁的耕深大,其铲柄的宽度比深松犁的窄,通过性能较好,对土壤的扰动性较小。

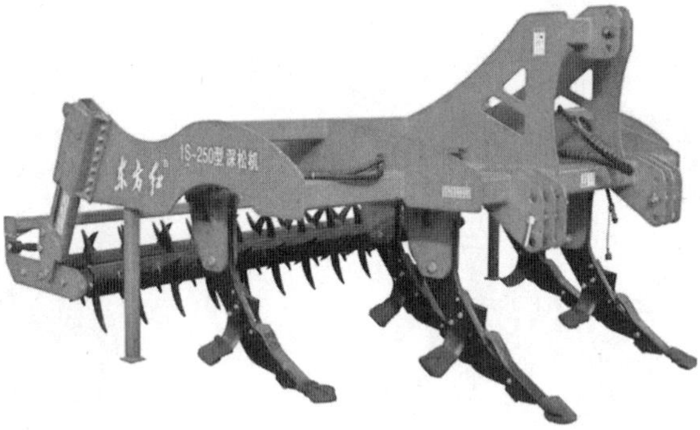

图 3-9　局部深松机

(三) 土壤旋耕机械

旋耕机是一种由动力驱动的、以主动旋转刀齿为工作部件、以铣切原理加工土壤的耕作机械。旋耕机的切土、碎土能力强,能切碎秸秆并使土肥混合均匀,耕后地表细碎平整,土壤细碎松软。

旋耕机主要由机架、传动系统、旋转刀轴、刀片、耕深调节装置、罩壳等组成。根据工作部件的运动方式不同,可将旋耕机分为横轴式(卧式)、立轴式(立式)和斜轴式等。

1. 卧式旋耕机

卧式旋耕机(图 3-10)又称为横轴式旋耕机,工作部件包括旋耕刀辊和按多头螺线均匀配置的若干把切刀片,由拖拉机动力输出轴通过传动装置驱动。根据刀辊旋转方向的不同,可将卧式旋耕机分为正转方向旋耕机和反转方向旋耕机。正转方向旋耕机刀辊的旋转方向与拖拉机的轮子转动方向一致,反旋转旋耕机刀辊转向与拖拉机驱动轮转向相反。反旋转旋耕机在切削过程中是由下往上,土垡厚度由小到大逐渐增加,且冲击性小,工作平稳,但是由于反向切削,在水平方向上增加了拖拉机的牵引阻力,功耗也相应增加。

图 3-10　卧式旋耕机

旋耕机的耕深由拖板和限深轮控制和调节。拖板设在刀辊的后面,可起到碎土和平整土地的作用,限深轮则设在刀辊的前方。刀辊最后一级传动装置的配置方式有侧边传动和中央传动两种，中央传动用于耕幅较大的旋耕机，侧边传动多用于耕幅较小的偏置式旋耕机。

卧式旋耕机具有较强的碎土能力，一次作业可使土壤达到旱地播种或水田插秧的要求，主要用于水稻田和蔬菜地，也可用于果园中耕。重型横轴式旋耕机多用于开垦灌木地、沼泽地和草荒地。

2. 立式旋耕机

立式旋耕机（图 3-11）的刀齿或刀片绕立轴旋转。其工作部件由两个钉齿构成倒置 U 型的转子，多个转子横向排成一排，两个相邻的转子由两个齿轮直接啮合驱动。工作时，钉齿旋转破碎土壤。

立式旋耕机进行深耕的深度可达 30～35 厘米，较深的能达到 40～50 厘米，可是整个耕层土壤疏松细碎，有较强的起浆作用，适用于稻田水耕。

3. 立式耕耙犁

立式耕耙犁（图 3-12）是一种耕耙联合作业机具，能将耕、耙一次完成。耕耙犁是在悬挂犁的基础上截去犁翼装上立式刀辊而成。犁架上所装的万向节轴及主传动轴经过主传动箱、分传动箱等将动力传至立式刀辊，使刀辊作顺时针方向传动。工作时，犁体曲面将土垡升起，垡片向右悬空翻转时，刀辊上的刀片在垡片背面进行水平切削，并将切碎的土块抛向右侧犁沟内，从而达到碎土的目的。

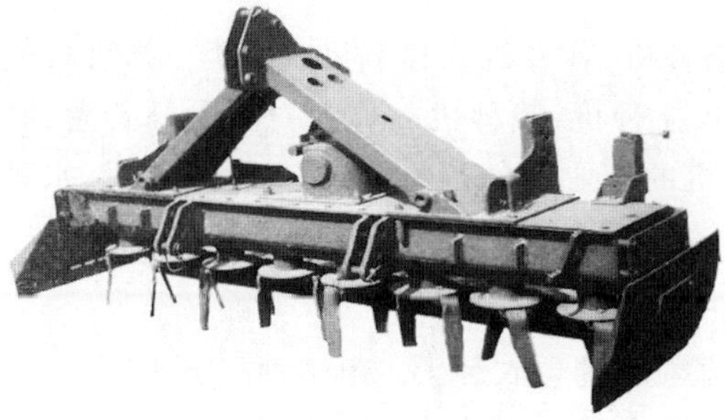

图 3-11　立式旋耕机

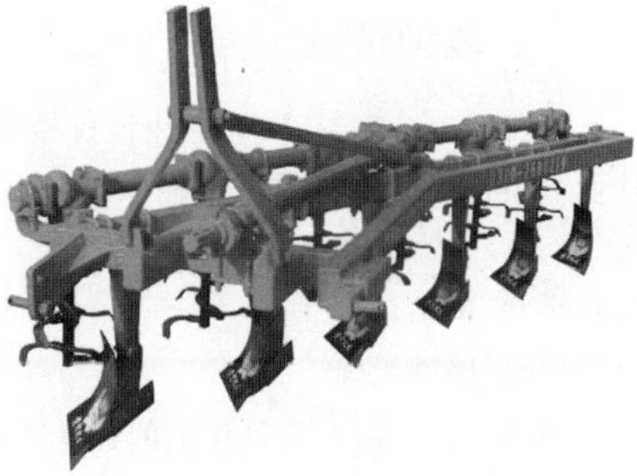

图 3-12　立式耕耙犁

（四）起垄机械

开沟起垄机械有垄作犁、开沟做畦机等。

1. 垄作犁

垄作犁（图 3-13）是垄作地区大量使用的一种耕作机具，是在通用机架上装上两个以上的垄作犁体构成。耕作时，各个犁体形成沟，两犁之间形成垄，可完成平地起垄、破茬起垄作业。

2. 开沟做畦机

开沟做畦机（图 3-14）是在易涝地区修筑高畦用的机具，工作部件为带有平土板的对称形开沟犁体。犁体入土后，向两边翻压土壤形成沟，同时平土板将畦面刮平，这种做畦机也可用来筑垄。

图 3-13　垄作犁

图 3-14　开沟做畦机

第二节　田间生产管理机械

作物生产管理机械包括栽种机械、施肥机械、植保机械、灌溉机械等。这些农业机械的应用，极大地提高了农业生产效率，促进了农业生产方式的变革。

一、栽种机械

按照栽种对象不同，可将栽种机械分为播种机、栽种机和移栽机三大类。播种机的作业对象是作物种子或包衣种子，常用气吸式播种机；栽种机的作业对象是马铃薯、甘薯、葱头等作物的种块和甘蔗的种段等；移栽机的作业对象是幼苗，如玉米移栽机、水稻插秧机、水稻抛秧机等。

（一）播种机械

播种机作业的对象是作物的种子或制成丸粒状的包衣种子。由于种子大小不一，播种方式也有所不同，按播种方式，可将播种机分为撒播机、条播机和穴播机三类。

1. 撒播机

使撒出的种子在播种地块上均匀分布的播种机称为撒播机。目前，我国撒播机按照撒播方式可分为圆盘式撒播机、均分杆（板）式撒播机和气力式喷播机三种。

（1）圆盘式撒播机。

圆盘式撒播机（图 3-15）是国内目前最主要的撒播机器，其结构简单、工作效率高。其主要工作部件是下料口开口调节装置和带叶片的转盘。转盘通过动力带动进行旋转，种子从种箱经过下料口流出落于旋转的转盘上，被转盘产生的离心力撒出达到播种的目的。根据撒播圆盘的直径大小不同以及圆盘个数不同可以分为不同规格的撒播装置。圆盘式撒播机通用性较好，颗粒状的肥料和作物种子均可使用，撒播幅宽大，应用范围较广。

(2)均分杆(板)式撒播机。

均分杆(板)式撒播机(图 3-16)是在机器出种口末端设置均分杆(板),使聚集的种子被分为均匀的种子流,分散地撒播入土。此类撒播机也用于肥料的撒播。

图 3-15　圆盘式撒播机

图 3-16　均分杆(板)式撒播机

(3)气力式喷播机。

气力式喷播机是种子撒播的另一种方式,可将种子进行处理后通过喷射系统进行撒播。气力式喷播方式避免了种子堵塞的问题、伤种性低、种子成活率较高。但想要得到较大的幅宽,需要引导气流向不同的角度吹出,对装置的结构和气密性要求较高。

(4)农业航空撒播装置。

国内早期的航空撒播装置平台主要依托有人驾驶的飞机,其撒播装置可分为风道式航空撒播装置和导管式航空撒播装置;另外也有通过客机改装的简易飞机撒播装置。这些撒播装置主要应用于飞播造林和飞播牧草。需要驾驶人员与地面人员配合,人为控制撒播用量。因飞机飞行速度较快,很难及时调节撒播用量,造成播种均匀性较差。

国内关于无人机撒播装置也取得了一些成果,如罗锡文院士研发了一种适于无人机撒播作业的搭载装置及撒播方法,采用圆盘式撒播器,挂载于无人直升机,通过离心力实现抛撒。目前,应用于无人机的撒播装置主要是圆盘式撒播装置。

2. 条播机

条播是指按照一定的行距、深度和播种量将种子播成条、沟的播种方式。条播机(图 3-17)主要用于谷物、蔬菜、小麦、牧草等小粒种子的播种作业。常用的有谷物条播机、蔬菜条播机等。

图 3-17　条播机

条播机一般由机架、排种器、种子箱、行走装置、传动装置、开沟器、输种管、覆土器、镇压器及开沟深浅调节装置等组成。条播机工作时,开沟器在地上开种沟，种子箱内的种子被排种器排出，通过输种管落到种沟内，再用覆土器覆土、镇压器镇压来完成播种工作。

根据排种器不同，可分为外槽轮式排种器、内槽轮式排种器和拨轮式排种器。我国大部分谷物条播机采用的是外槽轮式排种器，其特点是通用性好，能播各种粒型的光滑种子，可用于小麦、大麦、高粱、豆类、谷子、油菜等作物的播种。播量调整机构的结构较简单，调整方便可靠，受地面不平度、种子箱内种子存量及机器前进速度的影响较小。内槽轮式排种器的工作部件是一个内缘带凸棱的圆环成为内槽轮，工作时它与排种轴一起转动，排种均匀性比外槽轮好，但易受外界因素影响，稳定性差，适宜播麦类、谷子、高粱等小粒种子。拨轮式排种器安装在种子箱的下外侧，排种轮和外槽轮的形状相似，工作质量也相似，但波轮的工作长度不能改变，调整播量全靠改变波轮转速，故传动机构比较复杂。

3. 穴播机

穴播是指按规定的行距、穴距、播深将种子定点播入土中的播种方式。穴播机工作的原理是利用成穴器在投种点位置的土壤上形成穴孔，再利用投种装置将所播的谷物种子投入穴孔中。穴播法较条播法节省种子并减少间苗工作量，比较适合棉花、豆类等成簇播种。穴播机精密播种对播种质量的要求比较高，影响工作质量的因素主要与排种器有关。穴播排种器主要有圆盘式排种器、型孔带式排种器、窝眼式排种器、指夹式排种器、气力式排种器等。

穴播机的主要组成包括机架、房性结构、行走轮、种子箱、排种器、开沟器、覆土器和传动装置等。播种机工作时与动力机械以悬挂的形式进行连接，播种时由开沟器开出深度均匀的种沟，并由排种器实现精密播种，最后由覆土器完成覆土工作。玉米穴播机如图 3-18 所示。

图 3-18 玉米穴播机

(二) 栽种机

栽种机的作业对象是马铃薯、甘薯、葱头等作物的种块和甘蔗的种段等，下面以甘蔗种植机为例作简要介绍。

甘蔗属于无性繁殖、宿根性作物，利用茎芽进行种植。目前，甘蔗种植技术主要有整秆种植和蔗段种植，对应的甘蔗排种装置有整秆式和蔗段式两种。

1. 整秆式甘蔗排种装置

甘蔗整秆种植技术是采用整秆蔗种种植，种植效率高，但因无法进行选芽和催芽，导致有效芽不足，影响出苗率，产量低，只有少数地区采用该种植技术，因此，研究整秆式甘蔗排种装置比较少，典型的有美国研究的整秆式排种装置。该装置主要由喂入辊筒、斗式载种箱和落种仓等组成，由旋转的喂入辊筒将种箱内的整秆蔗种进行梳理，并输送至落种仓，最后落入种植沟内。该类型排种装置结构简单，自动排种，需要辅助人工少，漏植率低，蔗种浸泡和消毒时间充分，设计的种箱较大，装载蔗种量达 4 吨，减少了田间蔗种装载时间，排种效率高，但是无法保证结构紧凑，且喂入辊筒易伤种，伤种率和重植率高。整秆式甘蔗种植机如图 3-19 所示。

图 3-19　整秆式甘蔗种植机

2. 蔗段式甘蔗排种装置

蔗段种植技术是指采用整秆蔗种切断为蔗段（长度为 25～35 厘米）进行种植的技术，可对蔗种进行选芽，是目前国内外普遍采用的种植技术。排种装置主要有实时切种式排种装置和预切种式排种装置。

实时切种式排种装置具有结构简单，制造成本低等优点，切种方式主要有平切式、斜切式和滚切式，但伤种严重，需要依靠人工喂种。预切种式排种装置可以解决实时切种式排种装置的人工喂种问题，主要是采用辊轮或者输送带实现喂种，再由输送带实现排种，形成双级排种机构，生产率高，自动化程度高，使其成为甘蔗种植机排种装置的主要研究方向，但是结构复杂，无法保证结构紧凑，导致伤种率、漏植率以及重植率比较高。

(三) 移栽机

移栽机的作业对象是幼苗，如玉米移栽机、水稻插秧机、水稻抛秧机等。下面以水稻插秧机为例作简要介绍。

二维码 3-3　水稻插秧机

水稻插秧是指将育好的壮秧移栽到田里面的过程。水稻插秧机主要有乘坐式和步行式两大类，乘坐式又分为独轮乘坐式和四轮乘坐式两种。按插秧速度分，主要有普通插秧机和高速插秧机。步行式均为普通插秧机，乘坐式有普通插秧机和高速插秧机两种。

近年来，应用较为广泛的水稻插秧机包括春苗 2ZT-9356B 独轮乘坐式水稻插秧机、华裕 2ZB-630 独轮乘坐式水稻插秧机以及碧浪 2ZF-430 及富尔代 2ZS-4A 型手扶式水稻插秧机。对于大田生产而言，乘坐式水稻插秧机应用更多，且具有效率高、稳定性好的优点，手扶式水稻插秧机多应用于小块田地或地形不佳的田地，由于售价较低，手扶式水稻插秧机也具备一定的市场销量，但其存在着效率低下、插秧整体质量较差等问题。随着农民购买能力的提升，很多厂家也推出了自主研发的乘坐式高速插秧机产品，受到了农机合作社和农机大户的欢迎，但乘坐式高速插秧机售价较高，后期维护成本较大，普及速度相对较慢。

二、施肥机械

施肥是农业生产的关键技术之一，根据施肥时期不同，可分为基肥、种肥、追肥；根据化学肥料不同，可分为颗粒状肥料施用、粉末状肥料施用及有机肥施用等；根据施肥量的不同，施肥方式又可分为均匀施肥和变量施肥两种。因此，施肥机械种类繁多，功能多样，以下简要介绍几种。

（一）颗粒状肥料撒施机械

颗粒肥料施用机械主要是在整地前将肥料均匀撒布地面，再进行翻耕整地，再将肥料埋入耕作层下。按照作业环境，可分为旱地用颗粒肥撒施机和水田用颗粒肥撒施机。根据机械撒施方式，又可分为离心圆盘式、气力式和链指式撒肥机。化肥抛撒机如图 3-20 所示。

图 3-20　化肥抛撒机

1. 离心式撒肥机

离心式撒肥机是由动力输出轴带动旋转的撒肥盘，利用离心力将化肥撒出，有单盘式与双盘式两种。单圆盘撒肥机结构简单，备重量轻，对拖拉机提升率要求较小，故障率低，可以抛撒各种不同种类的化肥，施用于小型地块。双圆盘撒肥机可撒播颗粒状、粉末状或颗粒状的有机肥，可用于大田、果树施肥，工作效率高。

离心式撒肥机在一趟作业中撒下的化肥，在纵向和横向的分布上都是不均匀的，需要通过重叠作业来改善其均匀性。此外还可以通过将撒肥盘上的相邻叶片制成不同形状和倾角使各叶片撒出的肥料远近不等，以改变其分布均匀性。因离心式撒肥机具有结构简单、重量较小、撒施幅度大和生产效率高等优点得到广泛的应用。

2. 全幅施肥机

这种施肥机的基本特征是在机器的全幅宽内均匀的施肥。这种施肥机大多与耕整地、播种等环节设备联合作业，配合以机械式排肥器与喷头，大幅宽、高效率地撒施化肥与石灰等，实现幅宽范围内的种肥同施等复式作业。

3. 气力式宽幅撒肥机

利用高速旋转的风机所产生的高速气流，并配合以机械式排肥器与喷头，大幅宽、高效率地撒施肥料。

（二）有机肥撒施机械

有机肥的施用量往往比较大，不宜撒施均匀，撒施时较费人力。利用有机肥撒施机械进行施肥，不但可以做到撒施均匀，而且可以省工、省力。大多数有机肥撒施机都是通过肥料箱底部的输肥部件进行肥料输送，通过螺旋、甩链等抛撒装置，实现肥料撒施。排肥量可根据具体要求进行调节，以满足施肥需求。排肥均匀性好，撒施的宽度可调，撒肥效率高。

二维码 3-4　肥料抛撒机械

(三) 种肥施用机械

种肥施用机械是指将肥料和作物种子一同施于地下的机械。工作原理为在播种机上装设施肥装置,在播种的同时将种肥施于种子侧位或正位。根据肥料和种子位置的不同,种肥施肥方式可分为侧深施肥、正深施肥和种肥混施。侧深施肥是在播种或插秧的同时,将肥料施于种子或秧苗侧位土壤的施肥方法;正深施肥则是将肥料施于种子或秧苗正下方;种肥混施是将种子肥料直接混合,因容易造成烧苗、烧种,已逐渐被淘汰。

种肥施肥机一般由种箱、肥箱、排种器、排肥器、机架、传动装置及开沟覆土镇压等部件组成。其工作原理是:在播种机的基础上配置单独的肥箱,采用单独的输肥管与施肥开沟器,在播种机下种的同时,施肥器在正位或侧位进行施肥,达到精准供给养分的目的。

(四) 精准变量施肥机械

以精准农业为背景的变量施肥技术可在农作物营养供给各时期将肥料按一定比例施于种子、根系或叶面附近而被高效吸收,是提高土壤养分含量、减少水资源污染、保证农产品安全及促进农民增效增收的有效途径,也是目前农业生产推广的主要技术。近年来,对精准变量施肥技术及配套机械的研究已成为国际农业生产领域重点内容,正朝着大型化、信息化、自动化及智能化方向发展。以下简要介绍几种变量施肥技术机械。

1. 美国凯斯(Case)公司的 Flexi coil 系列变量施肥播种机

该施肥机由空气输送式种肥车和 ST820 型播种机配套组成。播种机采用种肥分送平播方式,配置提升输送器加注种肥,输送开沟器 44 个,行距 36.6 厘米,工作幅宽 16.1 米;变量施肥播种控制采用手动和处方图两种方式,可同时调节三种类型种子及肥料变量比例,需将 PCMCIA 数据卡插入控制系统实现播种、施肥处方图层选取,同时自动记录变量施肥播种信息。

2. 法国库恩(Kuhn)公司的 Axis 系列悬挂式变量撒肥机

该施肥机采用 GPS 系统和 GIS 系统自动生成肥料撒施分布处方图,集成 CDA 撒肥系统、称量系统及可自动调节撒肥量的精准变量 EMC 控制系统,并配置智能自适应肥料搅拌器防止颗粒肥料黏结成拱,可通过 DPAE 电子控制系统调节施肥量,实时调节撒肥盘角度与开度,其工作幅宽 12 ~ 42 米,撒肥量 3 ~ 500 千克/分钟。

3. 南京农业机械化研究所的精量播种变量施肥机

通过集成 RTX-GPS 动态定位获取机具田间位置信息,结合预先田块处方图,确定目标区域施肥量,基于压力传感器与控制微机计算施肥量,根据机具前进速度调整施肥量,实现作业过程漏播、堵塞声光报警与精准施肥目的,完成播种施肥复合作业。

三、植保机械

农药的使用有喷雾法、喷粉喷粒、熏烟、喷淋、浇灌、熏蒸等多种方法,因此施药机械也有多种。

(一) 喷雾机械

施用农药最常用的方法是将液体药剂经雾化喷洒。雾化方式包括液力式雾化、离心式雾化和气力式雾化;喷雾方式有大容量喷雾、低容量喷雾、超低容量喷雾、风送式喷雾和弥雾法。使用的喷雾器主要有以下几种。

1. 手动喷雾器

手动喷雾器是指用人力来驱动泵进行喷雾的喷雾器。其结构简单,价格低廉,容易操作和维修保养。按照喷雾器泵的类型和装配形式,可将手动喷雾器分为背负式、踏板式和压缩式三种。

以背负式手动喷雾器(图 3-21)为例说明工作原理:当摇动摇杆时,连杆带动活塞杆和皮腕在泵筒内作上下运动,当活塞杆和皮腕向上走时,出水阀关闭,泵筒下方形成真空,药液在大气压力作用下,经吸水滤网,冲开进水球阀,涌入喷雾器筒中;当活塞杆和皮腕向下走时,进水阀被关闭,泵筒内皮腕下方压力增大,药液即冲开出水球阀,进入空气室;由于连杆带动皮腕不断上下运动,使空气室内的药液不断增加,空气室内的空气被压缩产生一定的压力,这时打开开关,气室内的药液在压力作用下即可通过出水接头,流入喷管,经喷孔喷出。在作业时要合理选择喷头,同时要注意控制喷杆的高度,防止雾滴飘失。

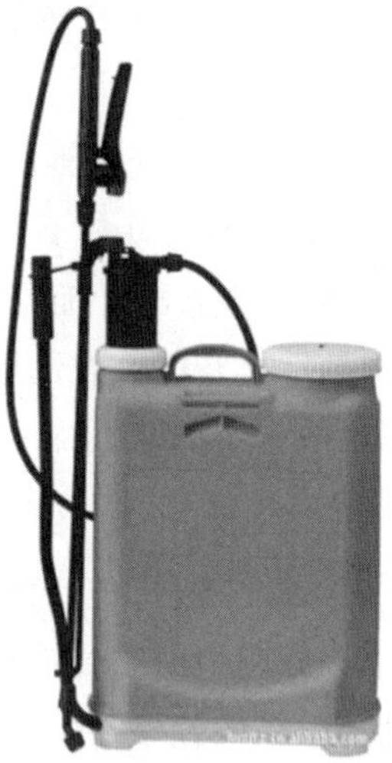

图 3-21 背负式手动喷雾器

2. 担架式喷雾器

担架式喷雾器(图 3-22)是将各个工作部件装在像担架一样的机架上作业时,由人抬着担架进行转移的机动喷雾机。这类喷雾机压力较高,射程大,流量大。其工作原理是由动力机通过三角皮带驱动柱塞泵的曲轴高速转动,经过曲柄连杆结构使柱塞作往返运动,当柱塞向后运动时,泵内的空间增大,压力降低,形成真空,这时在外界大气压的作用下,水从泵的吸管经过过滤器后推开进水阀门吸入泵内;当柱塞向前运动时,泵内的水被挤压,进水阀门关闭,同时推开出水阀门,经过空气室、出水管、混药器和喷洒部件后喷出。

图 3-22 担架式喷雾器

3. 喷杆式喷雾机

喷杆式喷雾机(图 3-23)是将喷头装在横向喷杆或竖向喷杆上的机动喷雾机，有悬挂式和牵引式两种，喷洒幅宽为 3～18 米。其工作原理是：由拖拉机的动力输出轴驱动液泵转动，将药液从药液箱中以一定的压力挤出，经过过滤器后进入调节分配阀，药液通过喷杆上的喷头形成雾状后喷出。这类喷雾机喷量分布均匀，生产效率高，是目前比较理想的大田作物植保机具。

图 3-23 喷杆式喷雾机

(二) 喷粉喷粒机械

喷粉喷粒机械就是用气流把粉或粒状剂吹散，让药剂沉积在作物上的使用机械。其特点是不需要水、工效高，在作物上的分布比较均匀，施用方便。按照施药手段，喷粉喷粒机械可分为手动喷粉机械、机动喷粉机械和飞机喷粉机械三种。

1. 手动喷粉机械

手动喷粉机械是利用手摇喷粉器等简单器械依靠人力进行喷粉的机械。施药时，用手柄摇动一组齿轮，使转速达到 1 600 转/分钟以上，以此转速驱动风扇叶轮，产生高速风速，从而把粉剂吹散。因手摇喷粉器装载药粉较少，只适用于小块农田、果园及温室大棚。喷粉质量受手柄摇动速度影响，达不到规定转速时，就会影响粉剂的分散和分布。

2. 机动喷粉机械

机动喷粉机械是以发动机驱动风机产生强大气流进行喷粉的机械，这种风机能产生所需要的稳定风速和风量，喷粉的质量能够得到保证。机引或车载式的机动喷粉设备，一次能装载大量粉剂，适于大面积农田、果园及森林使用。

3. 飞机喷粉机械

飞机喷粉机械是利用飞机螺旋桨产生的强大气流，把粉剂吹散，进行空中喷粉的机械。喷粉时，机舱内的药粉通过节制闸排入机身外侧的空气冲压式分布器或电动转碟式分布器，即可被螺旋桨所产生的高速气流吹散。飞机喷粉是一种高效的喷粉方法，比较适用于大面积农田作物、森林、果园。

(三) 烟雾机械

烟是固态微粒在空气中的分布状态，雾是微小的液体在空气中的分布状态，烟雾技术就是把农药分散成烟雾状态的施药技术。常温烟雾机和热烟雾机是典型的施药机具。

1. 常温烟雾机

常温烟雾机(图 3-24)是利用压缩空气或高速气流，在常温下使药液雾化成小于 25 微米的烟雾机具。常温烟雾机主要由空气压缩机、气液雾化喷射部件、药液箱、轴流风箱、电气柜和升降架等组成。在喷雾作业时，喷射部件安装在升降架上，放置在棚室内，空气压缩机、电气柜等动力机组放在棚室外，操作者在室外通过控制系统进行操作，无须进入棚内。

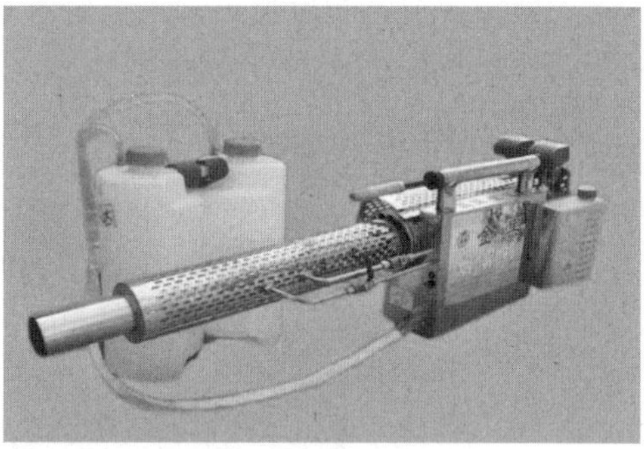

图 3-24　常温烟雾机

2. 热烟雾机

热烟雾机是利用热能将药液雾化成均匀、细小的烟雾微粒进行施药的机具。它具有施药液量少、防效好、不用水等优点。主要用于森林、果园及棚室内病虫害防治。

热烟雾机由脉冲喷气发动机和供药系统组成。脉冲喷气发动机由燃烧室、喷管、冷却装置、供油系统、点火系统及起动系统等组成，供药系统由增压单向阀、开关、药箱、药管、喷雾嘴及接头等构成。具体施用方法要根据机器型号设置，严格按照说明书进行。

(四) 静电喷雾机械

静电喷雾技术是在控制雾滴技术和超低容量技术基础上结合静电理论而发展的一种新型农药应用技术，静电喷雾技术是通过高压静电装置将农药雾滴充上电荷，并在喷头与靶标作物之间建立静电场，农药雾滴在静电力及其他外力的共同作用下作定向运动，快速沉降在作物表面。雾滴在静电力的作用下不但提高了靶标正面的沉积效果，而且部分飘移的雾滴也会重新吸附于靶标作物，形成“静电环绕”效应，从而进一步减少农药的飘失，其效果如图 3-25 所示。静电喷雾可以提高雾滴的有效沉积，减少农药飘失造成的生态环境隐患，具有较好的经济效益和社会效益。

图 3-25　静电喷雾效果示意

常用的雾滴荷电方式有三种：电晕充电法、接触充电法、感应充电法。电晕充电法是由高压针式电极将一定范围内的空气电离成带电粒子，药液雾化后与带电粒子碰撞形成荷电雾滴。接触充电法是将高压充电系统的电极直接与药液接触使其带电，药液经喷头雾化形成荷电雾滴。感应充电法是在雾化喷头外加装感应电极，使喷头与电极之间形成静电场，农药雾滴经喷头雾化后感应带电。

静电喷雾技术具有雾滴尺度均匀、沉积性能好、飘移损失少、沉降分布均匀等特点，尤其是在植物叶面背面也能附着雾滴，适用于大多数作物的病虫害防治施药。

（五）植保无人机

无人机，是无人驾驶飞机的简称，是利用无线电遥控设备和自备的程序控制装置操纵的不载人飞行器。无人机在农业生产上的应用领域很多，包括如下几方面。

（1）地块与土壤分析：这类无人机搭载高清摄像头和先进传感器，能够绘制精确的地块与土壤分析三维地图，为播种、灌溉、土壤氮含量管理提供支持。

（2）空中播种：无人机播种系统，可通过射播、撒播方式将种子均匀播于土壤，多用于植树造林，具有效率高、质量好的特点。

（3）喷洒作业：这类无人机装载超声波、雷达以及先进的喷洒系统，被广泛地应用于植保作业，亦被称为植保无人机。该类型无人机能够根据地理地形不断调整飞行高度并自主识别、躲避障碍物，依托先进的喷洒系统对农作物实施精准而均匀的喷洒作业。该技术极大地降低了农药用量，很好地减轻了植保作业对水体以及环境的污染。

（4）农作物监控：搭载实时影像系统的农业无人机，可以精确地监控农作物生长状况，为农户采取及时有效的防治手段提供可靠有效的保障。

（5）农业灌溉：搭载高光谱、多光谱、热传感器的农业无人机，可准确分析并识别地块的干旱区域，为精准灌溉作业提供强大的数据支持。此外，在农作物生长过程该类型无人机还可以计算植被指数，通过农作物自身散发的热量来分析农作物密度以及健康状况。

（6）作物健康评估：通过搭载可视红外线以及近红外线发射装备，农业无人机可以准确分析农作物反射的绿光及近红外光的数量并绘制多光谱图像来追踪农作物的变化与健康状况，为农作物生产管理提供帮助。

无人机最引人关注的是在植物保护领域的应用。植保无人机是指用于农林植物保护作业的无人驾驶飞行器。使用无人机喷施农药防治作物病虫草害，可以有效减少农药用量，提高喷洒作业的安全性。现代无人机的轻量化和近地面作业，大大拓展了农林业生产中的应用，超低空无人机可以在距冠层 1 米以内的高度实施超低容量喷雾，进一步减少了农药用量，提高了病虫草害防治效果。无人机喷药主要适应于高浓度、低剂量喷雾的农药剂型，对于需要大剂量淋洗的病害如水稻纹枯病，防治效果受到限制。

二维码 3-5　植保无人机 PPT

1. 植保无人机的分类

（1）按动力分类：植保无人机分为电动植保无人机和油动植保无人机。

电动植保无人机采用电池作为动力源，特点是结构比较简单，飞手通过遥控操纵飞机，设置好飞行区域后，自动规划路线，整个飞行过程对操作水平的要求不高，机器整体重量轻便，方便转场，并可适应坡地、山区、有障碍等各种复杂地形的作业；缺点是电池续航时间较短，抗风能力比较弱。

油动植保无人机采用燃油作为动力源，特点是燃料可快速添加，无人机可持续工作，载重能力大，在同等载荷情况下，油动植保无人机工作时形成的风场下压效果更明显，抗风能力较强。缺点是结构较电动机型复杂，不易掌控，对飞手的操作技术要求高，且控制精准度较电动无人机低。

(2)按旋翼数量分类：植保无人机可分为单旋翼植保无人机和多旋翼植保无人机。

单旋翼植保无人机（图 3-26）大多数是油动机型，有双桨、三桨两种。单旋翼植保无人机通过调整主桨的角度可控制前进、后退、上升、下降四个飞行动作，通过调整尾部的尾桨实现无人机的转向，且主桨和尾桨的风场基本不会相互干扰。其优点是：旋翼大，飞行稳定，抗风能力好；风场下压效果好，下旋气流大，雾滴穿透力强，可以穿过植物冠层，渗透到根茎部位，植保效果好；作业周期长。但存在价格高、操控难度比较大，对飞手操作技术要求较高的缺点。

多旋翼植保无人机（图 3-27）大多数是电动机型，有四旋翼、六旋翼、八旋翼、十二旋翼等机型。多旋翼植保无人机通过调整不同桨叶的转速来实现前进、后退、横移、转向、升高、降低的各种动作，但在飞行中相邻的两个桨叶旋转方向是相反的，所以存在风场相互干扰的问题，会造成一定的风场紊乱。多旋翼植保无人机自动化程度较高，且造价相对便宜；技术门槛低，操控简单、飞手短时间培训后即可上手作业；操控灵活，对起降场地要求不高，能实现垂直起降、空中悬停。但由于无人机重量轻，所以存在抗风性能较弱，连续作业能力 较差，效率不高的缺点。

图 3-26　单旋翼植保无人机

图 3-27　多旋翼植保无人机

2. 植保无人机的构造

植保无人机由机身、飞行平台和喷洒系统组成。

(1)机身。

机身（架）是整个系统的骨架。在此支撑组件之上才能将整个无人机的各个组件连接、组装在一起。机身（架）需要具有一定的强度和合理的架构，以保证整个无人机的稳定性。

(2)飞行平台。

无人机的飞行平台由控制系统、动力系统、导航定位系统、通信链路系统等组成。

植保无人机的控制系统包括无人机植保综合管理模块、高度控制子模块、航路导航控制子模块和喷洒控制子模块。其特点是:精准、高效、智能。

动力装置是为飞行器提供动力、推进飞行器前进的装置,包含航空器发动机以及保证发动机正常工作所需的系统和附件。

无人机导航、定位装置大致可分为自主式与非自主式两类。无人机的机载导航系统主要有惯性导航、无线电导航、卫星导航、组合式导航等,目前北斗已经和 GPS 签署兼容协议,可以为用户提供更加精确的导航数据,国内无人机一般可接收到近 20 颗 GPS 和北斗导航卫星的信号。

通信链路是无人机系统的重要组成部分,是飞行器与地面系统联系的纽带,无人机系统通信链路主要包括指挥与控制、空中交通管制以及感知和规避三种链路,也被称为数据链。

(3)喷洒系统。

植保无人机喷洒系统主要包括药箱、水泵、软管和喷头,主要使用的喷头有两种:压力喷头和离心喷头。配好的农药装入药箱,水泵提供动力引流,再通过导管到达喷头,将农药均匀喷洒到作物表面。

3. 植保无人机的作业模式

植保无人机的主要作业模式有手动作业、AB 点作业和航线规划作业三种。

二维码 3-6　植保无人机作业 视频

(1)手动作业。

手动作业是指依靠无人机操作人员以手动方式控制飞防的作业方式。手动作业模式是早期最为常见的方式,所有操作都由无人机操作人员来完成。优点有:灵活方便、无须测绘;作业之前无须额外操作,准备时间短,作业迅速;地形适应能力强,在操作人员拥有良好操作技能的前提下,能够应对各种复杂地形。缺点有:对操作人员要求高;难以避免重喷、漏喷现象。

(2)AB 点作业。

植保无人机 AB 点作业是指在 A、B 两点之间形成一条直线,以这条直线形成航线的自动作业方式。优点有:作业模式简单方便;对技术人员要求低;喷洒较为均匀。缺点有:只适合规整地块,对于不规则地块难以进行作业。

(3)航线规划作业。

航线规划作业是指对作业区域进行整体测绘,使植保无人机在规划区域进行自动作业。优点有:全自主作业;对操作人员工作强度要求低;地形适应能力强,能够适应绝大多数地形;喷洒均匀;工作效率高。缺点有:作业前需要对地形进行完整测量并规划才能够进行作业,需要的准备时间更多。

四、灌溉机械

农田灌溉机械主要有喷灌、微喷灌、滴灌等类型。

(一) 喷灌机械

喷灌是利用管道和压力喷洒器，将水流分散成细小水滴，均匀喷洒到田间，对作物进行灌溉的一种方式。喷灌系统由水源、水泵及配套动力机、管道系统、喷头等组成。按运行方式可分定喷式、行喷式两种类型；根据喷灌系统各组成部分可移动的程度，又可分成固定式、移动式和半固定式三种。

1. 喷灌系统

(1)固定式喷灌系统。

固定式喷灌系统由水源、水泵、管道系统及喷头组成。除喷头外，喷灌系统的各个组成在整个灌溉季节常年固定不变。其工作原理是水泵取水后由管道系统输送到喷头，进行田间喷灌作业。固定式喷灌系统操作方便，易于维修管理，便于自动控制，但是因很多部件固定在田间，不利于机械化耕作。

(2)移动式喷灌系统。

移动式喷灌系统结构和原理与固定式喷灌系统相似，不同的是其水泵、动力机、管道、喷头都可以拆卸移动。这些设备在一个灌溉季节里可以在不同地块轮流使用，设备利用率高，管材用量少，投资小，但是在拆卸、搬移、安装等过程中易损伤作物。此方法适用于大田作物的喷灌，在高秆密植作物种植区及土质黏重、地形复杂的情况下使用不便。

(3)半固定式喷灌系统。

半固定式喷灌系统的水泵站和干管固定不变，支管和喷头可以移动，其原理与固定式喷灌系统相似。这种设备管材用量少，运行操作方便，是国内应用较广泛的一种喷灌系统。

2. 喷灌机

在喷灌设备中，大型喷灌机包括中心支轴式和平移式两种，中小型喷灌机包括滚移式、卷盘式和轻小型喷灌机。主要喷灌机的类型及特点如表 3-1 所示。

表 3-1　主要喷灌机的类型及特点

喷灌机类型	灌溉方式	配置喷头类型	特点
平移式喷灌机	平移	倒挂旋转式喷头或折射式喷头	机组控制系统相对复杂，导航系统精度要求较高，不适合小面积地块
中心支轴式喷灌机	旋转移动	倒挂旋转式喷头或折射式喷头	机组控制系统相对复杂，导航系统精度要求较高，不适合小面积地块
滚移式喷灌机	移动式定点喷洒	摇臂式旋转喷头	喷洒均匀系数低，喷洒稳定性差，喷头间距受输水支管长度的限制
卷盘式喷灌机	移动	喷枪或倒挂折射式喷头	能耗高，智能化程度低，转动效率低

平移式喷灌机(图 3-28)是由十几个塔架支撑一根很长的喷洒支管作横向平移,一边行走一边喷洒,其取水点也随着喷洒支管作横向平移的机械设备。

中心支轴式喷灌机(图 3-29)又称指针式喷灌机,是将喷灌机的转动支轴固定在灌溉区域中心的钢筋水泥支架上,支轴座中心下端与井泵出水管或压力管相连,上端通过旋转机构与旋转弯管连接,通过桁架上的喷洒系统向作物喷水的一种节水增产灌溉机械。

图 3-28 平移式喷灌机

图 3-29 中心支轴式喷灌机

滚移式喷灌机(图 3-30)也称滚轮式喷灌机,由驱动车、输水支管、从动轮、引水软管、喷头、喷头矫正器、自动泄水阀、制动支杆等组成。工作时,整条输水支管机动滚移,在一个位置喷洒一定时间后,将引水软管与给水栓脱开,操作人员操作驱动车把整条支管向前滚一定距离,再将引水软管与该位置的给水栓相连,开始第二个位置点的喷洒。

卷盘式喷灌机(图 3-31)又叫绞盘式喷灌机,主要由底架、卷盘、PE 管、水涡轮、变速箱、速度补偿装置和喷水行车组成,分为钢索牵引绞盘式喷灌机和软管牵引绞盘式喷灌机。其工作原理是利用牵引力把输水管及喷水行车拖至地块的另一端,接上水源后即可开始喷水作业,同时,主机开始转动转盘,带动输水管从正在喷洒的一端向主机方向端回卷,喷水行车在设定的速度下均匀往回行走,边走边喷水。当喷水行车回到主机位置后,可被主机提升并固定在主机上,运至下一个地块进行灌溉。

图 3-30 滚移式喷灌机

图 3-31 卷盘式喷灌机

(二) 微喷灌机械

微喷灌就是利用动力装置，将形成一定压力的水，经输水管道输送到微喷软管，通过微喷软管上的喷孔，把适量、微细、均匀的水珠喷洒到土壤、植物枝叶、茎秆上的一种节水灌溉装置。微喷管具有较高的节水增产效果，微喷技术可广泛用于除水稻以外的旱地作物，特别是甘蔗、香蕉、果树等生长周期长的经济作物效果更显著，同时，不管是平地还是坡度为 25%左右的陡坡地，都可以正常工作。

微喷灌系统由水源、动力装置、输送管道、微喷软管四个部分组成。喷灌水要求干净、杂质少，以防堵塞喷头；动力装置是指吸取水源，并产生一定输送喷水压力的装置，包括柴油机（电动机）、水泵、过滤器等；输送管道主要包括主干管道、分支管道等，常用 6 寸或 4 寸 PVC 硬管；微喷软管是微喷装置的终端工作部分，铺设在地面作物行间，多采用黑色软管，软管上开有喷孔，软管内受到一定压力的水通过喷孔喷洒到作物的叶茎上，实现灌溉目的。

(三) 滴灌设备

滴灌是指将灌溉水进行加压过滤，通过管道系统输送至滴头，以水滴的方式均匀而缓慢地注入作物根区土壤中的一种灌溉方式。滴灌设备有固定滴灌设备和移动滴灌设备两种。

1. 固定滴灌设备

固定滴灌设备由水源工程、首部枢纽、输配水管道和灌水器组成，滴灌带铺设后固定不变。首部枢纽包括水泵、施肥器、过滤器、控制和测定仪表等，其作用是抽水、施肥、过滤，以一定的压力将水送至干管；输配水管道包括干管、支管、毛管以及必要的调节设备，其作用是将加压水均匀地输送到灌水器（滴头）；灌水器的作用是使水流经过微小的孔道，以点滴的方式滴入土壤中。固定滴灌系统的设备配套性强，整体性好，可用于任何土壤、任何地形的非密植作物。

2. 移动滴灌设备

移动滴灌设备是把滴灌系统的首部、输配水管和灌水器等配套设备安装组合，高度集成的可移动滴灌设备。该设备操作简单灵活，省时省工，重复利用率高，适合广大农村用户，特别是缺水山丘区的农户，主要用于小宽行矮秆类和大宽行高秆类作物的长期灌溉和季节性应急抗旱灌溉。

(四) 水肥一体化灌溉设备

水肥一体化技术是以节水灌溉系统为基础，配以施肥设施，将灌溉与施肥融为一体，实现水肥耦合的农业新技术。该技术具有节本增效、降低劳动强度、改善农业生态环境的作用。其配套装置有压差式施肥罐、文丘里施肥器、精准施肥机等。

1. 压差式施肥罐

压差式施肥罐是通过灌溉水在灌中过流，将灌中肥料溶解稀释带进灌溉管道的施肥设备，一般由储液罐、进出水软管、调压阀等部分组成。在施肥罐上，由两条细管与主管道相连，每条细管上装一个节制阀。在灌溉系统工作的时候，通过调节节制阀的开度，在输水主管上形成压力差，使一部分水流入施肥罐，溶解罐中肥料后，经另一细管进入主管道，将肥料带至作物根区。其工作原理示意如图 3-32 所示。

该设备成本低，操作简单，维护方便，适合施用液体肥料和水溶性固体肥料，但施肥过程中的肥液浓度不均匀，易受水压变化的影响；移动性差，不适宜用于自动化作业。适用于温室果树大棚，露地果树种植等多种形式的水肥一体化灌溉施肥系统。

2. 文丘里施肥器

文丘里施肥器是一种通过施肥器流道管径变化产生负压吸肥的设备。其原理是水流通过一个由大渐小然后由小渐大的管道（文丘里管喉部）时，水流经狭隘部分流速加大，压力下降，使前后形成压力差。当喉部有一更小管径的入口时，形成负压，将肥料溶液从敞口肥料灌通过小管径细管吸取上来，其工作原理如图 3-33 所示。因文丘里施肥器会造成较大的压力损耗，通常安装时加装一个小型增压泵。

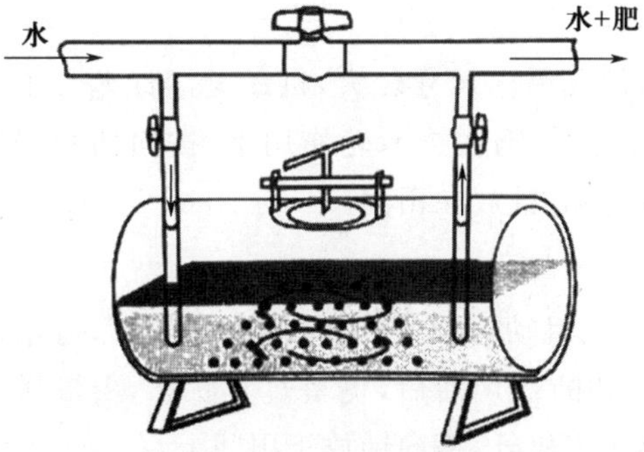

图 3-32　压差式施肥罐工作原理示意

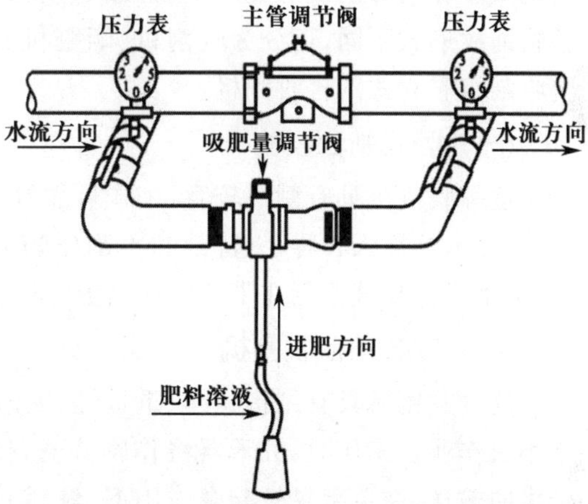

图 3-33　文丘里施肥器工作原理示意

文丘里施肥器优点：设备成本低，维护费用低，操作简单，施肥过程可维持均一的肥液浓度，施肥过程无须外部动力；设备重量轻，便于移动和用于自动化系统；便于观察施肥进程。但也存在缺点，主要为：施肥时系统水头压力损失大，为补偿水头损失，系统中要求较高的压力；施肥过程中的压力波动变化大，为使系统获得稳压，需配备增压泵；不能直接使用固体肥料。文丘里施肥器因其出流量较小，主要适于小面积种植场所，如温室大棚和小规模果园。

第三节　作物收获机械

作物收获机械是收取成熟作物的整个植株或果实、种子、茎、叶、根等部分的农业机械。由于各种作物的收取部位、形状、机械物理性质和收获的技术要求不同，因此作物收获机械各不相同。作物收获机械主要包括：谷物收获机械、玉米收获机械、棉花收获机械、薯类收获机械、甜菜收获机械、花生收获机械、甘蔗收获机械、蔬菜收获机械、果品收获机械、采茶机、牧草收获机械和青饲料收获机等。它们分别采用切割、挖掘、采摘、拔起和振落等方式进行收获。有些收获机械还可以对收获部分进行脱粒、摘果、去顶、剪梢、剥苞叶、分离秸秆和清除杂质等工序。各种联合收获(割)机则一次完成某种作物的全部或大部分收获工序,如谷物联合收割机、玉米联合收获机、马铃薯联合收获机、甜菜联合收获机、花生联合收获机、甘蔗联合收获机等。以下介绍几种常用的作物收获机械。

一、谷物收获机械

在各种作物收获机械中,发展最早、应用最广的是谷物收获机械。谷物收获机械是指用收割机、割晒机、割捆机和谷物联合收获机等进行稻、麦等谷类作物籽粒和秸秆收获的机械。谷物收割机的类型很多,按与动力机连接方式可分为牵引式和悬挂式两种;按谷物铺放形式不同,可分为收割机、晒割机和割捆机;按收割台形式不同,可分为卧式割台收割机和立式割台收割机。

(一) 卧式割台收割机

这种收割机具有割幅较宽,工作可靠等优点,但其纵向尺寸较大,机动灵活性差。工作时,分禾器插入谷物,将待割和不割作物分开,待割作物在拨禾轮作用下,拨向切割器切断,割下作物被拨倒在带式输送器上,送往割台一端,铺放在田间。

(二) 立式割台收割机

这种收割机具有结构紧凑、重量轻、纵向尺寸小、机动性好等优点,但割幅较窄,适用于小块作业。工作时,分禾器将作物分开,作物由切断器切断后,仍呈直立状态,由输送带横向输送,在拨禾星轮配合作用下,将割下作物排出机外,横向铺放于田间。

(三) 谷物联合收割机

谷物联合收割机实质上是收割机和脱粒机的有机组合,二者之间用输送装置相连,能一次完成谷物的收割、脱粒、分离和清选工作,直接获得较清洁的谷粒。一般由割台、脱粒部分、输送装置、传送装置、行走装置、粮仓、集草车和操纵机构等组成。具有生产率高,损失小,机械化程度高等优点。

二维码 3-7　谷物联合收割机 视频

按动力供给方式,谷物联合收割机可分为牵引式、自走式、悬挂式和半悬挂式四种;按喂入方式可分为全喂入式、半喂入式和接穗式三种;按喂入量不同,可分为大型、中型、小型三种。

牵引式联合收割机工件时由拖拉机牵引作业,结构简单,造价低,但机组长,机动性差,不能自行打开;自走式联合收割机自备动力和行走部分,能独立行走工作,具有结构紧凑,机动性高,操作方便,能自行开道等优点,但结构复杂,造价高,动力和底盘利用率低,是应用较广泛的一种机型;悬挂式联合收割机将割台和脱粒等工作装置悬挂在拖拉机上,由拖拉机驱动工作,具有机动性高,能自行开道的优点,且造价较低,拖拉机利用率高，但悬挂拆卸不够方便，性能也受到一定的限制。

全喂入式联合收割机是将作物的秸秆和穗头全部切割后，喂入脱粒装置，然后进行脱粒、清选，小麦收获机多为此类型；半喂入式联合收割机，用收获机的夹持输送装置夹住作物茎秆，送入脱粒机构，只将穗部喂入滚筒进行脱粒儿，秸秆仍然完整保留，水稻收获机多为此类型；接穗式收获机作业时，用梳脱头将站立在田间的作物穗头梳去，送入脱粒机构脱粒，然后清选，而作物秸秆不被切割断，仍站立在田间，这种结构作业效率高，消耗功率少，但目前在生产应用领域应用较少。

二、玉米收获机械

玉米收获机械是指收获玉米穗、籽粒或青饲玉米的作物收获机械。主要有以下几种。

(一) 玉米摘穗机

这种机器由分禾装置、喂入输送装置、摘穗装置、升运器和果穗箱等构成。根据摘穗器结构的不同，可分为卧辊式和立辊式两种类型。卧辊式玉米摘穗机对田间直立的茎秆进行摘穗，摘穗后的茎秆由切碎装置切碎后抛撒，这种机器结构紧凑，工作可靠性较好；玉米摘穗机每次收割 1～3 行，每行所需功率 7～9 千瓦；立辊式玉米摘穗机装有茎秆切割装置，摘穗过程在茎秆被割断后进行，摘穗后的茎秆由铺放装置成堆铺放在田面上，也可由茎秆切割装置切碎后抛撒在机后田面。

(二) 玉米摘穗剥苞叶机

摘穗部分和茎秆处理部分的结构与玉米摘穗机相同，也有卧辊式和立辊式两种，并设有剥苞叶装置，相应增设一个升运器和苞叶输送、子粒回收等装置。摘穗装置摘下的玉米穗通过第一升运器送到剥苞叶装置，剥去苞叶后的玉米穗经第二升运器抛入拖车内，苞叶由螺旋输送器送出机外，子粒经子粒回收装置与穗一起抛入挂车。一般每次收割 1～3 行，每行所需功率 13～16 千瓦。

(三) 玉米脱粒机

玉米脱粒机可分为机电动力驱动和人力手摇、脚踏等类型。机电动力驱动的玉米脱粒机采用圆柱形或圆锥形钉齿滚筒与筛状凹板构成的脱粒装置，并设有风扇以清除轻杂质；手摇或脚踏的玉米脱粒机多采用钉齿盘式脱粒装置作业，将玉米穗喂入肋条式锥轮、弹簧压板和旋转的钉齿盘之间，以钉齿抠剥脱粒。

(四) 玉米联合收获机

玉米联合收获机是指一次性完成玉米的摘穗、剥苞衣、脱粒等工序的机械，包括背负式玉米联合收割机、自走式玉米联合收割机和玉米摘穗台等。背负式玉米联合收割机是与拖拉机配套使用的机械，按其在拖拉机上的安装位置可分为正置式和侧置式两种，正置式背负玉米联合收不需要人工开割通道，省时省力，是利用较多的机型。自走式玉米联合收获机是自带动力的机械，主要有果穗收获型、穗茎兼收

二维码 3-8　玉米联合收获机 视频

型和籽粒收获型三种，具有工作效率高，作业效果好，实用和保养方便的优点，但用途专一。玉米摘穗台是与谷物联合收获机配套作业使用的机械。这类机具一般没有果穗收集功能，由分禾装置、喂入输送装置、摘穗板组合式摘穗装置和输送、传动装置等组成。摘下的玉米穗通过螺旋输送器和中间输送装置进入谷物联合收获机的脱粒装置脱粒，随后分离、清选。

三、根茎类收获机械

根茎类收获机械是指以根茎类作物为主要作业对象的收获机械，主要用于对马铃薯、甘薯、萝卜、洋葱等根茎类作物的收获。由于各种作物生长特性不同，收获机的设计也不同。下面简单介绍几种常用作物的收获机。

（一）马铃薯收获机

马铃薯收获的工艺过程包括切茎、挖掘、分离、捡拾、分级、装运等工序。马铃薯机械化收获方式主要有分段收获与联合收获两种，分段收获中主要机械是挖掘机，挖掘机分为固定式马铃薯挖掘机、振动式马铃薯挖掘机和组合式马铃薯挖掘机。马铃薯联合收获机可一次完成薯块挖掘、根茎分离、土薯分离、清选与分级、提升及装卸等作业，从动力上主要分为两种类型：第一类大功率自走式马铃薯联合收获机，第二类牵引式马铃薯联合收获机。

牵引式马铃薯联合收获机（图 3-34）目前在我国应用最广泛。其主要由牵引装置、挖掘铲、升运输送装置、土薯分离装置、多级分级机构、清选装置、机架等部分构成。工作原理：仿形镇压限深轮将地表土块压碎，挖掘铲将薯块与土块等一起掘起疏松后进入一级土薯分离装置完成对部分土壤和杂物的分离，薯块和剩余杂物被输送至茎秆分离装置，通过升运输送装置后，薯块将进入一级分级机构，尺寸相对较大薯块将随着一级分级机构被输送到清选台，完成清选后装袋，中小薯块将从一级分级机构的空隙中落下到二级分级机构，其中中等薯块随着二级分级机构被输送到中号薯块集装箱，最小的薯块将直接从二级分级机构的空隙中落到小号薯块集装箱。

图 3-34　牵引式马铃薯联合收获机

(二) 胡萝卜联合收获机

胡萝卜联合收获机(图 3-35)主要由机架、起拔架、挖掘机构、行走轮、纵向输送器、除叶器、横向输送器、液压系统和传动装置组成。工作原理:机器在作业时,扶茎器扶住倒伏和倾斜的萝卜茎叶,起拔架夹住茎叶,挖掘铲在下面挖掘块根,当块根附近土壤被疏松后,起拔架则从土中将块根拔出;接着,块根被传送到除叶器上,随着除叶器的复杂运动,块根上的叶子被除去,剩下的块根落在小型的纵向输送器上,然后被输送到装载设备。

图 3-35 胡萝卜联合收获机

(三) 大蒜收获机

大蒜收获机主要分为两种:一种是分段式大蒜收获机,一种是联合式大蒜收获机,主要以联合式大蒜收获机为主。下面以法国 ERME 公司生产的大蒜收获机为例作简单介绍。

法国 ERME 公司生产的大蒜联合收获机有打捆式和切秧式两种,其生产的 RL3 型大蒜打捆式收获机(图 3-36),主要包括机架、扶禾器、夹持输送装置、挖掘装置、人工座

图 3-36 RL3 型大蒜打捆式收获机

椅、液压泵、限深支撑轮、液压油箱、风冷散热器、打捆装置、蒜捆输送装置、动力输入装置、根部净土装置。其工作原理：首先蒜秧由分禾器导入夹持输送装置，同时挖掘装置入土将大蒜根部挖松，大蒜由夹持输送装置送至打捆装置，同时根部净土装置对大蒜根部清土；当打捆装置中的蒜秧收集到一定数量时，打捆装置打捆并输送到蒜捆输送装置上，然后人工按动蒜捆输送装置开关把蒜捆输送到后侧。

四、果蔬采摘机器人

采摘机器人集多种前沿科技于一身，其中涵盖了图像识别技术、监测技术以及传感技术等。采摘机器人的工作对象是农作物，不同的农作物种植方式不同，果实形态各异，生长环境也不尽相同，所以采摘机器人具有较强的针对性；另外，果实形状复杂，具有生长发育程度不一的特性，即使是同一品种，同一棵植株，果实的形状也不同，相互之间差异较大且易被枝叶遮挡。因此，果蔬采摘对机器人的要求较高：果蔬采摘机器人不仅要具有良好的识别、定位与避障系统，还要具有高度的自动化和智能化，能够实现精准判断，另外采摘机器人末端执行器能够与目标果蔬柔性接触，尽可能避免接触损伤。

二维码 3-9　农业机器人 PPT

目前，大部分果蔬采摘机器人还处于研究阶段，与实用化和商品化还有一定的距离。其主要原因有如下几点。

(1)机器人智能化程度没有达到农业生产的要求。农业生产的非结构性和田间工作的不确定性要求采摘机器人具有较高的智能和柔性生产的能力。

(2)采摘效率不高，普遍低于人工采摘。这主要是由于图像处理时间较长，以及机器人的自由度多，对其控制需要花费较长时间。

(3)机器人的制造成本较高，而且其应用的季节性较强，使用效率较低。

果蔬采摘机器人技术基本原理：用彩色摄像头和图像处理卡组成的视觉系统，寻找和识别成熟果实，然后通过戴橡胶手指和启动吸嘴的末端执行器，把果实吸住抓紧后，利用机械手的腕关节把果实拧下来而不损伤果实；行走机构有四个轮子，能在田间自由行走。

目前研发的果蔬机器人有苹果采摘机器人、草莓采摘机器人、黄瓜采摘机器人、葡萄采摘机器人、番茄采摘机器人等。具体研究情况如下。

1. 苹果采摘机器人

苹果采摘机器人通常由行走机构、执行机械臂、运动控制系统、机器视觉系统和末端执行器等组成，机器视觉系统和末端执行器是其中心机构。苹果采摘机器人末端装置如图 3-37 所示。

日本北海道大学研制的采用二指夹持式末端执行器的苹果采摘机器人，采用 CCD 摄像机和激光传感器进行果实识别，采用二指夹持果梗进行采摘。这种机器人避免了末端执行器与果实间的接触损伤，但对果梗较短的果实会出现加持失败，发生果实掉落现象。韩国庆北大学研制的四自由度苹果采摘机器人具有末端执行器夹持力可控且工作范围广的特点，但因受自由度限制，无法绕过障碍物摘取果实。南京农业大学设计研发的自走式智能苹果采摘机器人，以六自由度工业机械臂作为采摘机械臂，具有双目视觉系统和导航系统，能够完成自主导航、采摘及苹果装箱作业。该采摘机器人智能化及自动化程度较高，但整机体积较大，灵活性较差，对传统密植型果园的适用性较差。

2. 草莓采摘机器人

由于草莓的栽培模式具有多样性，例如地面栽培模式、高架栽培模式和垄作栽培模式等，同时生产经营规模各不相同，因此其采摘装置的差异性也较为明显。目前针对高架栽培模式研制的草莓采摘机械较多，而地面栽培模式和垄作栽培模式种植的草莓因其植株距离地面较近，使机械采摘难度增加，因此现有机械采摘设备较少。草莓采摘机器人末端装置如图 3-38 所示。

图 3-37　苹果采摘机器人末端装置

图 3-38　草莓采摘机器人末端装置

西班牙 AGROBOT Robotics 公司研发的基于高架栽培的草莓采摘机器人通过多个装有传感器和图像处理单元的机械臂相互协同工作进行采摘作业，采用末端执行器断茎加持的方式收获草莓，能够自主识别、定位并无损伤采摘高架栽培模式下的成熟草莓。西北农林科技大学针对高架栽培模式种植的草莓通过搭建远—近景组合视觉定位系统，并结合 D-H 法建立的机械臂各连杆间的关系式，设计了一种草莓采摘末端执行器，既提高了采摘定位的精准度，又在一定程度上避免了对草莓造成的损伤。

目前国内外草莓采摘机器人存在的问题：一是设备普遍只适配特定种植模式或特定品种的草莓，专用性较强，通用性有待提高；二是设备整机结构复杂，体积较为庞大，通过性较差，对草莓种植密度的合理性要求较高；三是草莓的自然生长环境复杂多变且其生长位置及形状各异，设备在识别草莓果实时易受多种因素干扰，导致设备定位精准度下降，出现漏摘或损伤果实的现象。

3. 葡萄采摘机器人

葡萄与草莓同属于浆果类水果，果皮柔嫩易破，果实形状各异，在不同成熟度下颜色复杂多样，对采摘机器人的要求较高。日本冈山大学针对棚架种植模式研制出一种具有多种作业功能的葡萄采摘装置，采用激光扫描方式对葡萄簇进行识别、定位及果实成熟度判断，该装置配套有多种类型的末端执行器，在葡萄整个生长周期中，可根据实际作业需求对末端执行器进行更换，以满足修剪、喷药和收获等作业需求。

目前，葡萄采摘机器人的研发与应用过程仍存在采摘环境复杂、果实识别率低、果实损伤率高、采摘周期长、设备制造维修成本高等难点与制约因素，需要在智能化、开放性、结构优化等方面进一步提高。葡萄采摘机器人末端装置如图 3-39 所示。

图 3-39　葡萄采摘机器人末端装置

4. 番茄采摘机器人

相对于其他蔬菜，番茄采摘机器人的研究历史较长，成熟度也较高。20 世纪 90 年代初，日本就研制出一款具有自主导航功能的七自由度番茄采摘机器人，该机器人采摘系统由关节型机械臂和末端执行器两部分组成，其中末端执行器安装了橡胶垫和压力传感器，可以有效降低果实的接触损伤。2004 年，美国加利福尼亚机械公司推出的全自动番茄收获机可将番茄蔓藤切割后送入分选仓，利用光谱特征识别出成熟番茄果实，从而将成熟番茄和未成熟番茄分开，并将番茄枝叶粉碎。2008 年，日本冈山大学研发出一款钢轨行走式番茄采摘机器人。在进行番茄采摘作业时，该机器人行走在预设钢轨上，同时利用视觉系统对番茄果实进行探测，若发现成熟果实，则控制系统控制四指型末端执行器采摘目标果实。由于该机器人工作时需要预设轨道，因此增加了管理者成本的投入，此外还要求具有合理的种植模式，因此，该机器人存在对传统密植型的番茄种植模式适配性较差和使用成本较高的问题。2017 年，北京工业大学针对棚架式种植园作业环境，以成熟番茄为采摘对象，研制出一款自走式多功能智能番茄采摘机器人系统。该机器人采用四轮结构型式的行走机构，既能用于温室种植环境，也能用于开放的田间种植环境。该机器人采用四自由度关节型机械臂，通过更换不同末端执行器即可采摘其他果蔬，提高了设备的通用性，具有操作灵活、控制方便的特点。番茄采摘机器人末端装置如图 3-40 所示。

图 3-40　番茄采摘机器人末端装置

目前，对番茄采摘机器人的研究已在图像识别与定位、自主导航等方面取得阶段性进展，但从整体上来看，其智能化程度还未达到农业生产的要求。此外，还存在机器人行走底盘通用性差，采摘机械臂成本高、体积大、控制较复杂以及现有生产模式规范性不足的问题。为适应复杂的农田环境并最终实现高效无损采摘，番茄采摘机器人的实用性亟需提高。

目前，各国对果蔬采摘机器人都进行了大量的研究并取得了一定的成果，但大部分果蔬采摘机器人还处于研究阶段，离实用化和商品化还有一定的距离，仍存在以下问题。

(1)末端执行器采摘准确率不高。在采摘过程中，机器人视觉系统对果蔬的识别、定位及机械臂的路径规划存在误差，导致果实的采摘成功率下降。

(2)采摘设备环境适应性较差。在自然环境下生长的果实易被叶片遮掩，导致采摘设备的视觉系统对果实识别较为困难。此外，复杂的环境使采摘设备的避障性能面临严峻的挑战。

(3)采摘对象损伤率较高。在采摘过程中，机器人末端执行器夹持果实时易对其造成表面划伤及内部挤压变形，或者抓取不稳导致其脱落造成损伤。

(4)平均采摘周期较长，采摘效率不够高。机器人工作环境复杂，视觉系统对果实识别及定位率较低。另外，自然条件多变也增加了图像处理的难度。

(5)机器人通用性较差。现有机器人多数是针对某种特定果蔬而研制的，不同种类果蔬之间不能通用，专用性较强，但通用性较差。

(6)机器人制造成本及维修费用较高。与工业机器人相比，果蔬采摘机器使用周期较短，使用季节性较强，维护费用较高，经济性较差。

果蔬产业是典型的劳动密集型产业，在果蔬生产过程中，采摘约占整个作业量40%，也是果蔬生产中作业要求较高的关键环节，具有季节性强和劳动密集的特点。现阶段我国果蔬采摘环节的综合机械化水平较低，大多数作业以人工为主，劳动生产率亟需提高。同时，随着城镇化进程的不断推进和人口老龄化现象的日益加重，农村劳动力逐年下降，果蔬采摘人工成本逐年提高。因此，生产研发实用性强、效率高、价格低廉的果蔬采摘机器人将是未来农业发展的一个重要方向，也是促进智慧农业发展的重要内容。

润物微语

铆足干劲，不懈奋斗，跑出农业机械化的“加速度”，推动农业机械化全程全面高质量发展，才能让每一寸土地在科技的推动下，都成为丰收的沃土，交上一张丰收的答卷，绘就出新时代美丽乡村新画卷。

实践案例

莱州：智慧农机让粮食生产尽显“科技范”

粮稳，天下安。为充分发挥农业机械化在粮食生产中集成技术、节本增效、提质减损、稳产增产等方面的重要作用。2021 年，莱州市围绕智慧农业建设，开发建设智慧农机信息平台，逐步将莱州农牧业机械纳入信息平台。同时，融合拖拉机北斗导航无人驾驶技术、无人机植保技术、农机深松信息化远程监测技术等新技术，推进农机化与信息化融合，努力实现莱州农机信息化管理和服务，为夺取 2021 年莱州市粮食丰产丰收提供农机装备支撑。

1. 智慧农机让粮食生产跑出“加速度”

与往年忙碌的春耕场景不同的是，2021 年春耕期间，田地里少了扎堆劳作的农民身影，取而代之的是像“大铁牛”一样奔跑的拖拉机，而走近一看，拖拉机驾驶室内竟然空无一人，不禁让人大吃一惊。“装上了北斗终端系统，等于给农机安上了‘天眼’，在驾驶室的触摸板上把作业宽度、行间距等设置好以后，拖拉机就会自动直线行进，千米行驶误差不超过 2 厘米，我们的工作量减少将近一半。真正实现了祖祖辈辈梦想的种地自动化。”莱州市维松农机专业合作社理事长杨维松蹲在地头，手捻着深松的土壤，眼瞅着绿油油的麦田，面露喜色。眼下在莱州农村，农机作业终端的智慧化场景比比皆是，信息技术与农业“牵手”，给农业生产、经营、管理带来了深刻变革，为现代农业插上翅膀。

2. 飞防作业使农作物病虫害插翅难飞

春意浓浓，青麦起身。2021 年 3 月 22 日，在山东省莱州市沙河镇朱杲李家村，绿浪翻滚的冬小麦长势喜人，合作社的 2 名无人机手们在田间忙碌着。“疫情防控期间，使用无人机植保作业可以减少农药使用量，同时，还能大幅度减少人工，提高工作效率，降低疫情传播风险。”杨维松说。眼下正是北方冬小麦机械化植保的关键时期，在一处小麦地里，飞手将航线设定好后，无人机即进行全自主便携操作。往年，人工喷洒费时费力，农户背着二三十斤重的喷水壶一干就是半天，往返取水费力不说，植保效果也难以保证。如今，合作社利用植保无人机喷洒农药比人工喷洒效率提升了 100 倍。同时，还可以实现自动规划路线、自动飞行、自动避障，起飞一架次就能打 20 亩小麦，比雇用人工成本低得多。而且喷洒的流量大、均匀，雾化范围也很广，作业效果也十分稳定，喷头能够根据作业需求快速响应，实现精准变量喷洒，作业误差可缩小至厘米级。

近年来，莱州市连续几年承担了粮食绿色高质高效创建项目，在小麦进入扬花期与灌浆期，而这一阶段正是蚜虫、白粉病、赤霉病防控关键时期。开展小麦“一喷三防”，使用杀虫剂、杀菌剂、植物生长调节剂、叶面肥等混配剂喷雾，达到防病虫、防倒伏、防干热风，增粒增重，是确保小麦增产的一项关键技术措施。

3. 智能化播种让粮食生产精准高效

近年来，莱州市通过推广普及智能农机，使农业生产从“传统农业”向“智慧农业”转变，为全市农业高质量发展提供了强大动力。通过智能终端设备、“处方”式管理、变量施肥，实现全环节的无人化作业，从“会”种地到“慧”种地，使全市粮食连年增产。

“如今，天上飞的、地上跑的，都成了咱种地的好帮手。”在莱州市城港路街道大朱石村，一辆精准作业的玉米播种机，按照预先设定的播种线路，准确地将玉米种播撒在指定位置，全程不用人来操作，种粮大户王成军站在田头啧啧称赞，春耕生产农机成主角，仅用2天，360亩春玉米就播种完成，“智慧春耕”让农忙变成了“农闲”。“播种质量是我们最关心的事情。”大朱石村种粮大户王成军介绍说，“安装了智能终端后，在驾驶室内就可以实时了解作业和油耗情况。有了这个智能终端，播行直、接茬准，不但提高了工作效率，更提高了播种质量。而且各项数据的统计汇总，也解决了手工统计数据耗时耗力、不及时不精准等问题。”

（摘自：任巍峥，王帮高．智慧农机让粮食生产尽显“科技苑”．莱州：山东农机化 2021.03:13-14.）

本章小结

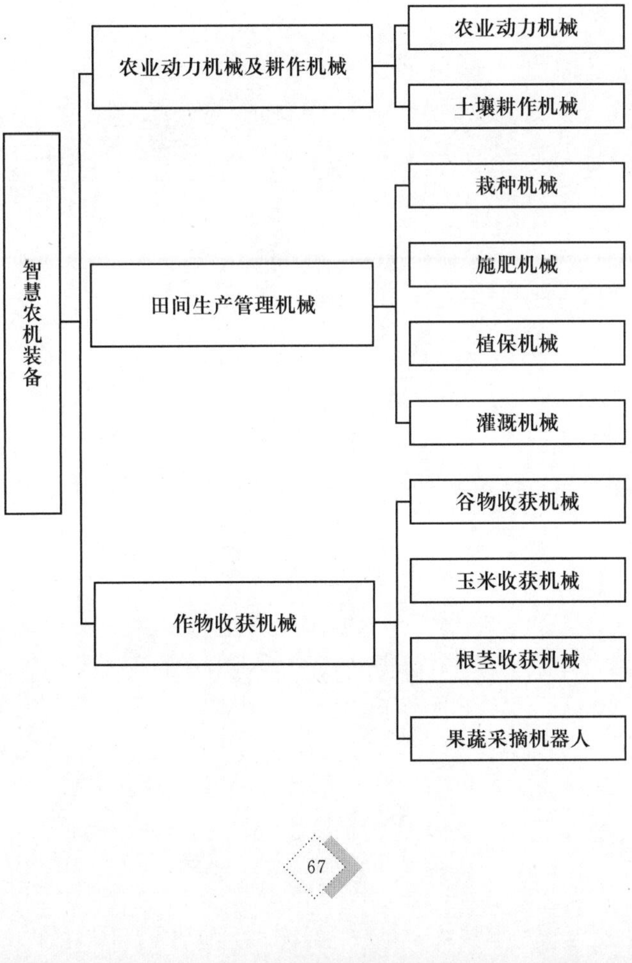

思考题

1. 什么是农业动力机械？常用的农业动力机械有哪些？
2. 按功能分，农业拖拉机有哪些类型？分别用于哪些田间作业？
3. 土壤耕作机械有哪些类型？分别起什么作用？
4. 栽种机械有哪几类？其作业对象分别是什么？
5. 无人机在农业生产上的应用主要有哪些？
6. 目前果蔬采摘机器人没有商品化，主要原因是什么？

第四章
农业物联网

知识目标

1. 能够解释什么是农业物联网
2. 能够说出农业物联网的关键技术。
3. 能够归纳总结农业物联网应用的领域。

能力目标

1. 能够运用农业物联网技术解决农业生产问题。
2. 能够灵活运用农业物联网技术。

素质目标

1. 树立科学发展农业理念。
2. 培养知农、学农、爱农的情怀。

第一节　什么是物联网

一、物联网的由来及概念

(一) 物联网的由来

1999 年美国麻省理工学院教授以无线射频识别技术和无线传感网络作为支撑，在物流系统的大背景下首次提出了物联网的概念。把需要识别的物品嵌入唯一的条码，同时使用射频识别技术对该物品条码进行识别，就能够对物流信息系统实现智能化的管理。随着计算机技术、通信技术的发展，特别是智能物件的迅速发展，现代物联网的内涵已发生了很大变化。

“物联网”的概念正式确定是在 2005 年。2005 年，国际电信联盟在突尼斯举行的信息社会世界峰会上发布了《ITU 互联网报告 2005：物联网》(*ITU Internet reports 2005：the Internet of things*)，该报告指出，我们正处于一个新的通信时代的边缘，信息与通信技术的目标不仅仅满足人与人之间的沟通，现在发展到了实现人与物、物与物之间的连接，无处不在的物联网、互联网通信时代即将到来。物联网是战略性新兴产业的重要组成部分，被认为是继计算机、互联网和移动通信之后新一轮信息技术革命。

国际电信联盟在 2005 年的一份报告中曾这样描绘“物联网”时代的图景：当司机出现操作失误时，接入物联网的汽车会自动报警；接入物联网的公文包会提醒主人忘带了什么东西；接入物联网的衣服会“告诉”洗衣机对洗洁剂和水温的要求；等等。亿博物流咨询公司曾生动地介绍了物联网在物流领域内的应用情况，例如一家物流公司应用了接入物联网系统的货车，当装载超重时，汽车会自动告诉你超载了，同时还会告诉你超载了多少，空间还有多少剩余，轻重货物怎样搭配。当搬运人员卸货时，一只货物包装箱可能会大叫“你扔疼我了”，或者说“朋友，请你不要太野蛮，可以吗？”当司机和别人扯闲话时，货车会装作老板的声音怒吼“笨蛋，该发车了！”

（二）物联网的概念

按照国际电信联盟的定义，物联网是指在互联网的基础上，通过各种信息传感设备，如射频识别、红外感应器、全球定位系统、激光扫描器等，按约定的协议，把任何物品与互联网连接起来，进行信息交换和通信，从而实现智能化识别、定位、跟踪、监控和管理的一种网络。物联网主要解决物品到物品、人到物品、人到人之间的互连，其核心和基础仍然是互联网，是在互联网基础上的延伸和扩展，可以与电信网、广电网等公网互联。物联网实现了虚拟网络与现实网络世界的实时交互。

物联网的定义可以从下面两个层面来理解。

(1)从时间上来讲，物联网的概念出现在互联网之后，在互联网信息技术已经成熟后提出了这个概念，而且物联网的工作也不能脱离互联网孤立存在，所以互联网技术是物联网技术发展的基础。

(2)从物联网概念出现层面来讲：射频技术是物联网技术出现的基础，最早应用于扫描条码，实现物品的信息记录与信息跟踪，可以说是现行广泛应用的二维码扫描的雏形；同时，在物联网发展过程中，传感技术起到了巨大作用，利用传感设备与技术，实现环境信息、物品信息的获取，再通过传感设备收取管理指令，进行具体操作，以实现物联网的智能化。

二、物联网的基本特征

物联网的基本特征可概括为全面感知、可靠传输及智能处理。

(1)全面感知。利用无线射频识别、传感器、定位器和二维码等手段随时随地对物体进行信息采集和获取，并通过相关设备把获取的信息资源进行共享与交互。

(2)可靠传输。通过对互联网、无线网络的融合，将物体的信息实时、准确地传送，以便信息交流、分享。在这一过程中，通常需要用到现有的电信运行网络，包括无线和有线网络。由于传感器网络是一个局部的无线网，因而无线移动通信网、3G 网络是作为承载物联网的一个有力的支撑。

(3)智能处理。使用各种智能技术，对感知和传送到的数据、信息进行分析处理，实现监测与控制的智能化。

三、物联网的基本功能

根据物联网的以上特征，结合信息科学的观点，围绕信息的流动过程，可以归纳出物联网的基本功能。

(1)获取信息的功能。主要是信息的感知、识别，信息的感知是指对事物属性状态及其变化方式的知觉和敏感；信息的识别指能把所感受到的事物状态用一定方式表示出来。

(2)传送信息的功能。主要是信息发送、传输、接收等环节，最后把获取的事物状态信息及其变化的方式从时间（或空间）上的一点传送到另一点，这就是常说的通信过程。

(3)处理信息的功能。是指信息的加工过程，利用已有的信息或感知的信息产生新的信息，实际是制定决策的过程。

(4)施效信息的功能。是指信息最终发挥效用的过程，有很多的表现形式，比较重要的是通过调节对象事物的状态及其变换方式，始终使对象处于预先设计的状态。

四、物联网的基本架构

物联网的基本架构包括三个层次：感知层、传输层、应用层，如图 4-1 所示。

(一) 感知层

在三层架构中，感知层处于最底层，是物联网的实现基础，主要完成数据采集工作。信息感知技术可以简单地分为三大类。

(1)传感器技术，利用各种传感器实时采集目标对象的物理、化学或生物学指标。

(2)物品标识技术，利用条形码、二维码、RFID，使普通物品带上这类标签，记录特定目标的数据信息，即可实现人、物对话。

(3)“3S”技术，包括遥感(RS)、地理信息系统(GIS)和全球定位系统(GPS)，其中，遥感技术是利用高分辨率传感器从天、空、地不同尺度采集地物光谱数据；地理信息系统是对地理环境信息进行采集、存储、检索、分析和显示的综合性技术系统；卫星定位系统主要有美国的全球定位系统 GPS、中国的北斗卫星定位系统 BDS 等，均可为用户提供准确的位置坐标及相关的属性特征。

(二) 传输层

物联网传输层位于感知层和应用层之间，该层主要作用是把感知层获取的信息准确无误传输给应用层，使应用层对海量信息进行分析、管理，作出决策。布设在现场的各种传感器必须依赖通信网络实现数据传输。

物联网的通信网络分为四类。

(1)短距离有线通信：主要依赖现场总线实现传感器的数据整合。

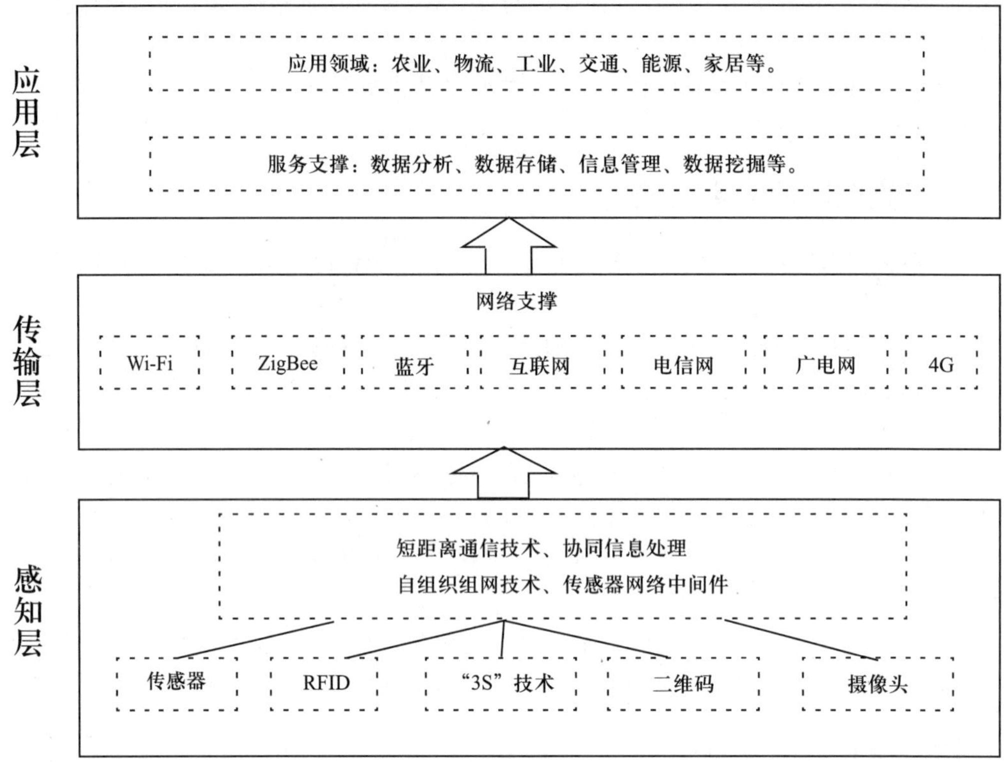

图 4-1 物联网的三层架构

(2)短距离无线通信：主要利用 Wi-Fi、紫蜂协议(ZigBee)、蓝牙等短距离通信协议来实现近距离数据传输。

(3)长距离有线通信：利用电信网、互联网、广电网及三网融合来实现远距离数据传输。

(4)长距离无线通信：主要利用移动通信技术来实现。

(三) 应用层

应用层完成信息的分析处理和决策，并实现或完成特定的智能化应用和服务任务，以实现物与物、人与物之间的识别与感知，最终发挥智能作用。应用层与行业需求结合，实现业务的广泛智能，使物联网与行业专用技术深度融合。

五、物联网的发展现状

自 2005 年以来，全球物联网历经了“概念探索、政府主导、应用示范”的 1.0 市场培育期，随着科技的迅猛发展及需求的扩大升级，物联网的发展条件和技术构成等已发生重大变化，目前已经进入“跨界融合、基层创新、规模应用、生态加速”的 2.0 产业爆发期。在这一新的发展阶段，物联网发展呈现“万物互联、泛在智能、平台生态、数据运营”的新特点，可以说，物联网进入了全新的发展轨道，转折点已经到来。

当前全球物联网应用三大主线呈现加速发展态势：一是面向需求侧的消费者物联

网，即物联网与移动互联网相融合的移动物联网，自2010年以来创新高度活跃，孕育出可穿戴设备、智能硬件、智能家居、车联网、健康养老等规模化的消费类应用；二是面向供给侧的生产性物联网，即物联网与工业、农业、能源等传统行业深度融合形成产业物联网，2013年以后发展提速，技术能力在传统行业技术体系中的位置不断“下沉”，成为转型升级所需的基础设施和关键要素；三是智慧城市发展进入新阶段，基于物联网的城市立体化信息采集系统正加速构建，智慧城市成为物联网应用集成创新的综合平台，物联网应用成为几乎所有智慧应用的内涵。如物联网和地理信息大数据、人工智能等技术的融合，成就智慧交通、智慧城管、智慧环保等应用。

从互联网的发展情况看，虽然目前在基础设施应用推广方面已经取得十分显著的效果，但制约物联网进一步发展的深层次问题依旧存在，具体包括以下几个方面：一是设备安全问题，由于大部分物联网设备处理能力弱，耗电较低，在连接到网络中时容易成为安全上最薄弱的一环，目前全球范围内利用物联网设备安全漏洞产生的攻击事件层出不穷；二是互联互通的问题，目前全球范围内物联网平台数量众多，而平台之间由于通信兼容性及对等平台之间缺乏互信机制，仍无法实现互联互通；三是架构的集中化问题，目前物联网平台成为物联网架构的核心，从架构上看集中式的架构难以应对物联网设备的快速增长。

我国的物联网应用总体上处于发展初期，许多领域虽然积极开展了物联网的应用探索与试点，但在应用水平上与发达国家仍有一定的差距。目前我国已开展了一系列试点和示范项目，在电网、交通、物流、智能家居、节能环保、工业自动控制、医疗卫生、精细化农牧业、金融服务业、公共安全等领域取得了初步进展。

第二节　农业物联网概述

一、农业物联网的概念

农业物联网是利用RFID、传感器和视觉采集终端等全面感知采集大田种植、设施农业、畜禽养殖、水产养殖和农产品物流等领域的现场信息，并利用传感器网络、互联网和电信网等多种信息传输通道实现农业信息多尺度、多维度的可靠传输，并将获取的海量信息进行智能化处理，最终实现农业生产过程的最优控制、智能化管理及农产品流通环节的系统化物流、电子化交易及质量安全追溯等目标。农业物联网将物联网技术贯穿于农业的生产、加工、经营、管理和流通等各个环节，以达到作物增产、品质改善并提高经济效益的目的。

二维码 4-1　农业物联网及其发展意义 PPT

农业物联网的核心是通过物联网技术实现农产品生产、加工、流通和消费等信息的获取，通过智能农业信息技术实现农业生产的基本要素与农作物栽培管理、畜禽饲养、施肥、植保及农民教育相结合，提升农业生产、管理、交易、物流等环节的智能化程度。农业物联网有广义和狭义之分,狭义的农业物联网是与农业生产相关的物与物联接的一项新技术;广义的农业物联网(或从管理角度看),是农业大系统中的人、机、物一体化的互联网络。

二、农业物联网的产业链组成

农业物联网产业链主要包括传感设备、传输网络、应用服务三个部分,这三个部分形成了农业物联网应用过程中完整的农业物联网应用系统。

二维码 4-2 农业物联网产业 PPT

设备制造是农业物联网产业链的上游,也是产业链的技术核心。农业物联网的制造产业既包括传感器的生产企业,也包括提供物联网技术应用的网络运营商和软件提供商,还有提供农业信息的通信企业。

农产品和服务生产是农业物联网产业链的中间环节,也是最重要的环节。可分成两个部分:第一部分是进行传统的农业生产改造,把相应的物联网设备应用到生产过程;第二部分是物联网网络的运营支撑系统,包括由各种类型的计算机和相应的管理软件构成的各类管理平台和业务平台。随着农业物联网应用的不断深入发展,必将带来海量的数据处理和信息管理服务需求。农业物联网产业对基于管理和业务的网络运营支撑系统的这部分需求,将促成农业物联网系统平台供应商和系统集成商的出现。

产业化应用是物联网产业链的下游,对物联网的发展至关重要,也是发展和合作空间最广的领域。没有应用就没有需求,没有需求就没有市场,没有市场就没有产业发展的驱动力。农业物联网产业的市场需求,将首先来自政府的产业引导和推动,支持和扶持农业物联网技术应用,使农业物联网快速扩大应用范围和覆盖规模,更好地为大众服务、彰显农业物联网的价值。

三、农业物联网的产业特征

农业物联网的产业特征有以下几个重要方面。

1. 农业物联网产业市场前景广阔

随着国家对农业投入的不断增加及国内物联网技术的成熟,包括北京、上海、无锡、苏州等地,政府和企业对农业物联网的投资数量加大,相应的农业物联网产品和服务也得到了市场的肯定,并且产生了比传统农业更高的价值。

2. 农业物联网产业处于起步阶段,机遇与挑战并存

目前,各地政府和企业都对农业物联网的市场前景保持乐观态度,但是在现实的产业运作中遇到许多难以短时间内解决的问题,如技术专利、网络安全、设备维护、农民培养等,这些问题不解决而期望快速获得农业物联网产业的发展显然是难以实现的。

3. 农业物联网产业具有高度的网络化和知识密集性

农业物联网产业是以物联网为基础的,而物联网本身依赖互联网的发展。不管是感

应器对信息的采集，还是企业对生产过程中的监控都需要网络的覆盖。同时，农业物联网是信息技术的集合应用，需要现代化的知识去适应和使用，因此具有高度的知识性特征。

4. 农业物联网产业具有高附加值性和产业融合性

农业物联网首先是农业对信息产业技术的应用。发展农业物联网产业不仅需要传统农业参与者的参与，更需要通信行业、软件行业的参与，因此农业物联网具有产业的融合性。农业物联网是农业产业中的高端领域，因而具有高附加值性。

5. 农业物联网产业缺乏成熟的商业模式

农业物联网的应用仍属于较低层次，目前的产业政策和机制难以激发产业链各环节参与热情，不能形成良好的价值回报机制，促进农业物联网的可持续发展。

四、农业物联网的供需主体

(一) 农业物联网的供给主体

从农业物联网的产业链角度分析，其产业供给主体主要包括设备制造商、软件产品开发商、系统集成商、网络及运营服务商四类。设备制造商主要提供农业传感器、网关产品、各类芯片等；软件产品开发商主要提供满足传输及应用层的软件产品，如农作物优质栽培信息系统、玉米田间管理决策支持系统、精准施肥系统等；系统集成商主要面向客户提供整套的农业生产解决方案，目前具有一定规模和品牌的有农信通、浙江托普云农科技股份有限公司、上海农易信息技术有限公司等；网络及运营服务商主要有中国电信、中国移动、中国联通三大电信运营商。农业物联网的供给主体如表 4-1 所示。

表 4-1　农业物联网的供给主体

供给主体	提供产品和服务	主要功能/应用领域
设备制造商	各类传感器、芯片、网关产品等	感知功能，动植物生命体征等，此外还应用于质量安全追溯等
软件产品开发商	满足传输和应用层的软件产品，如作物调优栽培系统、田间管理决策支持系统等	用于生产管理，提供决策支持等
系统集成商	物联网整体解决方案	大田物联网、设施园艺物联网、水产畜禽养殖物联网等
网络及运营服务商	网络传输环境	传输通道

(二) 农业物联网的需求主体

农业物联网的需求主体主要包括政府部门、新型农业经营主体、现代农业示范园区等，随着农业物联网技术的普及推广，家庭农场、农业合作社等也将成为需求主体。

1. 政府部门

政府部门包括涉农的各级部委及各地方政府，它们是农业物联网技术、产品、服务的重要购买者。目前，农业物联网发展仍处于起步阶段，受产品价格、思想意识、技术应用等因素限制，普通经营者对农业物联网的应用需求并不迫切，农业物联网的应用主要依靠国家主导推动，如农业部、发改委开展的农业物联网区域示范工程、国家农业科技服务云平台建设等。同时，各级地方政府也纷纷开展农业物联网实验示范，如天津是农业部最早开展的农业物联网试点地区之一，2012年以来先后投入了专项资金7000多万元，建设了20个核心试验基地，实现了对所有农业区县和主要农业产业的全覆盖。在提升政府公共管理和公共服务水平的同时，促进了物联网应用技术的创新及物联网产业的发展。

2. 新型农业经营主体

新型农业经营主体主要包括农业生产专业大户、家庭农场、农民合作社、龙头企业和农业社会化服务组织，它们是农业物联网产业真正的市场化需求主体，当产业发展到一定阶段后，该主体的需求将影响农业物联网产业未来的发展走势。新型农业经营主体在技术、资金及经营管理方面，均优于传统农业经营主体的主要特征。如中国利农集团，在国家农业信息化工程技术研究中心的技术支持下，布设了基地生产与溯源管理系统，实现了实时远程对田间农业生产情况的管理、农产品的精准溯源管理等，大大提高了生产效率，农产品的质量得到了保障。

3. 现代农业示范园区

现代农业示范园区是农业技术应用与推广的新载体，也是现代信息技术在农业中率先开展应用示范的重要基地。农业园区是现代农业发展的典型，在农业园区生产经营专业化、标准化、规模化程度均比较高。如北京通州国际种业科技园区，将物联网技术应用于种业资源环境检测、种子生产管理及物流管理等，通过信息复合传感器、可视化管理系统、物联网应用基础服务平台、种业物流服务平台及种业网上信息交易平台等建设，把种业生产、推广过程所涉及的相关对象通过信息传感设备与互联网连接起来，实现了多种作物（玉米、水稻、小麦、大豆、棉花、油菜）种子、知识产权与品牌的线上、线下交易、展示交流等。

五、农业物联网在智慧农业生产中的应用

（一）农业物联网在智慧农业生产中的应用

农业物联网在智慧农业生产方面的应用非常广泛，农业生产中的精准施肥、精准灌溉、精准播种、病虫害的精准防治、精准收获等都需要依靠农业物联网作为技术支撑。通过各类传感器监测土壤水分、温度、空气、湿度、光照、植物养分含量等数据的动态变化，可以实现对农业生产园区的智能管理，如自动灌溉、自动降温、自动施肥、自动喷药等。通过高清摄像头等传感设备，可以直观反映农业园区作物长势，为及时调整种植方案、科学决策提供理论依据。

（二）农业物联网在智慧农业管理中的应用

农业物联网在智慧农业管理中的作用主要包括实现农业生态环境动态监测和实现农副产品安全追溯监管。农业生态环境是影响农产品质量安全的基础，利用物联网技术可以对农业生产的土壤、水环境、大气环境等信息进行采集，通过对采集信息的精确分

析，既能够得出适合在所监测土壤种植的农作物品种，又能够及时对土壤进行调控，改善土壤环境，在对农副产品安全追溯监管方面，利用 RFID 技术、二维码技术，对农产品生产、包装、仓储、物流等各个环节进行监管，可实现农产品生产全过程追溯，保障生态环境安全及农产品安全。依托物联网技术能显著提高传统农业的管理水平，利用卫星遥感和互联网技术对监测区域的农作物长势、面积、病虫害等进行监测与收集，可以有效地估算农作物产量及品质，达到有效规划、监测某一特定区域农业生产的目的。

(三) 农业物联网在智慧农业经营中的应用

随着物联网技术的发展与普及，越来越多的农业企业开始涉足电子商务领域，通过电子商务渠道扩展销售，提升品牌知名度，农产品电子商务已成为农产品销售的主要渠道。农业电子商务也是实现小农户与大市场直接对接的有效途径，物联网为农产品、农业生产资料、农村特色旅游的网络化经营提供了技术支撑。农业物联网使智慧农业经营更加精准、更加方便、更加快捷。

(四) 农业物联网在智慧农业服务中的应用

智慧农业服务主要是利用物联网、云计算、大数据技术等提高农业服务的灵活性和便捷性，解决农村信息服务“最后 1 公里”的问题，让农民便捷灵活地享受需要的各种生产生活信息服务。利用物联网，农民不仅可以获取先进的技术信息，也可以通过大数据掌握最新的农产品地理分布、价格走势等信息，从而结合自己的资源情况自主决策农业生产重点；对于政府部门来说，利用物联网等技术，根据农民和新型农业经营主体的信息服务新需求，加快推进信息进村入户工程，不断创新服务模式，择优服务手段，有针对性地为农民提供及时精确高效的信息服务，将农业信息服务引向新的发展高度；同时物联网技术还推进了电信、银行、保险、供销、交通、物流等便民服务，实现了农产品、农业生产资料和消费品的在线销售，为农民提供了足不出户的便捷服务。

六、农业物联网的应用现状

(一) 国外发展应用现状

近年来，欧美、日本等一些发达国家和地区相继开展了物联网技术在农业领域的应用研究，物联网技术在农业生产、加工、流通、质量安全追溯等领域得到广泛的实践，并且形成了一批良好的产业化应用模式。

二维码 4-3　农业物联网应用现状、问题及对策 PPT

美国政府将物联网技术上升为国家创新战略的重点之一，把农业的教育、研究与技术推广作为政府的重要职责，专门成立由大学、政府、技术推广部门与农民代表组成的农业推广指导委员会，以保障农业物联网技术的发展。美国许多大农场对信息技术的采用率已高达 80%。欧盟各国非常注重农业物联网的规模化应用与经济效益，目前已在小尺度农田耕作、精准畜牧以及智能渔业等方面有所突破。荷兰的温室大棚物联网高度发达，已在智能化管理、温室环境调控等方面居世界领先位置。为解决农业劳动力不足和老龄化问题，日本政府投入大量的资金扶持农业物联网技术的推广应用，使50%以上的农户选择使用物联网技术，其农业科技成果转化率高达75%以上。以色列充分利用农业物联网技术对水光热资源进行合理分配及充分利用，在资源匮乏的沙漠地区成为全球水果、蔬菜、鲜花重要出口国。

(二) 国内发展应用现状

近年来，我国高度重视农业信息化与现代化发展。物联网技术已被广泛应用于精准灌溉、精准施肥、病虫害防治、环境智能调控、智慧水产、智慧畜禽业等农业生产的各个领域。在农业生产方面，开发并制造了环境信息传感器、作物长势分析仪、农作物生命体征获取设备等一系列软硬件产品；在农产品质量安全追溯方面，很多省市构建了农产品产地认证系统，研发了便携式溯源终端产品；在农产品流通方面，制定了信息分类和编码规则，研发了配套的读写设备。在上海、江苏、北京等地呈现了一批应用典范，取得了一定的成效。如上海自2006年起，就在本市农业领域开展物联网技术应用研发与示范应用，2013年上海市被列为农业部农业物联网区域试验工程试点。自农业物联网区域试验工程实施以来，已有80多家标准化生猪养殖场、10多家奶牛场建立信息管理系统，200多家标准化蔬菜园艺场，实现了农业生产过程档案记录的电子化，并建设了农产品质量安全可追溯系统。在光明米业集团长江农场、跃进农场和海丰农场约20万亩(1亩≈667 m^2)稻米生产基地推广精准农业生产技术，提高水稻生产、仓储、加工、运输、销售等环节信息化管理水平，基本达到农业物联网可看、可用的应用水平。大田种植实现节肥、节药、节水等节本60元/亩；蔬菜标准示范园产量提高10%，每30亩节省工人1人，节约人工成本20%；草莓自动化肥水灌溉每亩产值提高1.5万元，利润增加1万元；水产养殖每亩增产27%，利润增加27.5%，成虾死亡率下降2.15%；智能水肥一体化灌溉设备降低20%的农药化肥使用。江苏无锡鹏鹞农业生态园1 000亩水产养殖场都用上了农业物联网技术，不仅可以通过电脑查看鱼池的实时视频，还能够远程打开或关闭鱼池里的供氧机，极大地节省了人力、物力；在浙江省舟山地区，一个人在智能大棚里只需要按动一下按钮就能轻松完成育苗、种植等工作，智能大棚顶上的黑色遮阳网可以自由开合，只需按动按钮就可以控制顶棚的采光量；在漳州，例如茶叶、花卉、大棚菌类等海西特色种植领域，应用农业物联网技术后节能超过15%，同时能帮助提高农作物的抗病性。

虽然我国的农业物联网发展取得了一定的成效，但目前仍处于初期探索阶段，主要应用于设施农业上，存在规模小、成本高、效率低等问题。相较于荷兰、以色列、美国和日本等发达国家的农业物联网技术，我国还存在农业专用传感器缺乏、农机与农艺融合不够等缺点。

七、发展农业物联网的意义

农业是物联网重要的应用领域，物联网技术与农业生产、经营、管理和服务全产业链的深度融合，对改造传统农业、提升农业现代化水平具有重要意义。

(一) 有助于实现农业生产的智能化

通过农业物联网技术建立农业精准控制系统，将各种传感器嵌入农用机械、土地、灌溉系统等各种物体中，然后将“物”与互联网联合起来，利用智能分析技术对农作物田间和温室环境进行实时管理与控制，通过自动触发相关行为，实现农业生产智能化。如在精准灌溉方面通过连续监测土壤湿度等数据，不仅可以实现多点同时滴灌补水，还可以通过物联网技术自动调控农作物生长；在温室大棚，能利用红外线传感技术，感应二氧化碳和光照等，进而自动调节大棚内的通风和遮光设施，达到农作物生长的最佳环境。

(二) 有助于实现农业管理精细化

通过传感器可以实时地收集环境信息、精准获取土壤参数，从而进行环境数据的科学处理与预测，为农业专家进行决策提供主要参数。例如，在果蔬生长期间，精准地控制不同植物对光、温度的特殊要求，保证果蔬在适宜的环境中生长，实现增产增收；在花卉生产中，根据各种花卉对温度的特殊要求，对光、温度、水等环境因子进行精准控制，可以使各种花卉在需要的季节开放，提高种植效益。

(三) 有助于提升农业决策水平

通过物联网技术，对农作物生长的环境条件如土壤养分、墒情、苗情、病情、灾情等进行监测，可实现准确感知，及时反馈，为作物选择和耕种方式提供指导，提升农业决策水平。如 2012 年年初，安徽省亳州市蒙城县、滁州市定远县等地安装的苗情监测系统，及时传递麦苗受灾和生长情况，对“抗旱保苗”发挥了重要的决策支撑作用；通过粮情信息监测，有步骤地推进省级农业生产指挥调度平台建设，为监管部门科学决策、保护粮食安全提供有效数据，可以实现对部分地区大宗农作物如小麦、玉米等生产的远程监控和调度。

(四) 有助于实现农产品加工自动化

在农产品的深加工技术与设备中，将农用传感器应用于移动信息装备制造产业、农业自动识别技术与设备产业、农业精细作业机具产业，使农产品的深加工设备向自动化和智能化发展。在品质分级阶段，利用计算机视觉、图像识别等技术进行农产品的品质自动识别和分级，如农产品表面缺陷和损伤的检测；根据大小、形状和颜色对果蔬进行自动分级等，从而提升农产品加工过程的自动化水平，有效降低人力成本，提高生产效率。

(五) 有助于实现农产品流通高效化

通过构建农业信息网络服务体系，为农业经营管理决策者提供准确、及时、强大的技术方法与手段，丰富、便捷、高效和畅通的信息渠道，帮助提升管理效率，及时发挥市场调控作用，使管理更加科学、更加合理与最优高效。农产品价格和供求信息有利于引导农产品市场运行，指导农业生产安排，提高农业市场流通效率。农业物联网等信息技术推动电子商务发展，创建最快速度、最短距离、最少环节的新型农产品流通方式。

(六) 有助于提高农业环境资源管理效率

从实践看，农业物联网实现了生产管理的远程化、自动化及智能物流运输，使生产、管理、交换、加工、流通和销售等各环节的产品信息实现无缝对接，降低了基于人的实体流动而产生的能源资源消耗，通过对肥料和农药、饲料添加剂等用量精确科学控制，大大降低了残留率，具有提高生产效率、降低生产成本、保护生态环境、保障食品安全及解放劳动力等社会经济效益。如黑龙江农垦区采用自动辅助驾驶系统后，机车作业效率提高50%以上，通过稻田渠道出入口流量实时监测和控制，大大节约了灌溉用水。国家粮食储运物联网示范工程采用先进的联网传感节点技术，每年可以节省几个亿的清仓查库费用，减少数百万吨的粮食损耗。

（七）有利于保障农产品和食品安全

在农产品和食品流通领域集成应用电子标签、条码、传感器网络、移动通信网络和计算机网络等农产品和食品溯源系统，可推动农产品的质量跟踪、溯源和可视数字化管理的实现。农产品溯源系统智能监控农产品从田间地头到厨房餐桌，从生产到销售的全过程，可实现农产品和食品质量安全信息在不同供应链主体之间的无缝衔接，不仅促进农产品和食品的数字化物流的实现，也可大大提高农产品和食品的质量。

八、我国农业物联网发展中存在的问题

（一）基础设施薄弱，技术研发落后

由于农业物联网的基础设施建设投资较大，目前很多地方的农业物联网基础设施建设主要靠政府投资，民间资本参与较少，农户的参与度和接受度也较低，造成整体农业物联网的基础设施薄弱，抬高了采集成本和维护难度，制约了技术研发。农业物联网产业涉及传感器技术、智能芯片技术、移动通信技术、传感器技术、射频识别技术等核心技术。然而，目前中国农业物联网核心技术的研发相对滞后，在智能传感器的设计、加工、制造方面与发达国家差距较大，高端需求绝大部分依赖进口。目前，国内的传感器主要集中在对光照、温湿度等环境条件的监测上，缺少直接用于动植物生命体系监测设施的开发，而且已有的传感器设备主要用于温室大棚、大田等环境，缺少应用于山区、丘陵等复杂环境的传感器开发研究。另外，在实际应用中还存在软件与硬件不融合、设备与专家决策系统脱节等问题，影响了信息采集、传输、处理与控制系统的集成。由于诸多研究的不足，面对农产品“高产、优质、高效、生态、安全”的大量需求仍无力提供有效解决方案。还有，物联网建设中的高端半导体芯片产业受制于人这一现状也限制了农业传感器产业的发展。

（二）实施成本高，推广困难

我国农业互联网技术的应用大多数还处于演示、形象、政绩工程阶段，真正应用到农村农业生产实践中的很少。由于农业产品的利润较低，而应用于物联网的传感器等感知设备以及相应软件系统的投入较高，运转费用昂贵，因而在实际农业生产中，产生的社会效益和经济效益微乎其微，各参与方对价值回报的期望就无法满足，难以调动各方面的积极性，推进产业发展。据有关数据表明，当前市场上一套完整的农业物联网系统，比如智能化灌溉和土壤测定，平均每亩地的设备成本约 8 000 元，预计可使用 10～15 年，但首次投入过高，且与最终的实际效益无法平衡，绝大多数个体农民和部分农业企业无法承受。另外，外界环境的变化对农产品的种植和生产效率都会有比较大的影响，这在一定程度上加大了维护与运用物联网技术和设备的成本。

(三) 农业物联网应用标准体系尚待完善

农业应用对象复杂、获取信息广泛,传感器的标准是否统一、采集的信息是否可以标准化应用,都成为影响农业物联网应用成败的重要因素。一直以来,我国农业物联网标准的缺失制约着农业物联网的普及推广。目前,我国建立的农业物联网标准主要停留在战略性层面,在信息感知、传输和应用等层次都缺乏统一的技术标准与指导规范,同时还存在各地区各行业标准不一致、标准与实际情况脱节等问题,这就导致各地农业物联网发展的设施不完备,分析数据不能有效地共享,严重影响了整个农业信息网络化建设。如目前农业物联网在数据、接口、应用、测试等方面的标准缺乏统一,应用示范的农业物联网产品大多采用各自的内部标准,产品之间难以充分衔接,给设备间互联互通和后期维护带来很大不便。

(四) 农业物联网发展的政策环境亟需加强

农业物联网的发展,必须有支撑农业物联网全产业链长效稳定发展的相应政策体系支持。目前我国还没有建立专门针对农业物联网的政策法规,缺乏面向家庭农场、种植大户、合作社等农业经营主体应用物联网技术及产品的补贴、投资、金融、信贷、税收、项目建设等优惠政策。由于配套政策不健全、项目扶持资金不足或不到位等问题,导致许多地方农业物联网工程难以落地推广,农业物联网的优势难以发挥,制约了农业物联网的应用转化为有效生产能力。同时,目前农业物联网在顶层设计、产业化发展、公共服务提供和安全管理方面还有较大提升空间,迫切需要政府加大扶持力度,建立并完善农业物联网快速发展的政策环境,刺激消费需求,引导民营资本进入,降低推广成本,探索合理的扩展利益空间,形成可持续发展机制,培育成熟的商业化应用模式。

(五) 专业技术人才缺乏

农业信息化人才是农业物联网应用与推广的关键技术人员,不仅要具备信息化管理、调试、维护等技能,还要具备相关的农业知识,我国农业从业人员整体文化水平偏低,农村高素质人力资本流失严重,导致农业物联网的推广应用困难。据统计,荷兰已有90%以上的农民受过中等教育,12%的农民毕业于高等院校;法国50%以上的农民受过2年以上的职业培训,我国农业从业者的受教育程度远远落后于发达国家。

(六) 地域和领域两方面发展应用不均衡

由于社会经济、人口素质、成本利润、规模需求、技术认知等问题,农业物联网产业存在着地域和领域发展不均衡的问题。在地域方面,随着农业部农业物联网区域应用示范工程的实施,出现了东北黑龙江大型农垦精准种植、北京设施花卉蔬菜生产、天津设施水产养殖、上海农产品物流、安徽大田农情监测为主的典型应用模式,但这些地域以外的农业主产区物联网应用偏少,且由于设备成本、主体认知、经营规模等问题,农业物联网产品、技术在中西部地区的推广面临重重困难,产业规模也较小。在农业应用领域方面,由于投资回报率问题,物联网在种植业上的应用不如养殖业,尤其是奶牛、水产养殖,由于其附加值高、见效快、收益好,需求较为强烈。如江苏宜兴物联网水产养殖基地,由于解决了劳动强度问题,增加了养殖密度,提升了水产收益,现在即使自费安装,宜兴水产养殖主体也十分乐于接受物联网相关新技术、新产品。而对于收益较低的大田种植业，物联网的应用推广只能在规模化连片区域开展。

九、我国农业物联网发展的对策

（一）加强关键技术研发与平台建设

围绕需求应用和产业急需，积极消化吸收国际先进经验，采取自主创新与引进消化吸收相结合的方式，攻克低成本、高精度、高可靠农用传感器技术难题，重点突破动植物生命信息传感器、农业复杂环境下的微小型、可靠节能型、低成本和智能化的物联网感知传感技术与方法；突破具有广域、自组织、高可靠性和节能的农业无线传感器网络部署与协议优化技术，实现低成本、全覆盖、高实时性信息传输；围绕大田生产、设施农业、畜禽养殖、冷链物流、电子商务、农产品质量安全监管等方面智能决策和控制的技术装备研发，实现农业生产、经营、流通等主要环节的信息化和智能化。

（二）加快推进农业物联网标准制定

开展农业物联网标准体系顶层设计，从技术与应用两个角度，对农业物联网的基础性和通用性标准进行研究，尽快制定适用于农业生产实际的物联网标准。鼓励科研院所、管理部门、高等院校、企业等多方参与农业物联网标准制定工作，研究和制定农用传感器和标识设备功能、性能、接口标准，田间数据传输通信协议标准，农业多源数据融合分析处理标准，农业物联网实施规范等，以标准化指导推动我国农业物联网的整体发展和规模应用。

（三）完善应用示范体系，创新发展模式

探索建立农业物联网运行机制和应用模式，创建政府主导、多方参与、市场运作、合作共赢的农业物联网应用可持续发展模式。充分发挥农业物联网应用成功典型的示范作用，切实加强农业物联网新技术、新产品、新模式的推广应用，建立以企业为主体、市场为导向、产学研用相结合的物联网商业模式创新体系。针对应用目的单一、使用时间具有季节性、使用地点具有随机性的“小需求”项目，开展应用研究和推广，使更多的农民和企业直接感受到农业物联网的应用效果和商业价值。培育农业物联网龙头企业，完善产业技术链，遵循需求牵引、技术驱动、因地制宜、突出实效的原则，在大田生产、设施园艺、畜禽水产养殖等领域开展规模化应用。

（四）完善相关法律法规，给予政策支持

政府相关部门应大力支持农业物联网产业发展，鼓励农业企业带头，科研机构和高校等组织积极参与，团结协作，互利共享，高效利用资源，推动该产业的发展。此外，应对农业物联网产业适度提供税收优惠；建立建设该产业的专项资金，为其建立稳定的财政支持体系；积极拓宽农业物联网的投融资渠道来源，鼓励社会各界参与其中。

（五）加强人才队伍建设

建立健全农业物联网技术人才的培养机制、激励机制和竞争机制，优化专业人才发展环境，培养农业物联网人才队伍。一是加强农业技术人员的继续教育工作，普及推广信息技术，提高农业从业人员的农业知识和信息化管理水平；二是高校在学科建设中应

重视交叉学科、复合型人才的培养，为农业物联网的发展提供人才保障。

（六）搭建农业物联网公共服务平台

在充分利用现有信息服务平台、公共通信和网络基础设施的基础上，加快构建国家农业物联网云平台。形成以中央平台为龙头，国家、省、县级农业物联网平台相互连接、资源共享的国家农业物联网云平台体系和农业产业大数据中心，为消费者提供从农田到餐桌为主线的物联网综合应用服务，呈现农产品安全生产的信息；为管理者提供农产品生产、流通、销售等环节的过程数据，提升管理水平。

第三节　农业物联网的体系架构及关键技术

一、农业物联网的体系架构

农业物联网是物联网技术与农业技术相结合形成的，是物联网技术在农业领域延伸的产物。不同于传统物联网的三层体系架构（感知层、传输层、应用层），由于农业生产环境的复杂性、农业生产对象的生命性、农业生态系统的开放性等特点，农业物联网需要构建“感知—传输—决策—控制”的闭环，这样才能起到真正指导生产的作用。农业物联网的四层体系架构如图 4-2 所示。

二维码 4-4　农业物联网体系架构视频

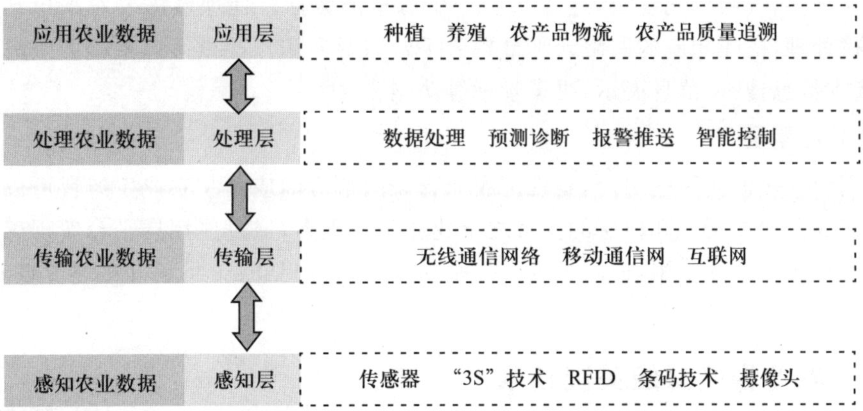

图 4-2　农业物联网的四层体系架构

（一）感知层

感知层是农业物联网的基础层，是实现物品对话的先决条件，它利用传感器件、无线射频识别技术、全球定位系统、卫星遥感技术、条码和二维码技术等，依靠不同的设备和方法，对农业环境中存在并且有利于农业生产的各类信息进行采集，从而实现了人与物的交互。

采集的信息主要有以下种类。

(1)农业生长环境信息:如环境温度、环境湿度、大气压、土壤墒情、农作物生命体征等。

(2)农业物品的特征属性:如物品名称与型号、特性与编码等。

(3)农业工作状态信息:如设备的工作参数等。

(4)农业地理位置信息:如物品所处的地理 GPS 位置、方位信息等。

(5)电化学离子敏传感器:土壤养分,重金属含量快速检测。

(6)生物传感器:径流传感器、蒸腾作用监测器等。

(7)气敏传感器:食品品质、气体污染、排放监测等。

在农产品生产过程中,借助环境及土壤监测传感器、可视化视频数据,为农产品安全监管提供数据支撑。在加工流通环节,利用条码、二维码、RFID、传感器等设备,记录农业投入品、加工、包装及储运过程信息,实现农产品进行标识追踪与分段追溯。

(二) 传输层

传输层是物联网的神经中枢,该层主要进行信息的传递,分为有线通信和无线通信,一般由通信与互联网、有线电视网的融合网络、管理中心、信息处理中心等部分组成。在农业物联网中,要求网络层能够把感知层感知到的数据快速、可靠、安全地进行传送,该层的主要任务是通过多种网络技术与方法将采集到的农业数据信息进行汇聚,从而实现信息的整合,以供进一步的分析处理。

(三) 处理层

处理层利用 M2M(Machine to Machine,机器对机器)、智能控制、人工智能、诊断推理、视觉信息处理等数据处理技术,最终实现了信息的汇集、存储、预测、分析和决策。农作物种类繁多,气候变化复杂,这些将会产生海量的数据。处理层需要对采集到的信息进行分析处理,搭建相应的网络云平台。云平台需要向用户提供一些基础应用和软硬件环境,实现信息搜索、信息展示、决策管理等功能。

(四) 应用层

应用层直接面向终端用户,实现了农业物联网最后的应用。农业生产者可以根据自己需求在农业物联网的其他层的支持之下建立一个平台,通过应用层平台实现感知层采集的农业环境信息的应用,提高了生产效率和效益,在产品的流通环节实现了高效、生态和安全。

二、农业物联网的关键技术

农业物联网的主要特性包括农业信息的全面感知、可靠传输和智能决策三部分,关键技术有信息感知、信息传输、数据分析与处理等。

二维码 4-5 农业物联网的传感器技术 PPT

(一) 农业物联网的感知技术

农业信息感知技术是指利用农业传感器设备、RFID、遥感等相关技术在任何时间与任何地点,不受时空的限制对农业物体进行信息采集和获取。

1. 传感技术

农业传感技术是农业物联网的核心技术。农业传感主要用于采集农业生产要素信息，包括种植业中的光、温、水、肥、气等参数；畜禽养殖业中的二氧化碳、氨气、二氧化硫等有害气体含量，空气中的尘埃、飞沫及气溶胶浓度、温湿度等环境质量参数；水产养殖中的溶解氧、酸碱性、氨氮、电导率、浊度等参数。

传感器是指能感受并测量，并可按照一定的规律转换成可用信号（通常为电信号）输出的器件装置，它是获取信息的重要工具。农业传感器是农业物联网的关键设备，是农业物联网中感知信息的重要来源。常用的农业传感器有以下几种。

（1）温度传感器。

温度传感器（图 4-3）是指能感受温度并转化成可用输出信号的传感器。温度传感器是温度测量仪表的核心部分，品种繁多，按测量方式可分为接触式和非接触式两大类；按照传感器材料及电子元件特性分为热电阻和热电偶两类。

（2）湿度传感器。

湿度传感器是指能感受环境中湿度的变化并转化成可用的输出信号的装置。湿敏元件是最简单的湿度传感器，湿敏元件主要有电阻式、电容式两大类，当环境湿度发生变化时，湿敏电容的介电常数发生变化，使其电容量也发生变化，其电容变化量与相对湿度成正比。湿度传感器主要有氯化锂湿度传感器、碳湿敏元件、氯化铝湿度传感器和陶瓷湿度传感器四种。广泛应用于农业节水灌溉、温室大棚、花卉蔬菜、草地牧场、土壤速测、科学实验、植物培养及各种颗粒物含水量的测量等领域。土壤湿度传感器如图 4-4 所示。

图 4-3　温度传感器

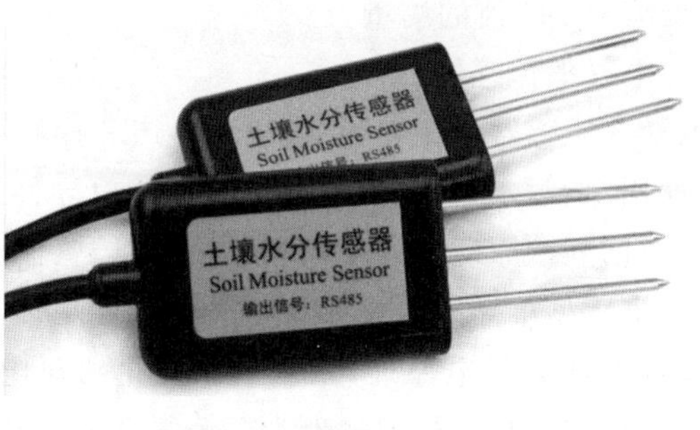

图 4-4　土壤湿度传感器

（3）CO_2 传感器。

CO_2 作为光合作用的主要反应物，其浓度大小直接关系到农作物的光合效率，决定着农作物的生长发育、成熟期、抗逆性、质量、产量等。CO_2 传感器（图 4-5）主要用于检测空气中的 CO_2 浓度。目前，CO_2 传感器可分为红外 CO_2 传感器、催化 CO_2 传感器、热传导 CO_2 传感器。红外 CO_2 传感器利用非色散红外原理对空气中存在的 CO_2 进行探测，具有很好的选择性，无氧气的依赖性；催化 CO_2 传感器是将现场检测到的 CO_2 浓度转换成标准 4～20 毫安电流信号输出的装置；热传导 CO_2 传感器是根据混合气体的总导热系数随待分析气体含量的不同而改变的原理制成。

(4)光照度传感器。

光照是影响农作物光合作用的关键因子,光照强度的大小直接关系到植物光合作用的效率。光照度传感器(图 4-6)是将光照度大小转化成电信号的一种传感器,输出数值计量单位为勒克斯(Lux),主要用于检测光照度大小。

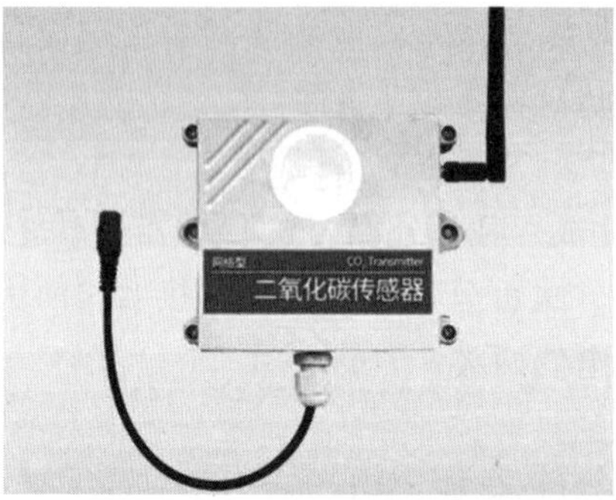

图 4-5　二氧化碳传感器

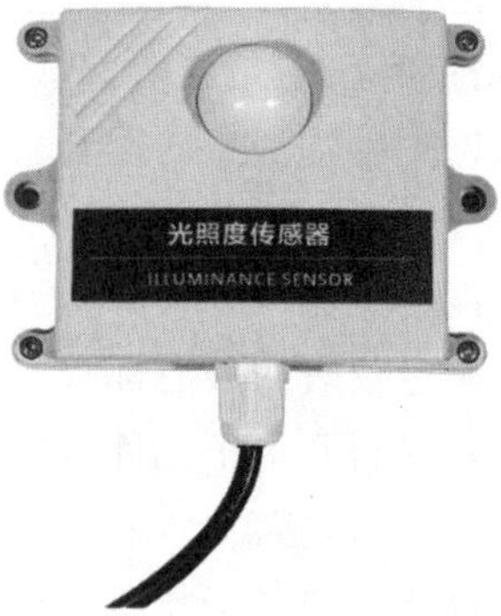

图 4-6　光照度传感器

(5)pH 传感器。

pH 传感器(图 4-7)是用来检测被测物中氢离子浓度并转换成相应的可用输出信号的传感器,通常由化学部分和信号传输两部分构成。pH 传感器常用来对无土栽培中的水溶液、土壤溶液 pH 值的测量。

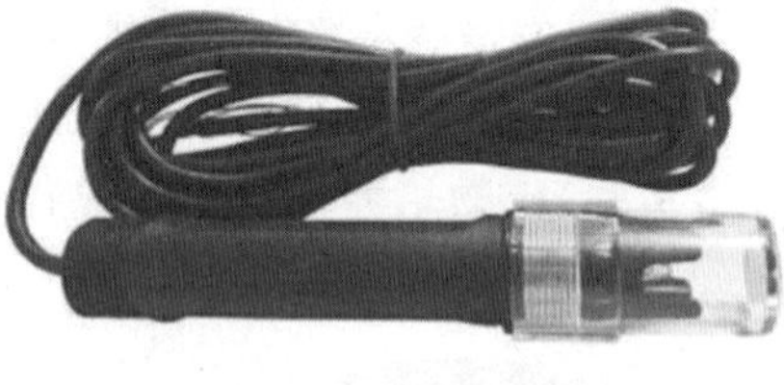

图 4-7　pH 传感器

(6)电导率传感器。

电导率传感器是在实验室、工业生产和探测领域里被用来测量超纯水、饮用水、污水、营养液等各种溶液的电导性或整体离子浓度的传感器。根据测量原理和方法不同,电导率传感器可分为电极型电导率传感器、电感型电导率传感器及超声波电导率传感器。电极型电导率传感器根据电解导电原理,采用电阻测量法对电导率实现测量,其电导测量电极在测量过程中表现为一个复杂的电化学系统;电感型电导率传感器依据电磁感应原理,实现对液体电导率的测量;超声波电导率传感器,根据超声波在液体中的变化对电导率进行测量。

二维码 4-6　常用农业传感器 视频

(7)土壤养分传感器。

土壤养分传感器(图 4-8)主要用于检测土壤环境中氮、磷、钾的含量,为合理施肥提供依据。目前,测定土壤养分的传感器主要分为化学分析土壤养分传感器、比色土壤养分传感器、分光光度计土壤养分传感器、离子

图 4-8　土壤养分传感器

选择性电极土壤养分传感器、离子敏场效应管土壤养分传感器、近红外光谱分析土壤养分传感器，其各具优缺点。

化学分析土壤养分传感器的工作原理是利用常规化学滴定法，对待测样品进行测定，从而计算出待测成分的含量；比色土壤养分传感器的工作原理是以生成的有色化合物可产生的显色反应为基础，对物质溶液颜色深度进行比较或测量而确定待测样品含量；分光光度计土壤养分传感器的工作原理是利用溶液颜色的透射光强度与显色溶液的浓度成比例，通过测定透射光强度测定待测样品组分含量；离子选择性电极土壤养分传感器是将离子选择性电极、参比电极和待测溶液组成二电极体系（化学电池），根据电池电动势与待测离子活度（浓度）之间服从 Nernst 方程，通过测量电池电动势计算溶液中待测离子的浓度；离子敏场效应管土壤养分传感器的工作原理是通过离子选择膜对溶液中的特定离子产生选择性响应改变栅极电势，控制漏极电流，漏极电流随离子活度（浓度）变化而变化，从而测定待测样品组分含量；近红外光谱分析土壤养分传感器的工作原理是利用田间作物反射光谱分析预测土壤养分含量或利用原始土样反射光谱分析预测土壤养分含量。不同类型土壤养分传感器的优缺点如表 4-2 所示。

表 4-2　不同类型土壤养分传感器的优缺点

土壤养分传感器类型	优点	缺点
化学分析土壤养分传感器	成本低	操作复杂，准确度低，易受干扰，通用范围小
比色土壤养分传感器	设计简单，成本低	精确度低，应用范围有限
分光光度土壤养分传感器	灵敏度高，响应速度快，应用范围广	价格高，样品前处理复杂
离子选择性电极土壤养分传感器	结构简单，灵敏度高，响应速度快，样本前处理方法简单，抗干扰能力强	测定组分单一，检测效率低
离子敏场效应管土壤养分传感器	取样少，检测速度快，自动化程度高，操作简单	检测范围窄，精度低，成本高
近红外光谱分析土壤养分传感器	测试简单，速度快，无污染，使用范围广	精确度相对低

（8）植物茎流传感器。

植物茎流是指作物在蒸腾作用下体内产生的上升液流，它可以反映植物的生理状态信息。土壤中的液态水进入植物的根系后，通过茎秆的输导向上到达冠层，再由气孔蒸腾扩散到大气中，这一过程中茎秆的液体一直处于流动状态。目前运用广泛的植物茎流测量大多采用热技术方法，根据测量原理的不同，具体可分为热脉冲速率法（HPV）、茎干热平衡法（SHB）、热扩散法（TDP）及激光热脉冲法（LHPG），其中热扩散法由法国植物生理学家 Granier 提出，利用双热电偶检测热耗散为原理的热扩散边材液流探针，具有精度高、易控制的特点；插针式的结构适于测量树干液流速率，是目前研究树木生理生态和森林水文，测定整树水分利用比较理想的技术之一。植物茎流传感器如

图 4-9 所示。

2. 遥感技术

遥感技术是感应物体辐射和反射的电磁波并分析其特性的一种新兴技术，是一种非接触式的、远距离的探测技术。遥感技术运用传感器和遥感器，不接触物体并对其辐射和反射的电磁波的特性进行探测分析，获得物体的部分特征性质，也可进行动态监测。遥感技术在 20 世纪 60 年代出现，诞生之初主要应用于军事，到了 20 世纪 80 年代，该技术开始逐渐在农业生产中应用，不仅提高了农业生产的效率，同时降低了农业灾害对农业生产的影响，因而得到应用和推广。

图 4-9　植物茎流传感器

(1)遥感分类。

按电磁谱段不同可将遥感分为可见光遥感、红外遥感、多谱段遥感、紫外遥感和微波遥感。

①可见光遥感是应用比较广泛的一种遥感方式。它是指对波长为 0.4～0.7 微米的可见光遥感，一般采用感光胶片或光电探测器作为感测元件。可见光摄影遥感具有较高的地面分辨率，但只能在晴朗的白天使用。

②红外遥感又分为近红外或摄影红外遥感，波长为 0.7～1.5 微米，用感光胶片直接感测；中红外遥感波长为 1.5～5.5 微米，远红外遥感波长为 5.5～1 000 微米，中、远红外遥感通常用于遥感物体的辐射，具有昼夜工作的能力。

③多谱段遥感是利用几个不同的谱段，同时对同一地物(或地区)进行遥感，从而获得与多个谱段相对应的各种信息。将不同谱段的遥感信息加以组合，可以获取更多的有关物体的信息，有利于判断和识别。

二维码 4-7　农业物联网的遥感技术 PPT

④紫外遥感是对波长 0.3～0.4 微米的紫外光进行遥感，主要遥感方法为紫外摄影。

⑤微波遥感是对波长 1～1 000 毫米的电磁波的遥感。微波遥感具有昼夜工作能力，但空间分辨率低。雷达是典型的主动微波系统，常采用合成孔径雷达作为微波遥感器。

(2)遥感的系统组成。

遥感的实现，既需要一整套的技术装备，又需要多种学科的参与配合，因此实施遥感是一项复杂的系统工程。遥感系统主要由以下四大部分组成。

①信息源。信息源是遥感需要对其进行探测的目标物。任何目标物都具有反射，吸收，透射及辐射电磁波的特性，当目标物与电磁波发生相互作用时，会形成目标物的电磁波特性，这就为遥感探测提供了获取信息的依据。

②信息获取。信息获取是指运用遥感技术装备接受、记录目标物电磁波特性的探测过程。信息获取所采用的遥感技术装备主要包括遥感平台和传感器，其中遥感平台是用来搭载传感器的运载工具，常用的有气球、飞机和人造卫星等；传感器是用来探测目标物

电磁波特性的仪器设备，常用的有照相机、扫描仪和成像雷达等。

③信息处理。信息处理是指运用光学仪器和计算机设备对所获取的遥感信息进行校正、分析和解译处理的技术过程。信息处理的作用是通过对遥感信息的校正、分析和解译处理，掌握或清除遥感原始信息的误差，梳理归纳出被探测目标物的影像特征，然后依据特征从遥感信息中识别并提取所需的有用信息。

④信息应用。信息应用是指专业人员按不同的目的将遥感信息应用于各业务领域的使用过程。信息应用的基本方法是将遥感信息作为地理信息系统的数据源，供人们对其进行查询、统计和分析利用。

(3)遥感技术的特征。

遥感技术主要有以下几方面特征。

①信息收集的范围比较广。遥感技术可以利用不同的遥感平台，在各种不同的高度实现对地观测，这在一定程度上提高了信息收集的范围和广度。

②时效性强。获取信息的速度快，周期短。卫星围绕地球周期性运转，能够准时获取最新的地物信息资料，从而实现原有资料的更新，同时实现对地物的动态监测。

③获得信息限制条件少。地球上很多地方自然条件恶劣，人类难以到达，遥感技术能够在空中实现对地面的监测，受外界限制较少。

④获取信息的方法多。光谱信息有比较常见的可见光，也包括紫外线、红外线、微波等。除地表信息外，还可以探测一定深度的目标对象信息。要根据监测需求，选取合适的遥感平台收集目标物的特征光谱信息。

(4)遥感技术在农业中的应用。

农作物种植面积调查。借助遥感技术，可以迅速且准确地获得某类农作物的具体播种面积，获得资料的形式以数据以及分布图件呈现。通过对这些数据和分布图件进行分析处理，便可以估算出该类农作物的播种面积，从而为国家的粮食种植布局规划提供依据。如20世纪90年代，中科院依靠Landsat/TM和NOAA/AVHRR影像数据对我国重要粮食作物种植面积实施监测，小麦集中在河北、山东、河南以及北京，水稻主要是位于湖北与江苏，而玉米集中在吉林省，其数据结果表明小麦监测准确率在90%以上，水稻与玉米均超过85%。

二维码4-8　遥感技术及其在农业中的应用 视频

农作物的长势和产量估算。农作物的长势关系到农作物的品质及产量，农作物长势监测主要是指宏观监测农作物的苗情、生长情况以及变化情况。不同的作物及同一作物在不同的生育时期，其长势不尽相同，叶面积指数也不同，如此决定了它们的光谱反射率不同。作物的叶面积与产量之间存在着线性关系，通过遥感技术可以准确获取农作物叶面积指数，从而监测其生长态势，进而估算产量。此外，也可以利用0.75～1.00微米的近红外与0.6～0.7微米的可见光波长范围的反射率比值对农作物的长势进行估算，比值越大表示农作物生长态势越好，根据比值与农作物产量之间线性关系，即可估算出产量。

对农作物病虫害的遥感监测。病虫害是影响农作物生长的主要因素之一。农作物病虫害在我国的农业生产中重发、多发、频发、广发。相关研究显示，全世界每年因病虫害发生导致的粮食产量下降为总量的20%～40%。很长一段时间，我国主要是通过实地采样、调查对病虫害进行监测，这种方法耗时、耗力，取样成本高，取样范围有限，不能对农作物病虫害发生情况进行有效的监测。利用红外遥感技术能够实现对农作物病虫害快速、动态、无损、大面积地进行监测，可以准确及时地预测预报病虫害，并掌握遭受病虫害危害程度，及早采取防治措施，减少农业生产损失。

农业生态环境监测。遥感技术能够实现对土壤盐碱性、土壤腐蚀及其分布区域进行分析，监测并发现其变化趋势；还能实现对土壤中的水分和农作物的生长环境进行监测，为农业的发展提供科学的指导。从2000年开始，农业部遥感应用中心和中国农科院区划所对我国北方草地的长势、产量、退化、沙化、耕地与草地面积变化等进行了监测，其监测结果每年向农业部上报，为草原与畜牧业管理决策提供了有价值的信息。日本曾应用卫星多光谱资料，监测国土变化情况，从而成功地认识到了东京湾沿岸的侵蚀现象，及早采取对策，减少了生态环境对农作物的危害，提高了农业生产的经济效益。

农业用水监测。遥感技术在农业生产用水方面的监测指标主要有水温、有机物成分、氮含量、磷含量和悬浮物等。我国遥感技术在农业用水监测方面的应用主要体现在以下几个方面：一是利用水体污染原理红外遥感监测了大连湾、黄浦江和湘江等水质；二是遥感监测了渤海湾，并通过卫星传回的数据计算出渤海湾表层水体中叶绿素的含量，成功地区划出了有机污染区域；三是研究了富营养化、有机物和有污染情况，根据富营养化和水体叶绿素二者的关系对滇池水体污染和富营养化状况进行了研究。除此之外，我国还利用遥感技术监测了长春南湖、苏南大运河和于桥水库等水质。

对农作物养分的诊断和监测。作物的营养情况决定了作物的生理特征，作物的生理特征可以在作物叶片的光谱特征上得到直接反映。借助于高光谱分辨率遥感技术可以对农作物养分状况进行监测诊断，其原理是依靠监测氮、磷、钾等元素含量改变导致农作物出现生理结构变化情况，从而出现光谱发射变化。农作物养分高光谱监测诊断技术一般用多元统计回归法，是指对农作物自身养分实际含量进行监测，基于特定吸收波段中波谱特性参数的作物养分诊断。

农业气象监测。依靠遥感技术可以对天气变化情况进行实时监测，以便更好地了解天气变化，对可能产生的灾难性天气提前实施预防措施，避免灾害性天气对农业造成影响。遥感技术已经被广泛地应用于洪涝、干旱和冻害等自然灾害的监测中。

3. 射频识别(RFID)技术

RFID是Radio Frequency Identification的缩写，是一种非接触的自动识别技术，最早起源于雷达技术的发展及应用。它通过射频信号自动识别目标对象，获取相关数据，与其他软硬件信息系统协同实施更为高层的目标对象管理。RFID技术凭借数据容量大、读写速度快、稳定性高、使用寿命长等优点在各个领域得到了广泛应用。

二维码4-9 农业物联网的射频识别PPT

(1)RFID系统组成。

典型的射频识别系统由电子标签、读写器和后台数据管理系统组成，如图4-10所示。

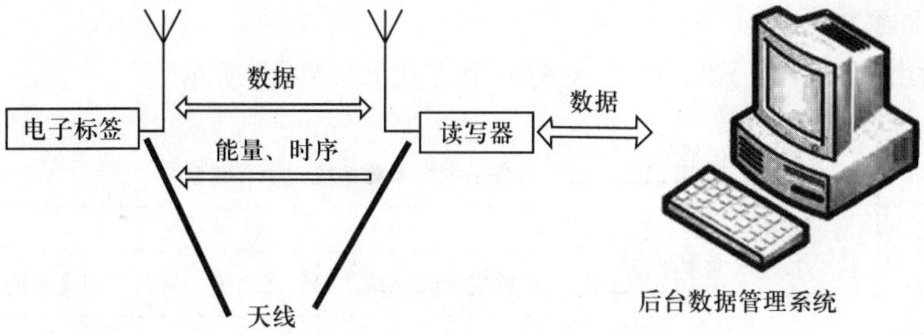

图 4-10 RFID 系统组成

RFID 电子标签(图 4-11)也称为射频标签或应答器,由耦合元件、芯片以及天线组成,每个标签具有独一无二的电子编码,一般附着在被标识的物体表面,是 RFID 的数据信息载体,通常用来保存固定格式的数据。按照数据调制方式的不同,电子标签一般可分为被动式、半主动式和主动式三类。不同类型电子标签的区别如表 4-3 所示。

表 4-3 不同类型电子标签的区别

项目	被动式	半主动式	主动式
能量来源	电磁感应	电磁感应或电池	电池
特点	体积小,工作寿命长,工作距离短,容量小,价格低	比被动式反应速度快,容量大,工作距离远,比主动式寿命长	读取距离长,可达 100 米,容量大,对信号强度要求低,寿命较短

读写器又叫阅读器或射频卡,主要由射频模块(包括接收单元和发送单元)、控制模块及读写天线构成,一般分为固定式和手持式。读写器通过电感耦合或电磁反向散射耦合与电子标签进行数据通信。另外,读写器能够向上位机提供一些必要的信息,实现与数据管理系统的数据交换。

图 4-11 RFID 电子标签

一个完整的后台数据管理系统主要由中间件、信息处理系统和数据库组成,主要用来存储、处理 RFID 系统的相关信息。作为后台数据管理系统的一个重要组成部分,中间件是一个独立的系统软件或服务程序,能够对数据进行过滤和处理,还具有对读写器进行协调控制和降低射频辐射等功能。

(2)RFID 系统的工作原理。

首先,读写器通过天线向周围环境发出一定频率的射频信号,检查是否有标签存在;当标签进入读写器的有效扫描范围时,产生的感应电流使标签获得能量并被激活;其次,标签通过自身的天线向读写器发送自身电子编码或其他数据;再次,读写器接收信号后对其进行解调和解码等处理,然后通过串口或网口发送到后台数据管理系统;最后后台数据管理系统根据逻辑运算验证该标签的合法性,针对不同的需求作出相应的处理并发出指令信号。

(3)RFID系统分类。

RFID系统的分类方式很多,常见的分类方式如图4-12所示。

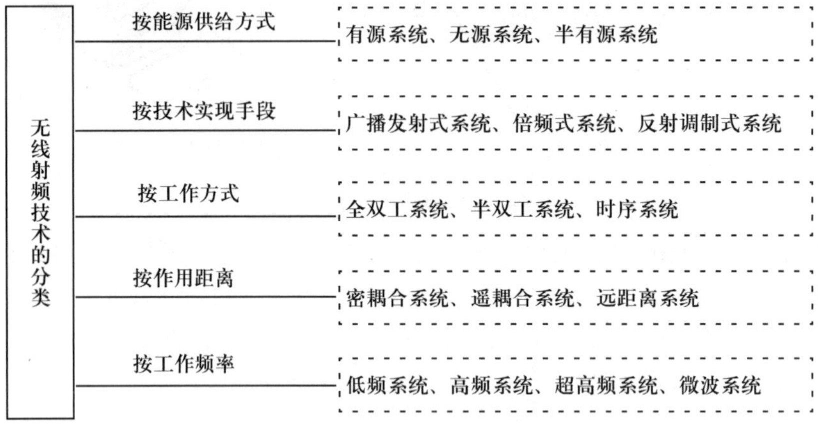

图4-12 RFID系统的分类方式

工作频率一般是指电子标签与读写器之间进行数据交换时所使用的射频信号频率作为RFID系统的一个重要参数指标,工作频率的频段选取直接影响系统的经济成本、通信距离、应用场合以及使用寿命等。

(4)RFID技术在农业中的应用。

目前RFID技术在农业生产中主要应用于畜牧生产领域和农产品追溯和物流方面。

①RFID技术在畜牧生产中的应用。

在对畜牧生产对象的管理应用领域,RFID技术主要用于对动物的识别。国际标准ISO11784和ISO11785规定了用射频识别系统识别动物的代码结构和技术准则。ISO11784规定动物识别代码总共由64位(8个字节)组成,并给出了各位的含义,27～64位也可以分配用于区别不同的动物的类型、品种、所在区域、饲养者,等等。这些在此标签内未作规定,各国识别代码由该国自行管理。ISO11785则规定了应答器数据的传输方法以及阅读器的规范,使不同制造商的应答器能使用一个共同的阅读器来询问。在标准中没有规定使用的应答器的构造形式,因此可以设计成适合于所涉及的动物的形式。

根据安装方式不同,可将应答器分为四种,包括项圈式应答器、耳牌式应答器、注射式应答器和药丸式应答器。项圈式应答器方便从一头动物身上换到另一头动物身上,主要用于自动饲养配给和牛奶产量测定;耳牌式射频识别应答器主要固定在动物的耳部,在最大1米的距离内即可把数据读出,使用于完全自动化生产过程;注射式应答器是利用一个特殊工具将应答器放置到动物的皮下,但是注射进去的应答器在动物的体内是一个异物,可能会使应答器在动物体内位置不稳定导致数据读取出现问题;药丸式应答器安装在一个耐酸的圆柱形陶瓷外壳内,并通过动物的食道放置到反刍动物的瘤胃内,一般情况下药丸式应答器会终生停留在动物的胃内。

②RFID技术在农产品安全监管中的应用。

基于RFID技术的农产品安全监控系统,围绕"生产、监控、检测、监管"四条主线,以农产品生产环境、农产品生产、农产品加工、农产品流通、市场进入等环节为立足点，对农产品的生产环境、生产、加工、流动、销售实施实时监控。基于RFID技术的农产品安全监控系统主要包括以下模块。

农产品安全管理部门。设立农产品安全管理中心，建立中心数据库，中心数据库和各生产、加工厂家、农产品仓库以及各中途监控点进行实时通信。中心数据库具备监控、查询、统计报表等功能。农产品安全管理中心负责制定标签编码方案和号段分配，农产品经营主体备案管理，厂家身份鉴定资格审查、管理和取消，运输车辆资格审查、管理和取消，物流公司资格、管理审查和取消等工作。

农产品生产、养殖基地模块：当初级产品不需要加工时，由生产基地制作农产品电子标签、配送车辆电子标签和电子封条，将产品直接发送到农产品仓库；当初级产品需要加工时，则由生产基地制作农产品电子标签、配送车辆电子标签和电子封条，将初级产品直接发送到农产品加工企业。在农产品电子标签中，写入农产品生产管理记录，在初级产品发送前，生产基地将所有的农产品信息实时转入管理中心。

农产品仓储监控模块：各农产品仓库作为地区性仓储中心，负责农产品的接收、入库、存储和配送，各农产品仓库设本地数据库。农产品入库前由RFID终端设备完成入库农产品的自动鉴别和商品信息输入；各商品在出库时要通过RFID设备完成商品去向目的地信息在内的配送信息填报。商品的入库存储及出库信息，由本地后台数据管理系统负责统计、分析、报表和管理，同时本地系统实时和农产品中心数据库保持通信，并进行数据和指令的交互。为保证农产品安全仓储内设置车辆货物检查点，对接收的农产品进行四重核对：一是核对车辆身份；二是核对车辆上的电子封条是否完整；三是核对车辆登记农产品和卸载农产品是否一致；四是核对车辆登记农产品和管理中心数据库的数据是否一致。同时，仓库将卸货信息和检查结果上传管理中心。

农产品加工中心监控模块：各加工中心配备本地RFID系统，利用本系统对各包装单元进行编码并写入RFID标签，然后将标签贴在商品上，在装车的同时将数据上传到农产品安全管理中心。车辆装载完毕时，将车上所有RFID标签标号一次性写入车辆配备的RFID车载电子标签中，并将加工好的农产品发送到各个农产品仓库。加工中心负责制作要发送的农产品的电子标签、配送车辆标签和电子封条，并在发送前将这些电子信息传入管理中心。

农产品物流企业监控模块：物流公司将配送车辆相关注册信息发送给管理中心，管理中心对其进行资格审查和管理，以便于运送过程中对车辆进行核对，每个车辆配备一个RFID车载电子标签，这个标签是车辆的身份标志，记录着本车身份信息和本车装运商品的RFID标签的信息，以便车辆和所载商品信息关联起来。

农产品销售点管理模块：销售点收到仓库配送过来的农产品时，读取并核对产品上的RFID电子标签信息，实时将数据上传到管理中心和仓库数据库。

农产品运输监测点模块：在车辆运输过程中，管理部门可以设置固定的运输监测点和流动的人工运输监测点，对配送车辆进行合法性检查。监测手段可以是手持终端，也可以是固定的RFID设备，监测点采集的信息可以上传至农产品安全管理中心。

农产品安全公众服务信息模块：农产品安全监控情况，可通过网络向公众公布，同时也可以把农产品安全预警信息及时在网上发布，用户可通过系统了解有关的规避措施。

(二) 农业物联网的传输技术

农业信息传输是指以通信网络为载体，高效、及时、稳定、安全地传输感知层获取的数据和处理层加工后的数据，在感知层和处理层之间起到承上启下的作用。农业信息传输技术包括有线网络传输和无线网络传输等相关技术。由于农业领域的特定环境要求，主要应用无线信息传输技术，如常见的 ZigBee、Wi-Fi 、蓝牙等都属于无线网络传输技术，近距离多使用 ZigBee 协议进行数据传输，远距离使用 Wi-Fi 技术。

1. 无线传感器网络(WSN)

WSN 是由部署在监测区域的大量微型传感器节点组成，通过无线通信方式构建的一个多跳自组织的网络系统。它是一个无中心节点的全分布式系统。WSN 中的传感器节点通常部署在采集数据对象的内部或附近，传感器通过自组织方式构成无线网络，整个区域内的信息可以通过多跳网络发送到汇聚节点，并由汇聚节点进一步发送到远程管理控制中心供进一步的分析和决策。WSN 凭借其低成本、低功耗、微型化，及灵活的组网方式与便捷的铺设方式等特点受到广泛重视。物联网就是利用各种传感器设备以及由它们组成的 WSN，来感知整个物质世界。

(1)无线传感器网络的拓扑结构。

无线传感器网络包括传感器节点、汇聚节点和任务管理节点。传感器节点监测的数据沿着其他传感器节点逐跳地进行传输，在传输过程中监测的数据可能被多个节点处理，经过多跳后路由到汇聚节点，最后通过互联网或卫星到达任务管理的节点。用户通过任务管理节点配置和管理传感器网络，发布监视任务并收集监视数据。无线传感网络的拓扑结构如图 4-13 所示。

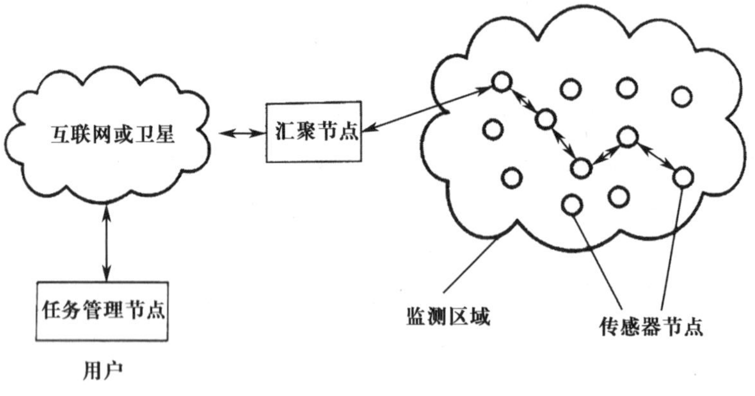

图 4-13　无线传感网络的拓扑结构

(图片来源:李道亮．物联网与智慧农业[M]．北京:电子工业出版社,2021．)

传感器节点通常是一个微型嵌入式系统，它的处理能力、存储能力和通信能力相对较弱，一般通过携带电池进行供电。每个传感器节点都具有传统网络节点终端和路由器的双重功能。除本地信息收集和数据处理外，它还能够存储、管理和集成其他节点转发的数据，与其他节点协作以完成一些特定任务。

汇聚节点的处理能力、存储能力和通信能力相对较强，它连接传感器网络与互联网等外部网络，实现两种协议栈之间的通信协议转换，同时发布任务管理节点的监测任务，并把收集的数据转发到外部网络上。汇聚节点可以是具有增强功能、充足的能源供应、更多内存和计算资源的传感器节点，也可以是没有监控功能且只有无线通信接口的特殊网关设备。

任务管理节点实时获取相关信息，并结合专家知识经验进行分析和科学决策，为农业生产管理提供预警和决策支持，同时用户还可以通过终端管理和分析软件，观察网络的运行状态，并可以管理和监控网络中的每个节点。

(2)无线传感器网络的节点结构。

传感器模块、处理器模块、无线通信模块和能量供应模块是传感器节点的四大组成部分。传感器模块负责监控区域的信息收集和数据转换；处理器模块负责控制整个传感器节点的操作，存储和处理收集到的数据和其他节点发送来的数据；无线通信模块负责其他传感节点的无线通信，交换控制信息和收发采集数据；能量供应模块为传感器节点提供运行时所需的能量。无线传感器节点结构如图 4-14 所示。

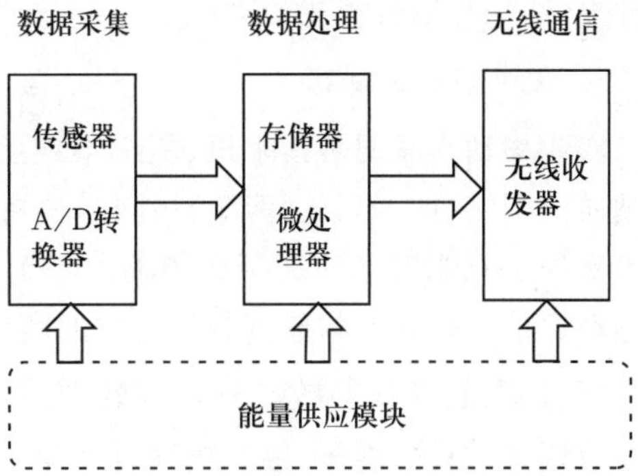

图 4-14　无线传感器节点结构

2. ZigBee 技术

ZigBee 技术是基于 IEEE802.15.4 标准的低能耗个域网协议，它是一种近距离、低功耗、低速率和低成本的双向无线通信技术，可在 2.4 GHz、915 MHz 和 868 MHz 三个频段上工作，其传输的速率分别为 250 kbit/s、40 kbit/s 与 20 kbit/s，传输的距离在 10～75 米范围内。ZigBee 主要应用在距离短、功耗低且传输速率不高的电子设备之间进行数据传输。ZigBee 具有简单、使用方便、工作可靠、价格低的特点。

ZigBee 是一个无线数字传输网络平台，每个 ZigBee 数字传输模块可相互通信，节点间的距离从 75 米至几百米，甚至几公里，还支持无限扩展。每个 ZigBee 节点不仅本身可以作为监控对象，还可自动中转其他网络节点传过来的信息数据，在信号覆盖范围内，还可以与其他多个不承担信息数据中转任务的子节点建立无线连接。

3. Wi-Fi 技术

Wi-Fi 全称为 Wireless Fidelity，是将有线网络信号转换成无线信号的一种无线网络传输技术，属于短距离无线通信技术。Wi-Fi 具有以下特点：一是覆盖范围广，覆盖半径可达 95 米左右；二是传输速度非常快，可以达到 54 Mbps(已经提升到 300 Mbps)，基本能够满足个人和社会信息化的需求；三是部署技术门槛比较低，厂商只要在人员较密集的地方设置“热点”，就可将互联网接入该地区，人们利用移动终端就能享受到高速的互联网服务。

4. 蓝牙

蓝牙技术是一种无线数据和语音通信开放的全球规范，它是基于低成本的近距离无线连接，为固定和移动设备建立通信环境的一种特殊的近距离无线技术连接。蓝牙使当前的一些便携移动设备和计算机设备能够不需要电缆就能连接到互联网，并且可以无线接入互联网。

蓝牙的工作频率为 2.4 GHz，在 10 米半径以内，使用蓝牙技术的多个设备可以无线互连，以大约 1 Mb/s 的速率相互传输数据，并可轻松访问互联网。蓝牙技术的应用主要有三类，一是语音或数据接入，主要是指将一台计算机通过安全的无线链路连接到通信设备上，以完成与广域网的连接；二是外围设备互联，主要是指将各种设备通过蓝牙链路连接到主机上；三是个人局域网，主要用于个人网络和信息的共享与交换。采用蓝牙技术的设备使用方便，可自由移动。与无线局域网相比，蓝牙无线系统更小更轻薄，成本及功耗更低，信号的抗干扰能力强。

5. *农业移动互联网*

农业移动互联网是指手机、笔记本电脑、农业物联网系统专用设备等移动终端通过移动通信网络（如 4G、5G 网络）访问互联网并使用农业互联网业务。互联网及移动通信技术实现了农业信息的远距离传输。基于 TCP/IP 协议的互联网和基于移动通信协议的移动通信网是农业物联网数据传输的廉价、稳定、高速、有效的主要通道。

（三）农业物联网数据分析与处理技术

数据是信息的载体，按照数据自身格式及存储形式分为结构化数据、非结构化数据和半结构化数据。农业中涉及的主要是传感器获取的结构化数据以及图片、视频等多媒体非结构化数据。除传感器产生大量结构化数据之外，现代化的农业企业及农业电子商务发展也产生大量结构化数据，这些数据蕴含着农产品的消费趋势和市场走向，从而决定了农业生产从业者的利润和收益。只有及时、有效地存储、管理、挖掘这些数据，才能让农业生产变得智慧且高效。

对各类农业生产和应用来说，建立和执行规范化的信息分类标准，对各项农业资源和农情数据进行科学的存储与管理，完成数据组织的标准规范，数据采集、清洗、存储、分析、可视化以及统计挖掘等功能有着重要的意义。

1. *云计算*

云计算是一种可以随时随地方便地、按需地通过网络访问可配置计算资源的共享池的模式，可以通过最低成本的管理或与服务提供商交互来快速配置和释放资源。云计算在解决农业生产中的分散性、封闭性、滞后性等方面具有比较好的优势，通过云计算来提升农业领域中网络信息服务管理水平，可有效降低服务与管理的成本。依托云计算技术构建农业数据中心，硬件设备会大量减少，机房管理也会变得更加简便。同时，强大的云服务能力，为后续的应用系统部署、整合、数据的分析处理、对外提供云应用服务等提供必要的基础支撑。

上海市农业委员会搭建的基于“云计算”的农业综合数据中心，充分整合农业物联网、农业生产管理服务系统与平台的数据资源，通过收集、集中存储和管理信息资源，支持跨部门、跨区域的数据共享和交换。然后对不同来源的数据进行清洗、转换、整合、编排，以支持海量数据处理、数据挖掘、数据分析和比较，为顶层决策支持服务。通过虚拟化方式来共享农业数据资源的计算模式，按照不同农业部门的不同需求，以不同服务的方式供农户、企业和政府使用,实现跨部门、跨区域的数据共享和交换,提升农业服务水平。

2. 农业数据分析技术

农业数据分析主要通过大数据技术得以实现。此部分内容已在大数据章节详细阐述,此处不再阐述。

润物微语

坚持中国人的饭碗任何时候都要牢牢端在自己手中,饭碗主要装中国粮,全面落实粮食安全党政同责,严格粮食安全责任制考核,确保粮食播种面积稳定、产量保持在1.3万亿斤以上。

——2022年"中央一号"文件

实践案例

山东寿光:孙明山的智慧大棚生产

中国北方,寒冬降临,大地休戚。山东半岛中北部沿海平原,乡野间超过17万个蔬菜大棚,冰封在茫茫白色之下。大棚内外温差达到30摄氏度,播种、萌芽、生长、漫长冬季这里依然在创造生命最动人的表达。50岁的菜农孙明山已经和老伴忙活了4个多小时,8 000颗羊角蜜甜瓜苗需要逐棵盘头吊蔓。临近正午阳光渐强,棚内温度骤升,种苗的感官异常敏锐,温度和湿度的一丝变化,都会影响它们生长的心情,马虎不得。孙明山的大棚长260米,羊角蜜从定植、授粉到采摘都需要及时细致的管理,这对老两口来说工作量不小,好在他有个得力助手帮他分担了大部分工作。棚内温度升高,孙明山通过手机就可以控制放风口的大小,从而精确控制棚内的温度,手机成了孙明山的新农具。现在自动放风机、智能雾化机、补光灯等智能设备,已成为孙明山大棚里的标配。科技的创新,让每一个大棚正在成为一个独立的生产车间。随着物联网技术的应用,靠天吃饭的经验逐渐被科学控制的精确所取代,这也让孙明山有了更多时间去做自己喜欢的事情。每次大风雨雪天气来临之前,孙明山都会和技术人员进行沟通,对棚内的所有设备进行一遍彻底的检修,这关系到整个大棚的安全和蔬菜生产,它必须保证万无一失。孙明山说,过去调节棚内温度时,他要人工把放风口拉上拉下,每次2个人最少也要1个小时,现在他只要在手机上一点,自己所有大棚都可以同时自动关闭,省了自己不少人力和时间。

山东潍坊寿光,是冬暖式大棚的源起之地,北纬37度线由此穿过,温暖的季风,携着雨水的浸润滋养万物,这一区域,农耕历史悠久,中国最早的农书《齐民要术》就诞生于这里。也是从这里中国北方冬季吃不上新鲜蔬菜的历史逐渐被改变。今天,中国每年生产蔬菜超过7亿吨,位居世界第一,设施蔬菜面积达到400万公顷,最近30年冬暖式大棚已经发展到第7代,人工智能、互联网技术开始普遍应用。孙明山说,他们现在这十几个棚，其中有7家已经在用各个智能设备，这些物联网公司继续研发新产品的话，我们还是要上新产品。物联网技术的应用，让中国农业正发生着翻天覆地的变化。

（摘自纪录片《蔬菜改变生活》）

本章小结

- 农业物联网
  - 什么是物联网
    - 物联网的由来及概念
    - 物联网的基本特征
    - 物联网的基本功能
    - 物联网的基本架构
    - 物联网的发展现状
  - 农业物联网概述
    - 农业物联网的概念
    - 农业物联网的产业链组成
    - 农业物联网的产业特征
    - 农业物联网的供需主体
    - 农业物联网在智慧农业生产中的应用
    - 农业物联网的应用现状
    - 发展农业物联网的意义
    - 我国农业物联网发展中存在的问题
    - 我国农业物联网发展的对策
  - 农业物联网的体系架构及关键技术
    - 农业物联网的体系架构
    - 农业物联网的关键技术

思考题

1. 简述物联网的基本特征及基本功能。
2. 农业物联网的体系架构包括哪几层？各层的作用是什么？
3. 遥感技术在农业中有哪些应用？

第五章
农业专家系统

知识目标

1. 能够解释专家系统、农业专家系统、人工智能的概念和特点。
2. 能够说出农业专家系统的基本结构、工作原理及其关键技术。
3. 认知几种典型农业专家系统的应用及决策支持。

能力目标

1. 运用知识参与农业专家系统重构，提高农业信息化水平。
2. 能够运用现有的农业专家系统服务农业生产。
3. 会使用几种典型的农业专家系统作农业生产决策。

素质目标

1. 树立科技兴农的理想信念。
2. 建立运用电子信息化服务农业，加快发展农业现代化的意识。

第一节　专家系统的由来

专家系统属于人工智能的范畴，发展至今，已经比较成熟，在很多领域都获得了广泛应用，取得了丰硕成果。专家系统具备适应性强、可靠性强、解释明确详细、响应快、成本低、稳定性高、智能性高、启发性、透明性、灵活性等特点。

一、专家系统的概念

专家系统的先导之一——斯坦福大学教授费根鲍姆这样定义专家系统：专家系统是一个使用知识和推理过程来解决那些需要杰出的专业人员才能解决的智能程序，即用计算机来模拟人类专家进行决策就是专家系统。具体而言，专家系统是通过采集人类专家的知识、经验和其他既定事实，采用人工智能中的知识表示和知识推理技术来模拟专家思维，设计计算机程序来提供专家级的决策、咨询、诊断、学习或研究的计算机系统，解决通常情况下由人类专家才能解决的复杂问题。一般来说，专家系统＝知识库＋推理机。因此，专家系统也被称为基于知识的系统。一个专家系统必须具备三要素：领域专家级知识、模拟专家思维和达到专家级的水平。

二、专家系统的发展历程

从 20 世纪 50 年代发展至今，专家系统的发展可分为四个时期。

(一) 起源时期

20 世纪 50 年代—70 年代后期，是专家系统的起源时期。“人工智能之父”——英国著名科学家阿兰·麦席森·图灵，1950 年提出了著名的“图灵测试”，探讨了机器智能的可能性，为后来的人工智能科学提供了开创性的构思。1965 年，美国工程院院士、加州大学扎德教授提出模糊集合理论，给出了模糊性现象定量描述和分析运算的方法，从而诞生了模糊数学。1972 年，美国两院院士、卡内基梅隆大学教授艾伦·纽厄尔，在《人怎样解题》一书中描述了他们开始用计算机编程来解决问题，研发出了逻辑理论家和通用问题求解器，并建立了符号主义人工智能学派。1975 年，美国麻省理工学院著名的人工智能学者明斯基在他的论文《表示知识的框架》中提出了框架理论，框架理论的核心是以框架这种形式来表示知识，成为基于框架的专家系统的理论基础。同年，美国斯坦福大学爱德华·汉斯·肖特利夫教授在《在医学模型的不精确推理》一文中介绍了其研制的世界第一个医学专家系统——MYCIN 系统(用于诊断和治疗血液感染及脑炎感染，是第二代专家系统的经典之作)，提出了确定性理论。1976 年，美国麻省理工学院戴维斯教授提出元知识的概念，并研制出知识获取工具 Teiresias，为专家系统获取知识实现过程中知识库的修改和添加提供了工具，为专家系统的研制工具开发方面作出了突出贡献。1978 年，扎德教授提出“可能性理论”，将不确定性理解为可能性，为模糊集理论建立了一个实际应用上的理论框架。

20 世纪 70 年代后期，随着专家系统应用领域的不断开拓，专家系统研发技术逐渐走向成熟。但同时，在应用的过程中也逐渐暴露出专家系统本身存在的应用领域狭窄、知识获取困难、推理方法单一、缺乏常识性知识等问题。围绕知识这一核心问题，人们重新对知识的获取、表示以及知识在推理过程中的利用等人工智能原理和方法进行探索，并开始出现一组新的原理、工具和技术。

(二) 黄金时期

20 世纪 80 年代是专家系统突飞猛进、迅速发展的黄金时代。1980 年，美国斯坦福大学尼尔森出版的《人工智能原理》一书，对基于规则的专家系统、机器问题解决系统以及结构对象的代表等都进行了具体的论述。1982 年，美国匹兹堡大学教授米勒(Miller RA)在《英格兰医药分册》上发表了《基于计算机的医学内科实验诊断顾问》一文，文中介绍了著名的内科疾病诊断咨询系统 INTERNIST-1，之后将其不断完善成改进型

INTERNIST-2,即后来的 CADUCEUS 专家系统,其知识库中包含了 572 种疾病,约 4500 种症状。1983 年,美国的海斯罗斯教授,在出版的《建立专家系统》一书中,对专家系统建立的原则和要素、开发的生命周期等重要问题进行了详细讲解,为研究与开发各种类型的专家系统提供了理论依据。1984 年,美国匹兹堡大学计算机科学、哲学和医学教授布鲁斯·布坎南,公布了关于医疗诊断系统 MYCIN 的实验规则库。基于规则的专家系统 MYCIN 是专家系统开发过程中的一个里程碑。1985 年,美国人工智能专家、加州大学教授哈蒙,在出版的《专家系统:人工智能业务》一书中,阐述了专家系统如何解决问题,代表知识,并得出推论,并介绍了人工智能的具体制度,确定了专家系统的市场。1986 年,著名的专家系统学者沃特曼,出版了《专家系统指南》一书,书中对专家系统的概念、组成、建立过程、建立工具、应用领域等作了系统介绍与论述,是当时全面介绍专家系统研发与应用的经典书籍。

20 世纪 80 年代初,医疗专家系统占主流,主要原因是它属于诊断类型系统且容易开发。20 世纪 80 年代中后期,随着大量新技术成功运用,出现大量投入商业化运行的专家系统,为各行业带来了显著的经济效益,也使专家系统得到更广泛的运用。在这期间开发的专家系统按处理问题的类型可以分为解释型、预测型、诊断型、设计型等。应用领域扩展到农业、商业、化学、通信、医学等多个方面。

但同时,这一时期现有的专家系统也暴露出自身严重的缺陷,使一些计算机界的知名学者对专家系统产生了怀疑,认为专家系统存在以下问题。

(1)专家系统中的知识多限于经验知识,极少有原理性的知识,系统没有应用原理性知识的能力。

(2)知识获取功能非常弱。为了建造专家系统,必须依赖于专家获取知识,不仅费时,而且很难获取完备性和一致性的知识。

(3)求解问题的方法比较单一,缺乏创造性。即以推理机为核心的对问题的求解过程,尚不能反映专家从认识问题到解决问题的创造性过程。

(4)解释功能不强。

这些自身严重缺陷,使 20 世纪 90 年代爆发了专家系统理论危机。

(三) 多元化发展时期

20 世纪 90 年代专家系统向多个方向发展。由于 20 世纪 80 年代专家系统研究迅猛发展,商业价值被各行各业看好,导致 20 世纪 90 年代大批专家系统从实验室走出来,开始了它们的工程化、市场化进程。专家系统的市场化进程严重牵引了研究者们的注意力,专家系统研究进入多元化发展时期。这一时期专家系统的研究工作大致分以下几个方面。

(1)模糊专家系统。建立在扎德教授模糊理论上的模糊专家系统,它同样是该年代专家系统研究的重点方向。

(2)骨架专家系统。代表人物是美国斯坦福大学的爱德华·汉斯·肖特利夫教授。基于已建成的 MYCIN 系统,产生用知识替换的方法建设新系统的想法,从而产生了 EMYCIN 骨架系统。EMYCIN 骨架系统的出现大大缩短了专家系统的研制周期,

AGE、OPS5、KEE、KBMS、GESDE 等骨架系统应运而生，它们在 20 世纪 90 年代专家系统的研究进程中，发挥着重要作用。

(3)故障诊断专家系统。代表人物有美国麻省理工学院的兰德尔・戴维斯教授，他在一篇论文中描述了一个利用知识结构和行为，在电子电路领域进行故障诊断排除的专家系统。之后，故障诊断专家系统在电路与数字电子设备、机电设备等各个领域取得了令人瞩目的成就，已成为当今世界研究的热点之一。

(4)基于规则的专家系统。在这一时期，鲁斯・布坎南的著作对基于规则的专家系统仍有着积极的指导作用。多种基于规则的专家系统进入了试验阶段，规则的形式开始向产生式规则转变，并趋向于提供较完善的知识库建立和管理功能。

(5)知识工程在专家系统中的运用。代表人物是美国斯坦福大学的克兰西教授。他发表了重要论文《启发式分类》。启发式分类即对未知领域情况的类的识别过程，它是人类思维解决问题的重要方法。在人工智能、专家系统中可用启发式来设计计算机程序，模拟人类解决问题的思维活动。

(6)机器学习在专家系统中的运用。1986 年，澳洲悉尼大学著名教授 John Ross Quinlan，在《机器学习》杂志上发表的《决策树算法》一文中提出了决策树算法的代表——ID3 算法。此后，有大量学者围绕该算法进行了广泛的研究，并提出多种改进算法。

(7)神经网络专家系统。Gallant 于 1988 年在《ACM 的通信》上发表了《连接主义专家系统》一文，文中讲述的连接主义专家系统，其知识库是由一个神经网络实现的(即神经网络知识获取)，开创了神经网络与专家系统相结合的先例。

(8)遗传算法在专家系统中的运用。1989 年 Goldberg 出版的专著《搜索、优化和机器学习中的遗传算法》，全面而完整地论述了遗传算法的基本原理及其应用。1991 年 Davis 出版的《遗传算法手册》一书，阐述了遗传算法在科学计算、工程技术和社会经济中的大量应用实例。这些为推广和普及遗传算法的应用起到了重要的指导作用，也推动了基于遗传算法的专家系统的研发推广。

(9)决策支持系统在专家系统中的运用。20 世纪 80 年代末 90 年代初，决策支持系统开始与专家系统相结合，形成智能决策支持系统，该系统充分做到了定性分析和定量分析的有机结合，将解决问题的范围和能力提高到一个新的层次。代表人物是美国加利福尼亚大学伯克利分校教授埃弗雷姆・特班。

(10)各种理论知识在专家系统中的综合运用。1992 年，美国加利福尼业大学教授巴特・卡斯科出版《神经网络和模糊系统：一个拥有机器智能的动力系统方法》一书。这是一部神经网络与模糊理论综合应用于专家系统建设的经典著作。

这一时期，虽然专家系统大量建造，但投入实际运行的专家系统并不多，且效率较低，问题求解能力有待进一步提高。主要原因有二：一是专家系统主要是模拟某一特定领域中求解特定问题的专家的能力，而缺乏模拟现实生活中人类专家协作求解的能力。专家系统知识的单一性，使它虽然在模拟人类专家某一特定领域知识方面取得了成功，但它仍然不能或难以解决现实世界中的问题。二是开发的专家系统的规模越来越大，并且十分复杂，促使研究者们对专家系统构成的思考。这就要求将大型专家系统拆分成若干个小的、相对独立的专家系统来开发，而且需要将许多单个不同领域的专家系统联合起来进行协作求解。这一要求推动了分布式人工智能理论和实用技术的研究。

（四）稳定发展时期

这个时期专家系统有三个主要研究方向。

（1）基于模糊逻辑的专家系统研究方向。基于模糊逻辑的专家系统有以下优点：一是具有专家水平的专门知识，能表现专家技能和高度的技巧以及有足够的鲁棒性（即健壮性）；二是能进行有效的推理，能够运用人类专家的经验和知识进行启发性的搜索和试探性地推理；三是具有灵活性和透明性。

（2）Rete 模式匹配算法在专家系统中的应用。美国卡内基梅隆大学计算机科学系的 Charles L. Forgy 教授 1979 年首次提出 Rete 算法。专家系统工具中一个核心部分是推理机，Rete 算法能利用推理机的“时间冗余”特性和规则结构的相似性，并通过保存中间运算结果的方法来提高推理的效率。

（3）专家系统在电力系统中的运用。世界各国的专家们开始热衷于在电力生产的各个环节使用专家系统，涉及系统恢复、电力需求预测、变电站故障诊断和报警处理等多方面。

这一时期，专家系统的研究不再满足于基于某种模型的专家系统的固有模式，而是不断探索更方便、更有效的方法，来解决困扰专家系统的知识获取瓶颈、匹配冲突、组合爆炸等问题，推动研究不断向深层次、新方向发展。

专家系统发展的近期目标是建造能用于代替人类高级脑力劳动的专家系统；远期目标是探究人类智能和机器智能的基本原理，研究用自动机模拟人类的思维过程和智能行为，能自主开展人类的创造性活动。这几乎涉及自然科学和社会科学的所有学科，远远超出了计算机科学的范畴。

第二节　农业专家系统概述

“3S”技术、计算机网络技术、物联网和大数据分析等信息技术的快速发展及其在农业领域中的应用成果，已证明运用信息技术在克服农业生产的基本难点上发挥特殊作用。智慧农业的关键是农业信息的分析决策，这也是整个智慧农业链条上最重要的环节。

一、农业专业系统的概念

农业专家系统也称为农业智能系统，俗称电脑农业专家，它是农业信息技术的重要组成部分。农业专家系统是将人工智能的知识工程原理应用在农业领域，运用知识表示、推理、知识获取等技术，依据一个或多个农业专家提供的特殊领域知识、经验及数学模型进行推理和判断，模拟农业专家就某一复杂农业问题进行决策，指导用户解决

二维码 5-1　农业专辑系统概述　视频

复杂农业问题的智能化计算机系统。它拥有独立的知识库，智能化的分析推理，能够对用户所提出的问题给予专家级的解答。

农业专家系统不仅可以保存、传播各类农业信息和农业知识，而且能把分散的、局部的单项农业技术或养殖技术综合集成起来，经过智能化的信息处理，针对不同的影响因素，给出系统性和应变性强的各类种养问题的解决方案，为农业生产全过程提供高水平的服务，为农民提供方便、全面、实用的农业生产技术咨询和决策服务。农业专家系统具有智能性、继承性、集成性、复制性和便携性等特点。

二、农业专家系统的发展

随着专家系统应用领域的不断开拓，专家系统研发技术逐渐走向成熟。

农业专家系统首先由美国提出，国际上对农业专家系统的研究始于 20 世纪 70 年代末，当时仅用于诊断作物病虫害。如 1978 年美国伊利诺斯大学开发的大豆病虫害诊断专家系统 PlantrsS。20 世纪 80 年代中期迅速发展，许多国家研制开发了作物生产专家系统，如 1982 年美国伊利诺斯大学开发的玉米螟虫害预测专家系统 Plant/DS，1983 年日本千叶大学开发的 MICCS-番茄病虫害诊断专家系统，1986 年美国农业部开发的 COMAX GOSSYM ，Lemmon 等开发的棉花生产管理专家系统。

中国农业专家系统的研究自 20 世纪 80 年代开始，先后开发了一大批农业专家系统。1980 年，浙江大学与中国农科院蚕桑所合作开始研究蚕育种专家系统，1983 年中科院合肥智能研究所与安徽农科院合作开发的砂僵黑土小麦施肥专家系统。杂草方面的专家系统在 20 世纪 90 年代有了较大发展，如杂草识别系统 HERBIDEX、中国化学除草计算机专家系统 WCES、看麦娘综合专家系统 AWES。近几年来，我国农业专家系统的研究更是蓬勃发展，如基于规则和图形的苹果、梨病虫害及防治专家系统，多媒体玉米病虫害诊断专家系统，基于生长模型的小麦管理专家系统，水土保持专家系统的探索与试验等。

目前，国际上有近百个农业专家系统，广泛应用于作物生产管理、灌溉、施肥、品种选择、病虫害控制、温室管理、畜禽饲料配方、水土保持、食品加工、财务分析、农业机械选择等方面，有些系统已成为商品进入市场。

三、农业专家系统的分类

简言之，专家系统可视作“知识库”和“推理机”的结合，如图 5-1 所示。显然，知识库是专家的知识在计算机中的映射，推理机是利用知识进行推理的能力在计算机中的映射，构造专家系统的难点也在于这两个方面。为了更好地建立知识库，兴起了“知识表示”“知识获取”“数据挖掘”等学科；为了更好地建立推理机，兴起了“机器推理”“模糊推理”“人工神经网络”“人工智能”等学科。专家系统的发展如图 5-2 所示。

(一) 基于规则的农业专家系统

基于规则的农业专家系统是一个计算机程序，是指使用知识库内的某一条规则对用户提交的具体信息和数据进行处理，通过推理机制，根据知识库知识和模型，推断出决策意见。其中的规则就是模拟专家的思路和经验来解决问题的关键。

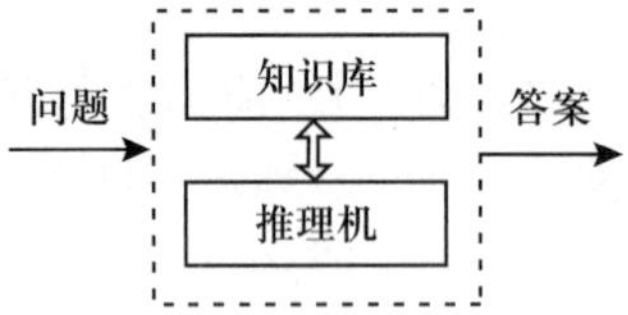

图 5-1　简化专家系统

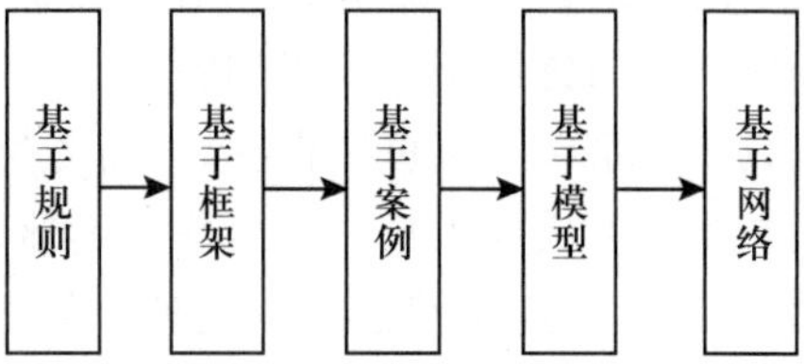

图 5-2　专家系统的发展

1. 专家提出规则

基于规则的专家系统是目前最常用的方式，主要归功于大量成功的实例，以及简单灵活的开发工具。它直接模仿人类的心理过程，利用一系列规则来表示专家知识。主要存在以下几个缺点：需要专家提出规则，而许多情况下没有真正的专家存在；前项限制条件较多，且规则库过于复杂。

2. 算法生成规则

基于规则的专家系统在某些情况下，只能选取超大空间的列举属性或者数字属性，此时该属性值的选取，需要大量样本以及复杂的运算。采用决策树算法体系，能自动从数据中获得规则。

基于规则的农业专家系统主要有以下特点。

(1)模块化特征。规则能较好地封装和表达知识，并易于扩充。

(2)解释和推理机制。当规则的条件部分或全部满足时，可以对应得到相应的结论。

(3)拟人的认知过程。模拟人类专家的思路对问题进行求解。

(二) 基于框架的农业专家系统

由于农业生产中许多知识是经验性知识，受自然界限制不断变化，因此描述困难；同时农业领域中的知识本身又内含了事物之间的类属关系，事物的特征和变异等，并且这些知识的状态、属性、发展过程和相互关系有一定的规律性。基于规则的知识表示方法难以较好地表达，催生了基于框架的知识表达方式，即把这种有规律的知识总结出来形成框架存于数据库中，根据不同的情况采用不同的处理方式。

把事物及其属性分层加以描述的方法是框架理论的基础。以基于框架表示的玉米病虫草害诊治系统为例，玉米病虫草害的发病症状、发病规律受自然条件等各种因素的影响很复杂，用单一知识表示往往不准确，因此选择基于框架的知识表示方法。其框架如图 5-3 所示。

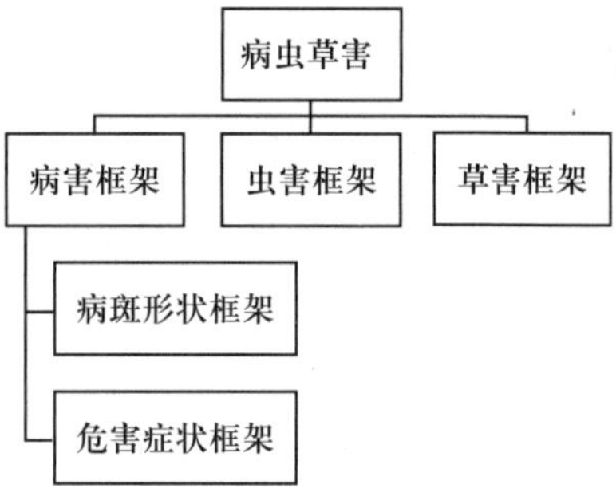

图 5-3　玉米病虫草害框架

这种框架知识表示方法的特点有以下几点。

(1)用框架将玉米病虫草害分为若干个相互依赖的子问题，构成知识的层次结构。

(2)将一个子问题集中在一个框架中加以描述,实现了知识的模块化和紧凑性。

(3)对处理判断实例性的问题具有实用性。

(三) 基于模型的农业专家系统

农作物生长模拟模型的研发开始于20世纪60年代,到了20世纪80年代,随着模拟模型技术发展的逐步成熟,计算机性能、数据处理能力以及数据库技术的不断发展,基于模型的农业专家系统应运而生。该系统以农作物生长模拟模型为核心基础,将模拟模型与计算机优化结合,并融合相关领域的专家知识而形成。基于模型的农业专家系统集成了农作物模拟模型技术与计算机相关技术,更加形象直观地作出科学的推理决策,增强了农业专家系统的机理性,更加充分地使知识库、数据库、模型库、推理机形成有机的结合。因此,该农业专家系统考虑的影响因子多,具有易于控制、应用面宽、解释能力强等多个优点,其功能也从单纯的静态、定性分析逐步向动态、定量方向发展,提供更加优化的决策服务。

(四) 分布式农业专家系统

分布式农业专家系统是分布式技术与人工智能相结合的产物,是农业专家系统研究的重要方向。它是由分布在不同的处理机节点上的若干子专家系统组成,是协同求解问题的系统。分布式专家系统具有分布处理的特征,其主要目的在于把一个专家系统的功能分解到多个处理器上并行工作,从而在总体上提高系统的处理效率。与普通农业专家系统相比,该农业专家系统具有更强的可扩张性,灵活地分解处理各子系统,并将其运行结果相互联系,最终达到快速的处理效果。

(五) 智能化农业专家系统

20世纪90年代后,随着人工智能技术的快速发展,农业信息化进入高速发展期,智能化农业专家系统也随之诞生。智能化专家系统是统称,是各种人工智能技术(包括神经网络、多媒体技术、数据挖掘、模糊推理等)应用在专家系统领域而形成的专家系统,使系统对数据的采集、传输都有更广泛的路径和更可靠的保障,同时对数据的处理也更加直观、有效、准确。随着人工智能技术在专家系统中的应用不断增多,农业专家系统的内涵也更加丰富,应用更加精确、实用和智能化。以神经网络、数据挖掘、模糊推理为核心技术的农业专家系统将成为未来的主要研究方向。

四、农业专家系统的基本结构及工作原理

(一) 农业专家系统的基本结构

农业专家系统一般由六部分组成:人机交互界面、知识获取机构、知识库、数据库、推理机、解释机构,其结构如图5-4所示。其中,推理机和知识库是农业专家系统的两个最基本的模块。知识库中的知识一般包括该农业领域知识、农业专家和农业人员的经验知识以及相关既定事实(如植物生长期规律性、生长所需环境条件)等,知识库的数量和质量决定了农业专家系统的质量以及准确性。推理机作为农业专家系统实施求解的核心执行机构,由它来控制运行整个系统,负责该系统的推理过程和数据调用。

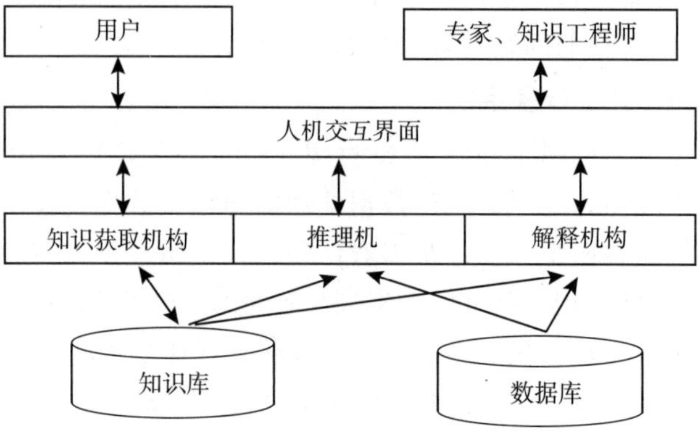

图 5-4　专家系统结构

1. 人机交互界面

人机交互界面是专家系统与农业领域专家、知识工程师、一般用户进行输入/输出知识的交互界面。农业领域专家或知识工程师通过人机交互界面输入知识，更新和完善知识库内容；一般用户通过人机交互界面输入需要求解的问题，并对问题进行描述后向系统提出询问；决策后的结果也是通过人机交互界面进行输出显示。

2. 知识获取机构

知识获取机构是知识库中知识获取的来源。知识的获取可分为两种形式：主动式(直接获取法)和被动式(间接获取法)。主动式是知识获取机构根据给出的资料和数据，自动获取知识存入知识库的方法。被动式是通过知识工程师、领域专家或用户，采用知识编辑工具通过人机交互界面把知识传给知识获取机构的方式。

3. 知识库

知识库是用来存储该领域的原理性知识、经验知识和有关事实。知识库中的知识通过知识获取机构获得，为推理机提供推理决策过程中所需的知识。知识库的全面性和准确性直接影响到专家系统的整体能力和效率。知识的管理、组织和维护通过知识库的管理系统来完成。

4. 数据库

数据库用于存储推理过程中所需的原始数据、中间结果和最终结论，往往是作为暂时的存储区。

5. 推理机

推理机是专家系统的核心构件，它是依据其内部存储的推理机制对输入信息进行推理的模块，决定专家系统的工作方式，是专家系统实现推理功能的核心。推理机依据问题的条件或已知信息，通过利用知识库中已有的知识，反复匹配知识库中的规则，获得结论，实现对问题的求解。

6. 解释机构

解释机构用于对求解过程作说明，负责向用户解释“为什么”“怎么样”之类的问题。

解释机构涉及程序的透明性，它让用户理解程序正在做什么和为什么这样做，向用户提供了关于系统的一个认识窗口，为用户提供决策依据。通常情况下，解释机构是非常重要的。为了回答用户关于“为什么”得到某个结论的询问，系统通常需要反向跟踪动态库中保存的推理路径，并把它翻译成用户能接受的自然语言表达方式。

(二) 农业专家系统的工作原理

首先把从农业专家处获取的知识和经验转化为信息纳入知识库，然后解释机构将用户提出的问题转化为信息传给推理机，推理机运用知识库知识对问题进行推理得出结果，在数据库存储原始数据和中间信息，解释机构将内部形式的结果信息转化成用户可接受的信息形式，通过人机交互界面输出给用户。其工作原理如图 5-5 所示。

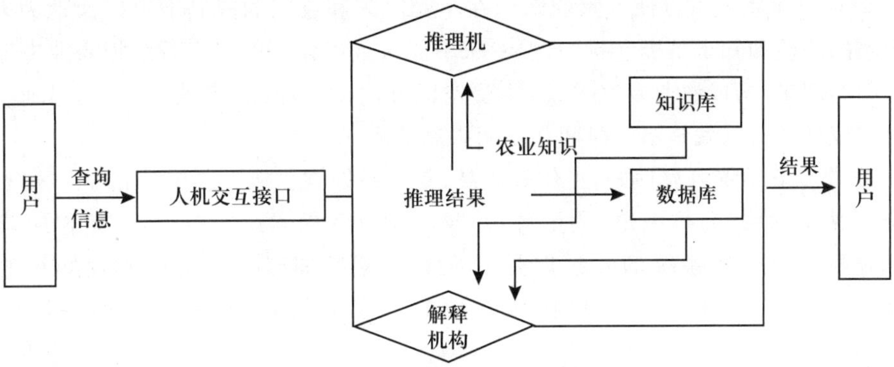

图 5-5　农业专家系统工作原理

五、农业专家系统的特点

从目前开发应用的各类专家系统来看，尽管其服务对象和形式多种多样，但均具有以下共同特点。

1. 启发性

农业生产过程的复杂性，决定了专家系统要解决的问题，其结构往往是不合理的，问题的求解不仅依赖理论知识和常识，而且必须依赖专家本人的经验和启发知识。

2. 透明性

数据库根据筛选出的具有针对性的农业问题，对不同的用户所需，通过已经建立的知识体系进行推理分析，可以作出严谨科学的判断。专家系统能够解释本身的推理过程和回答用户所提出的问题，以便让用户了解推理过程，增大对专家系统的信任感。

3. 灵活性

专家系统的灵活性是指它扩展和丰富知识库的能力，以及改善非编程状态下的系统性能，即自学能力。可以不断更新和学习新的知识，获取知识渠道多样，具有高度的适应性和调整性，使原有系统变得更加灵活。通过增加新的知识，及时地对知识库更新换代，同时让新知识与原有知识相互融合，达到高度的协调与统一。

4. 不确定性

推理领域专家求解问题的方法大多是经验性的，经验知识一般用于表示不确定的但存在一定概率的问题。由于实际中有关问题的不确定性，其信息表现往往不全面，专家系统能综合现有信息，应用模糊理论和经验知识进行推理。

六、开发应用农业专家系统的意义

农业专家系统的发展十分迅速，在解决实际问题中起的作用也越来越大，具体来说主要有以下作用和意义。

1. 农业专家系统可以使专家的知识在不受时间和空间的限制下更广泛地为人类服务。专家的经验和知识是极宝贵的，但专家不能永远工作。而专家系统把农业专家的知识集中归纳起来，构成农业专家系统，不受空间和时间的限制，高效地工作，迅速、及时、准确地完成任务。这就是不受时间和空间限制的意义。

2. 农业专家系统可靠性好，工作效率高，专家系统能克服人类专家的许多弱点。人类专家受精神紧张、身体疲倦、周围环境、经验围度等因素影响较大，在工作中难免有疏忽和遗漏。而专家系统的知识库是对人类专家所拥有的丰富的专业知识的高度概括和总结，它的影响力可以堪比该领域的专家的指导，具有高度的说服力和可行性。

3. 农业专家系统能促进领域学科的发展。农业专家系统的研制将促使领域专家们认真深入地总结和提炼专业知识和经验。农业专家系统汇集许多领域专家的知识，使它解决问题的能力和知识的广博度均优于单个专家。同时，农业专家系统有良好的透明性，它具有解释和教学功能，它能传授知识给用户。这种总结知识、传播知识的能力及自学功能，可促进科学的发展。

4. 农业专家系统能促进计算机科学的发展。专家系统的研制和开发，一是扩大了计算机的应用领域，促进计算机信息技术与专业领域融合；二是不断向人们提出新的研究领域和方向，推动了新的计算机体系的研究，促进了计算机科学的进一步发展。

5. 农业专家系统的使用具有良好的经济和社会效益。专家系统的应用给人类带来了明显的经济效益和社会效益。一是专家系统集合了各领域稀缺的专家知识和经验，用比较经济的方法执行任务而不需要聘请有经验的专家，极大地减少劳务开支和培养费用，产生经济效益；二是软件易于复制，能够广泛传播专家知识和经验，推广数量有限的和昂贵的专业人员及其知识，产生社会效益。

但农业专家系统的使用也存在一些弊端：一是专家系统代替了部分人工劳动，造成失业；二是专家系统行使着本应由人担任的职能，诊断决策失误时，免不了引起法律纠纷，如何维权和评判责任等。

第三节　智能化农业专家系统的关键技术

我国是农业大国，耕种面积大，耕作过程需要大量的劳动力、时间和财力，智能化农业专家系统的应用将大大解决劳动力的问题，提高农业生产率。智能化农业专家系统的核心任务是对劳动力的替换，其关键在于对人类思维的模拟。20 世纪 90 年代后，随着人工智能技术的快速发展，农业信息化进入高速发展期，智能化农业专家系统也随之诞生。人工智能技术是智能化农业专家系统的核心技术，赋予农业专家系统更丰富的内涵，应用更加精确、实用和智能化。人工智能技术是协同智能感知装备和智能作业系统的中间环节，其任务是处理、整合、分析感知到的数据信息，下达给智能装备正确的命令，完成一套完整的作业过程。利用人工智能技术可以给监测设备、数据采集装备、专家管理系统等装上“大脑”，利用人工智能智能化、创新化的技术特点，模拟人类在农业生产中智慧工作的过程，让整个农业生产具有“思考”能力，用机器代替人类。

二维码 5-2　智能化农业专家系统的关键技术 PPT

本节着重阐释了人工智能技术在农业专家系统中的智能识别、智能学习、智能推理和智能决策四项技术原理。

一、人工智能的定义

人工智能(AI)是一门企图了解、模拟人类智能，延伸人类智能的技术，并生产出一种新的能以人类智能相似的方式作出反应的智能机器。通俗地说，人工智能就是要研究如何使机器具有能听、会说、能看、会写、能思维、会学习、能适应环境变化、能解决各种实际问题和异常情况的一门学科。

人工智能技术不仅具有学习、运用知识能力，还可以模仿人类思维逻辑，处理不确定性事件，对问题的判断没有主观臆断，决策方案也优于人类的解决办法。这些技术特征使人工智能技术在农业专家系统中得到广泛应用。人工智能技术贯穿于整个农业生产过程：在农场的作业现场，对环境状态监测，对动植物生长过程调控与决策，以及控制装备作业等；在专家管理系统，对已存储的数据进行预处理和学习，对农业生产中出现的波动或异常情况进行原因分析和解释，提供适用的解决办法并指挥装备端进行实际作业，用机器替代生产者完成农业生产作业。充分利用人工智能自身的技术特点让智能装备具有能感知、作业、可解决实际问题的功能，赋予专家管理系统可识别、会学习、能推理、作决策的能力。

二、农业专家系统与人工智能技术

人工智能技术在对农业生产装备和管理平台赋予智能化的过程中，需要对农业生产中感知到的信息进行筛选和预处理；对知识和经验进行归纳和总结，并建立学习模型；对生产环境、农业动植物、装备异常状态进行推理和预判，并对推理和预判后的结果作出决策等。根据人工智能技术在农业专家系统中的实际作用，将人工智能在农业专家系统涉及的技术主要分为智能识别、智能学习、智能推理以及智能决策四项技术。这四项技术是维持农业专家系统正常运转的保障，是使专家系统具有“思维”能力的核心所在，其具体作用如下。

1.“仿照人类进行预处理”，简化农业生产中感知到的数据集，提取有用信息，降低数据所占的存储空间，做到物尽其用。

2.“仿照人类进行学习”，对农业生产中的历史数据、知识经验等进行学习，构建农业专家系统的智能学习模型，设计不同研究对象的信息学习模型。

3.“仿照人类进行推理”，农业生产中参数发生变化时，对问题进行分析和判断，找到问题发生的原因。

4.“仿照人类作出决策”，对农业生产作出下一步的计划、决策，传达正确的命令，并采取必要措施。

三、智能化农业专家系统的关键技术

(一) 智能识别技术

1. 定义

智能识别技术是模拟人类对信息进行筛选的过程，也是专家系统智能化的体现，其实质是利用计算机对信息、数据进行预处理、分析和理解，以识别各种不同模式的目标和对象，是深度学习算法的一种实践。其特点是具备识别和筛选的技能。

根据专家系统接收和学习的信息属性不同，可分为数值信息、图像信息和专业知识经验三大类。专家系统根据这些信息和知识的自身特点采取不同的预处理方式，最终达到取其精华，去其糟粕的效果，为智能学习提供规范、适用、有效的数据和专业知识。

2. 关键技术与原理

(1)直观数据预处理。

直观数据是指采集的信息，也就是专家系统可直接使用的信息，无须进行转换和间接处理，可直接用于学习和决策，例如，环境温度与湿度、酸碱度，动物的体温，渔场水中的溶解氧量等，都属于直观数据。人工智能技术的预处理就是对数值进行深层次的合理性筛选。

在农业生产上，温度变量涉及很多不同场景，室外温度、大棚温度、土壤温度、渔场温度、牛棚温度等，每一种温度都要在合理的范围内。智能识别技术首先要区分这些数据的来源，然后判断异常数据(如判断是否为传感器等智能感知装备异常数据)和正常数据，并进行分离，再通过建模、回归分析等方法校正数据，弥补智能装备硬件测量误差。经过这样一系列处理后的数据会更加合理、准确，可提高历史数据的可靠性。

(2)图像预处理。

图像预处理是将传感器感知到的每一帧图像分检出来交给识别模块进行识别。其主要目的是消除图像中无关的信息，恢复有用的真实信息，增强有关信息的可检测性，最大限度地简化数据，从而提高特征提取、图像分割、匹配和识别的可靠性和准确性。

影响农业生产的各项参数并不都是可以直接进行监测的，相反，非测量性参数往往占比更大，例如大田中农作物的叶宽和株高，以及果园中水果的数量和大小，渔场中鱼的数量、虾的体尺参数，猪场中猪的体宽和体重等。针对这些参数，通常使用间接测量的方法来获取，其中最常见的就是依靠机器视觉技术获取监测对象的图像信息。通过计算机视觉技术，全方位无死角地采集到众多2D、3D图像，将图像进行平滑、滤波、膨胀、傅里叶变换、去燥、重建、压缩等一系列的预处理，提高图像质量，去除无用信息，还原真实信息，恢复出更多可用于学习和训练的数据集，为专家系统推理提供更宝贵的信息，提高智能决策的准确性。

(3)专业知识和经验筛选。

专业知识和经验是指在专业领域内，人类对客观世界的认识成果，包括事实、信息的描述和在实践中获得的技能经验。专业知识是经过验证的正确结论，区别于实时采集的直观数据和图像数据，而是人们在生产实践过程中，对农业生产自然现象的认知、归纳和总结。

这些专业知识和经验大多数都依赖人为完成，在传统农业中适用，但在依赖专家系统作决策的智慧农业中不一定合理。人工智能技术需要对这部分知识进行筛选，作出可行性分析和判断，筛选出可适用于农业专家系统的知识和经验，避免因不适用性的结论进行错误的分析，作出无法实现的决策。

(二) 智能学习技术

1. 定义

智能学习是对智能识别后的数据、信息进行梳理、总结和归纳的过程，通过快速梳理这些信息之间的逻辑关系，对这些数据的不断训练，建立高效的学习模型。智能学习技术是农业专家系统智能化的核心保障。

智能学习技术是获取知识的基本手段，其目的是使农业专家系统作出一些适应性变化，系统在下一次完成同样的或类似的任务时比前一次更有效。知识是智能的基础，智能学习就是不断地获取知识并运用知识的过程，也是农业生产智能化、智慧化的核心。

智能学习技术是农业专家系统进行智能推理、决策的先决条件。智能学习技术可将这个庞大的农业知识体系进行系统的划分和存储，方便信息的检索和应用，使农业专业系统变得更加“博学”，达到甚至超越人类的智能的能力。通过对农业知识的学习，使农业专家系统在接收到新信息和作出决断时，具有更丰富的知识和经验值。农业生产中智能学习的范围是广泛的，例如农作物的形状、病斑的颜色、害虫的类型、动物的健康状态、种养环境的相关参数，以及农业专业知识和经验的学习。学习的过程也面临着很多的困难和挑战，包括在专家系统中的知识表示、知识的特性等。可应用在农业专家系统中的智能学习方法有机器学习和知识图谱两种。

2. 关键技术与原理

(1)机器学习。

机器学习是用计算机模拟人类的学习行为，以便获取新的知识和技能，重新组织已有的知识结构并不断改善自身性能的人工智能学习行为。信息化时代，要实现人工智能与多领域学科有机结合，计算机必须学习所有需要人类掌握的知识，它是一门多领域的交叉学科。目前,传统的机器学习的研究方向包括决策树、随机森林、人工神经网络、贝叶斯学习等方法。

在农业领域,机器学习的主要内容包括历史数据、农业专业知识和经验。其应用原理是通过专家系统将数据传输给机器进行训练、学习和分析,然后构建出一个农作物的物理属性与其生长、品质之间的相关性模型。即人类将这些数据抽取特征、标注结果,即告诉机器根据什么样的特征可以出什么样的结果,用机器学习算法找规律或建模型,找到规律之后可以对其他的特征数据进行结果预测。建立了模型之后,机器学习就可以利用之前构建的模型对农业生产中感知到的信息进行预后估计和预测。机器需要学习和处理的数据越来越多,通过不断训练学习,根据算法还可以对预测后的结果进行自动更新和完善,完成模型的自动修正。

(2)知识图谱。

知识图谱是显示知识发展进程与结构关系的一系列不同的图形,用可视化技术描述知识资源及其载体,挖掘、分析、构建、绘制和显示知识及它们之间的相互联系。知识图谱通过可视化的技术手段,将与农业相关的概念、实体、事件以及各部分之间的关系进行描述,是一种结构化的语义知识库。知识图谱是一种智能学习的手段,能使机器加快对人类知识和能力的掌握。

知识图谱技术可将农业生产中离散的信息相互关联,把所有不同种类的信息连接在一起,形成一个知识关系网络,提供了从"关系"的角度去分析问题的能力,形成可视化的语义网络,以最简单的方式展现出来,方便专家系统学习复杂的专业知识,让机器具备认知能力。目前,可在农业中应用的知识图谱绘制工具包括 CiteSapce、Ucinet、Gephi、Pajek 四种。该技术以其强大的语义处理能力和开放组织能力,为农业专家系统的知识化组织和智能应用奠定了基础。例如,可将农作物病虫害的相关信息构建成一个知识图谱,清晰地展现农作物病害的特征与病害名称之间的直接或间接关系。

(三) 智能推理技术

智能推理是指根据农业专家系统中存储的知识和经验,对农业生产中发生的动态变化或异常情况进行原因分析、问题性质判断,并作出符合客观事实结论的过程。智能识别和智能学习是进行智能推理的基础和前提,智能推理是农业专家系统进行问题解决的关键技术。智能推理的结论直接关系到决策的可靠性,直接影响智能作业的实际效果。因此,智能推理技术是智能化农业专家系统的核心技术。

1. 定义

智能推理技术是利用机器模仿人类进行推理的过程,由已知的判断(前提)经过一定的推理形式推出新判断(结论)的思维形式。已知的判断(前提)与推出新判断(结论)的关系是理由与推断、原因与结果的关系。智能推理技术以此为原则,模仿人类思维完成推理过程。

智能推理也可称为利用农业知识、经验等进行广义问题求解的智能过程,这个过程是靠计算机的算法和程序实现的。当计算机经过智能识别、智能学习一系列农业知识之后,便可以按一定的规则将知识表示出来,存储于计算机中,在感知到新的信息时,利用智能推理的方法，按照一定的策略从已有事实和知识中推理出结论，其根本任务就是从一种知识或经验推断出另一种判断。依据所得出结论的途径对推理的方法进行划分，具体可分为规则与知识推理、模型推理、案例推理。

2. 关键技术与原理

(1)规则与知识推理。

基于规则与知识的推理是指以产生式规则表示知识的推理，各条规则之间相互独立，知识具有很强的模块特性，易于解释。规则与知识推理是非常严格的逻辑推理，从反映客观世界对象的联系和关系的判断中得出新判断的推理形式。其具体含义是，如果前提满足，则可得出结论或者执行相应的动作，前提是规则推理的执行条件。农业生产中大量的、可靠的专业知识和真实的历史数据都是规则推理的前提，为规则推理的进行提供了技术支撑和保证，确保规则推理方法在农业专家系统中的广泛应用。

基于知识与规则推理的逻辑形式，使机器所模仿的人类思维能保持严密性和一贯性，所有的结果真实有效，其结果可作为系统规则和基准，有效避免了人类主观臆想产生的错误判断，其结论准确性极高，农业专家系统可以直接使用，无须验证。这为农业生产中异常情况和问题的判断提供了准确的信息支撑。

(2)模型推理。

模型推理是指建立问题的模型，运用已有的理论和经验对此模型进行推理，最终得到结果。与基于规则的推理方式不同，基于模型的推理是利用反映农业生产中事件内部规律的客观情况进行模型建立，包括定性物理模型和因果模型。建模由整体到局部可分为：组织模型、模块模型和组件模型。

模型推理技术在理论上采用约束系统进行推理。首先对建模对象的约束特征用规定的语言描述出来；然后将约束特征转化入并行约束编程框架，即约束系统进行推理，框架将输入问题的外部约束与建模对象的内部约束进行匹配、组合；最终得到输出结果。

模型推理是农业生产中对动植物未来长势预测的重要手段。农业专家系统通过对大田中采集的信息进行分析，找到产生问题的不同原因，通过所建立的动植物生长模型，推理出农作物对环境的需求，及时采取适当调控措施。例如，基于生长模型的玉米管理专家系统，利用采集到的玉米叶片长度、节间高度和玉米株高的相关信息，计算这些参数与土壤含水率的关系，进而构建玉米水分胁迫模型，用建立好的模型判断玉米受水分胁迫的程度，再将判断结果反馈到专家系统的指挥控制中心，并计算出玉米所需水分灌溉量，正确指导灌溉作业的实施。

(3)案例推理。

案例推理是借助历史求解问题经验，通过类比和联想的方法解决当前的相似问题，即用已成功解决问题的相似案例推理，采用改进了的旧方法来解决新问题，是一种最接近人类决策的过程。

案例推理的方法非常适用于需借助经验来进行判断的场合，有效地克服了基于规则、知识和模型等难以推理的脆弱性缺陷。其核心就是要借鉴农民的田间经验和农业上的成功案例。农业专家系统在没有任何相关问题经验的前提下，只需正确采集到问题的信息和属性值,从系统所存储的以往案例中检索出与当前问题相似的案例,根据相似度排序,就可以快速得到问题判断。案例推理方法可以解决一些农场自身还没有经验的突发状况,发现规则与知识推理中忽略的特殊现象。具体的案例都是来源于真实农场的实践,没有经过理论的抽象与精简,是对客观事实的全面反映,具有实证的有效性。

(4)智能推理与预测。

预测是指根据过去和现在的已知因素,运用已有的知识、经验和科学方法,预估事物未来所处的环境,估计和评价事物未来的发展趋势。智能推理技术除了可以对已发生问题进行性质判断外,还具有预测的功能。它是利用预测模型和专业知识与农业生产中的实时信息进行融合,对未发生的事情或即将发生的事情进行合理预测。例如,利用智能推理的预测方法,对作物的生长环境进行预测,可以利用预测的结果对病害问题进行提前防治。结合历史数据,建立模型,用预测的方法估计农业生产中未知的事件,综合参数的变化实时更新预测结果,提早规划预防措施,提高农业生产的运行效率和经济效益。

(四) 智能决策技术

1. 定义

智能决策技术以农业知识为指导,综合运用数学、管理学、自动控制等科学理论,在不确定、不完备、模糊的农业生产环境下,通过智能推理技术对问题的描述和认识,对复杂决策问题进行求解,为农业专家系统提供可靠的运行方案。

农业专家系统只是对发生的问题进行合理分析和准确判断是远远不够的,还需要对智能推理结果提出解决方案,即决策支持。智能决策支持系统可以提供分析问题、模拟人类决策过程的环境,综合利用智能学习的知识和经验,提供最优解决方案。智能决策支持系统是以求解为主,也就是系统的重要任务就是找到合理的解决方案。智能决策支持系统主要由知识库管理系统、数据库管理系统、方法库管理系统、模型库管理系统等组成。其结构如图 5-6 所示。

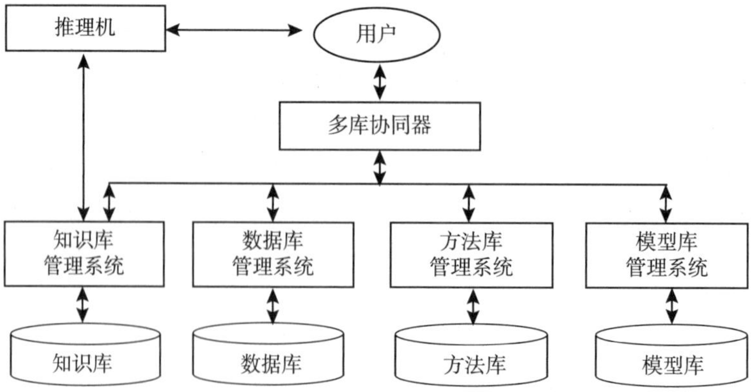

图 5-6 智能决策支持系统的结构

2. 关键技术与原理

(1)决策树。

决策树是一种在已知各种情况发生概率的基础上，通过构成决策树来直观运用概率分析，判断其可行性的决策分析方法。决策树通过分析可以采取的决策方案及其可能出现的状态或结果，来比较各种决策方案的好坏，从而作出正确的判断。决策树方法利用了概率论的原理，以树形图作为分析工具，其基本原理是用决策点代表决策问题，用方案分支代表可供选择的方案，用概率分枝代表方案可能出现的各种结果，经过对各种方案在各种结果条件下的计算比较，为农业生产提供决策依据。

决策树是一种树形结构，其中每个内部节点表示一个属性上的测试，每个分支代表一个测试输出，每个叶节点代表一种类别。决策树模型如图 5-7 所示。决策树具有阶段性明显、层次清晰和便于决策机构集体研究的特点。一是能直观地显示不同阶段的决策过程(如决策时间、顺序)，具有明显的阶段性；二是显示可能出现的各种自然状态，全部可行方案及其期望值，层次清晰；三是树形结构直观，逻辑清晰，更有利于作出正确的决策。

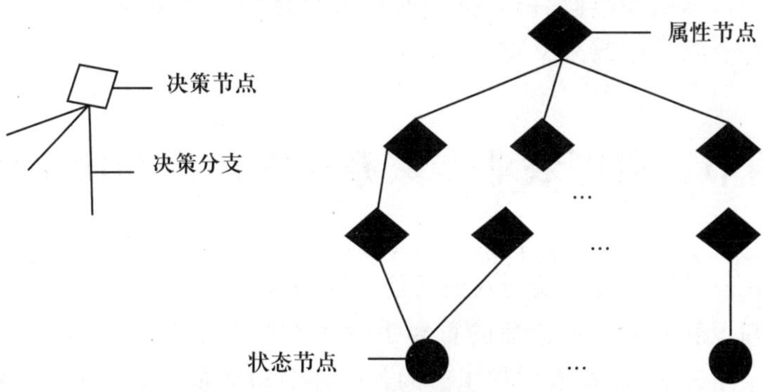

图 5-7 决策树模型

(2)决策矩阵。

决策矩阵又称为损益矩阵，由备选方案、自然状态(及其发生的概率)和益损值组成。一般用实际问题给出的条件来列出矩阵决策表，运用不同的分析标准与方法，以矩阵中给出的损益期望值作为决策的参考标准，从若干个可行方案中选出最优方案。该方法多用于解决资源分配最优化的问题。

备选方案是一种可控的因素，如每年种植什么作物是可控的因素，为决策变量；概率是指农场每一种状况发生的概率，如环境、天气等是不可控因素，为状态变量；损益值是每种种植方案的损益值。人工智能技术可根据农业生产中待解决问题发生的条件构成一个矩阵决策表。

例如，要解决每年种植什么作物、产量及效益要求如何的问题，可以使用决策矩阵进行种植决策。通过对耕地面积、可供灌水量、种植作物的种类、消耗的财力和物力、预计产量、产生效益的分析列出矩阵表，合理安排每一种作物的耕种面积，进行最大利润化种植。矩阵决策对决策环境的信息要求很高，也是一种十分贴近实际情况的决策方案，在智能化农业专家系统中得到广泛应用。

决策矩阵技术克服了常规方法过于简单、考虑参数不全面的问题，厘清了外界错综复杂的关系。用表格矩阵的方式将各项与农业有关的数据与拟解决问题的方案联系起来，数据随着方案的变化而变化，在综合考虑经济、生态环境等因素的前提下，选择最佳的解决方案。

(3)多目标决策方法。

在社会经济系统的研究控制过程中我们所面临的系统决策问题常常是多目标的，例如，我们在研究农业生产过程的组织决策时，既要考虑生产系统的产量最大，又要使产品质量高，生产成本低等。这些目标之间相互作用和矛盾，使决策过程相当复杂，使决策者常常很难轻易作出决策。这类具有多个目标的决策就是多目标决策。多目标决策方法现已广泛地应用于配方配比、水资源利用、环境等领域。

多目标决策即专家系统方案的选择取决于多个目标的满足程度的这类决策问题，或称为多目标最优化。通过分析各目标重要性大小、优劣程度，分别赋予不同权数。常用的方法有：多目标规划、多属性效用理论、优劣系数、层次分析、模糊决策等。其应用的原则为：除去从属目标，归并类似目标；把一般标准目标降为约束条件；采取综合方法将能归并的目标用一个综合指数来反应。

第四节　典型农业专家系统的应用与决策支持

随着计算机应用的日益普及与农业智能互联网技术的发展，建设农业专家系统成为加快农业科技知识和农业信息传播的重要手段。农业专家系统应用始于 20 世纪 70 年代末，经过 50 余年发展，已在农作物生产的各个环节得到应用，已遍及作物栽培管理、设施园艺管理、畜禽管理、水产养殖、植物保护、育种以及经济决策等方面，尤其在灌溉、施肥、栽培、病虫害的诊断与防治、作物育种、作物产量预测、畜禽饲养管理和水产养殖管理等方面，展示了广阔的应用前景。本节介绍几个典型农业专家系统的应用。

一、作物生产综合管理专家系统与决策支持

作物生产综合管理与决策支持系统是应用于作物生产各环节各类专家系统的统称。近年来，我国针对不同作物生产的各个环节开发了多种专家系统，主要包括智能灌溉专家系统、作物水肥一体化管理系统、作物生长测控专家系统、作物病虫害诊断和管理专家系统、养分管理专家系统等几大类。

二维码 5-3　作物生产综合管理专家系统与决策支持 PPT

(一) 智能灌溉专家系统

实施精准灌溉是推行精准农业的重要环节。精准灌溉表示在作物、土壤、气候、水源和灌溉设施等约束条件下，通过对灌溉方式、时间、速度、水量等实施精准控制，使农田水势得到最优化控制，田间含水量保持在适宜作物生长的最佳状态。

智能灌溉专家系统是应用了物联网技术、自动化控制技术、传感技术、信息技术以及

最新的人工智能等技术，达到时与空、量与质上精确定位、定时、定量的一整套水肥一体化现代农业灌溉技术与管理的系统。其工作原理是基于农田灌溉用水管理工作的复杂性和实时性，根据田间作物及外界环境的变化，计算机通过布置在田间的各种功能不同的传感器进行远程测控，并将采集的作物生长环境参数（大气温度、大气相对湿度、土壤水势、土壤含水量、降雨量、地下水位、蒸发量、风力、光照强度和CO_2浓度等信息）传送到系统控制中心，通过相应的软件根据作物对水分的需求模型进行数据计算、信息分析、综合决策作出灌溉预报，确定每次灌水所需的精确时间和最优水量，启动相关执行设备实施灌溉，实现精准节水灌溉。

目前，针对不同的栽培环境和栽培作物，研究出了温室蔬菜水肥智能决策系统、苹果园水分智能决策灌溉系统、柑橘灌溉专家系统、玉米灌溉专家系统，等等。

（二）作物水肥一体化管理系统

传统大田施肥方式是通过人力将肥料施加在田地中，费时费力，不能根据土壤或种植作物特点针对性地定量施肥，造成作物营养的失衡和缺失，不利于作物的生长，影响作物的品质和产量。传统大田漫灌的灌溉方式，既浪费水资源，又造成土壤养分流失、污染环境等生态环境问题。作物水肥一体化管理系统综合了作物水分和养分需求的田间管理措施，通过对作物水分和养分的实时检测，将检测结果传输到系统云平台，云平台控制中心对检测结果进行科学分析和计算然后制定水肥施用方案，控制水肥装备，定时、定量地给农作物施加水肥。与传统大田施肥相比，无人水肥系统具有省时、省工、节水、节肥、增产等特点。作物水肥一体化管理系统主要由旱田水肥系统和水田施肥系统两部分组成。

1. 旱地水肥系统

旱地水肥系统的主要作业是灌溉和施肥。其灌溉方式包括移动式灌溉和固定式灌溉。随着人工智能技术在农业领域应用越来越广泛，人工智能与大型农业机械相结合，未来大田灌溉系统中移动式喷灌机具有较大发展潜力。

水肥一体化管理系统的灌溉实现，首先需要对大田数据进行收集和处理。通过大田中的各类传感器，监测大田环境参数，如土壤水吸力、温度、湿度、雨量、光照、管道压力等信息参数，控制中心对采集的数据进行计算、分析，作出灌溉决策，同时指挥灌溉设备进行定量、定时灌溉，并对灌溉设备进行自动控制和监测。

水肥一体化管理系统的施肥实现，需要通过大田环境信息采集装备获取大田土壤的肥力数据、作物生长状况数据，通过无线网络发送给云平台，云平台结合作物生长模型对收集数据进行智能推算，给出最佳施肥方案。大田肥力测控系统实时检测土壤墒情和作物营养信息，并控制智能施肥装备进行施肥作业，实现定量、定时、精准施肥。精准科学的施肥可以把肥料对环境的影响降到最低，减少化肥的浪费和流失，大幅度降低农业成本，提高生产率和作物产量。

2. 水田施肥系统

水田施肥包括无人机变量施肥和水稻插秧同步侧深施肥。无人机变量施肥：通过布置在水田中的传感器和搭载在无人机上的传感装备获取信息，确定当前土壤养分的供给量和对水稻长势进行分析后，针对水稻对养分的需求量及所施肥料的利用率等因素，制定变量施肥方案。无人机根据施肥方案自主规划飞行路线，对水田局部进行施肥。该施肥方式具有稳定生产、节约成本、绿色环保的特点。水稻插秧同步侧深施肥：传感器对稻田土壤养分进行检测并上传至系统控制中心，经过分析处理，确定施肥用量，在进行插秧的同时，水稻插秧同步侧深施肥机将缓释肥料施加在秧苗根部，省时省工，施肥更加均匀，从而减少了化肥的流失和对环境的污染。

（三）作物生长测控专家系统

作物生长环境的复杂性、不确定性等因素，决定了作物生长监测系统的复杂性。要实现对作物生长的监测，就要依赖于大量感知信息的智能测控装备系统。大田农场中的智能测控系统通过功能不同的传感器和搭载平台，实现对作物生长、胁迫，环境的空、天、地立体化监控。智能测控系统主要对作物环境参数、作物自身生长信息、作物胁迫信息进行测量。各种不同功能的传感器将采集的数据信息传输给智能测控系统的数据处理中心，服务器经过建模分析，提供相应的决策实施方案。

以温室农场的作物生长监测系统为例。温室农场的作物生长监控系统主要是对作物整个生长周期的病虫害和生长状况进行监测，按作物生长阶段补充营养并对病虫害进行防治。

1. 育苗阶段。摄像头拍摄幼苗图像传送到云平台进行图像分析，得到幼苗的生长状态数据，直观显示幼苗长势，显示未发芽、病害和死亡幼苗的具体位置，判断幼苗成活率，得出幼苗再培育方案。

2. 生长阶段。摄像头实时拍摄作物图像、传感器获取土壤养分信息传送到云平台进行植物表型和土壤养分分析，得到植株营养状况等数据，传送到云平台进行图像和数据分析，得出结论。当植物有营养缺乏等症状时，水肥自动调控设备，根据云平台的最优作物生长模型进行精确水肥配比，调节作物生长状态。

3. 结果阶段。通过摄像头拍摄果菜的果实和叶菜的图像，传感器感知果蔬的大小、颜色等信息传送到云平台，通过云平台图像表型分析，得到温室花果菜的成熟度数据，对花果菜的成熟度进行预测，确定采收期。

（四）作物病虫害诊断和管理专家系统

作物在整个生长发育过程中，由于受到病原物的侵染或不良环境等条件影响，致使生理和外观上发生异常变化出现病害，对作物的产量和质量都有很大破坏。由于基层专家匮乏，作物病害得不到及时准确的诊断。因此，如何充分利用农业信息化技术手段，将农业专家的知识快速传递到农民手中，对作物病害提供及时准确的诊治服务，是现代化农业发展的必修课题。随着物联网技术发展，结合传感器采集数据、作物生育数据、图像数据进行作物病害诊断的专家系统，具有使用便捷、诊断及时、决策科学等特性，越来越受到基层农技人员的欢迎。专家系统作为人工智能的分支，在作物病虫害诊断领域已得到了广泛的应用。

农作物病虫害综合治理专家系统的应用主要集中在以下几个方面。

1. 病虫害诊断

在传统病虫害诊断中，需要人类专家凭借牢固的植物保护基础知识和丰富的实践经验，甚至再经过查询大量资料对病虫害进行诊断，耗资费时，还无法及时满足农户的需要。专家系统也集多名人类专家的知识和经验存储于知识库中，农户向专家系统输入（或传感器采集）资料，专家系统会按照已建立的模型编制成简单的程序，达到迅速诊断的目的，从而得到最佳防治时期和防治方案。

2. 预测预报

病虫害预测预报需要的基本信息是：病虫害的生物学参数（如发生虫态、分布范围、空间分布状况等）、发生环境状况（如经纬度、作物品种）和气象条件资料。传统人工采集预测预报信息，其流程繁复、工作量大可能导致容易出错、信息失真，且费工费时等。专家系统可根据传感器实时传输的信息，依据输入的原始资料自动选择模拟和计算方法来预测或预报目标信息，快速得出预测预报模型，以掌握其防治时期。

3. 管理决策

由于影响病虫害发生的因素很多，各因素之间关系复杂，在治理中既要保证作物的正常生长，又要考虑防治措施对环境的危害程度，需要进行综合考虑。专家系统采用模块化方式解决了管理决策的难题。

4. 专家咨询

专家系统为用户提供咨询服务，可帮助用户分析和解决具体问题。系统知识内容涵盖十分全面，根据用户不同的要求，分别由相应的条件触发相应的推理动作，实现模拟专家咨询的过程。

5. 培训工具

人员培训专家系统有良好的推理机制，它能够根据用户提出的不同问题分别予以解答。大多数专家系统能够解释“为什么”和“怎么样”之类的问题，可以很好地充当培训工具。

(五) 养分管理专家系统

针对我国长期以来化肥施用过量和不合理施用带来的作物产量和肥料利用率低的问题，以及我国以小农户经营为主体一家一户测土施肥实现难等现状，研究基于大数据和模型的推荐施肥方法非常重要。如何更简便、快捷，并易于被农民接受仍是当前我国养分管理所面临的挑战。随着我国信息时代的到来以及耕地集约化程度的增加，田间养分精准管理必将朝着智能化与信息化方向发展。

许多国家都在开始研究并更换当前作物大面积地毯式的推荐施肥方法。Nutrient Expert (NE) 推荐施肥系统由国际植物营养研究所 (IPNI) 提出，就是为了适应当前推荐施肥需求的背景下提出的一种定点的适应小农户生产管理方式的推荐施肥和养分管理方法，是基于产量反应和农学效率进行推荐施肥。该系统自 2009 年引入中国以来先后升级改版多次，从最初的计算机单机版，依次推出了网页在线版、智能手机微信版等。

1. NE 系统

NE 养分专家系统是一款基于计算机软件的施肥决策系统，能够针对某一具体地块或操作单元给出个性化的施肥方案。该系统是由中国农业科学院农业资源与农业区划研究所和国际植物营养研究所共同牵头，由浙江大学、西南大学、北京市农林科学院等在内的国内多家科研院所近百人共同参与研发的作物推荐施肥平台。NE系统以多年田间试验的强大数据库为依托，以土壤基础养分供应（不施肥小区产量或养分吸收）表征土壤肥力，作物施肥后产量反应越高，肥料需要量越高，同时利用QUEFTS模型分析作物最佳养分需求量。该系统除了考虑土壤养分供应，还考虑了土壤以外的其他养分来源，如有机肥、秸秆还田、轮作体系、大气沉降和降水等带入的养分，并采用"4R"养分管理(Right source, Right rate, Right time and Right place)策略，时效性强，在有或没有土壤测试的条件下均可使用。养分专家系统注重大、中、微量元素的平衡施用，能够保障作物高产，提高农民收入。目前，该平台覆盖玉米、小麦、水稻等主要粮食作物，在作物诸多平衡施肥技术中，NE系统是应用最广、技术较为成熟的一种，陆续还会推出马铃薯、大豆、油菜、棉花、花生、甘蔗、茶叶、白菜、番茄、萝卜、大葱和苹果、柑橘、梨、桃、葡萄、香蕉、西瓜、甜瓜等主要作物的施肥量推荐。

2. NE系统的原理

NE系统的原理是基于产量反应和农学效率进行推荐施肥，是一种定点适应小农户生产管理方式的推荐施肥和养分管理方法。应用"养分专家系统"时需要用户输入各种栽培管理信息，包括当季或上季作物施肥情况、秸秆或残留物处理方式、种植密度等；环境条件信息包括该地块的灌溉条件、土壤肥力指标（如土壤质地和颜色，肥料投入历史）或作物对肥料"三要素"氮、磷、钾施用的产量反应（施全量肥料处理与不施某种肥料处理的产量差）等。其运行原理是用不施某种养分时，地上部的养分吸收来表征土壤养分供应水平，即土壤基础养分供应。根据作物施肥后产量上表现出的差异，即产量反应和农学效率（施入单位养分所生产的籽粒产量）的比值求算当季的养分需求量。结合养分供给平衡原则，还要考虑其他养分来源，如轮作体系、秸秆还田、有机肥、大气沉降和降水等带入的养分，最终确定养分的推荐量。玉米养分专家系统原理如图5-8所示。

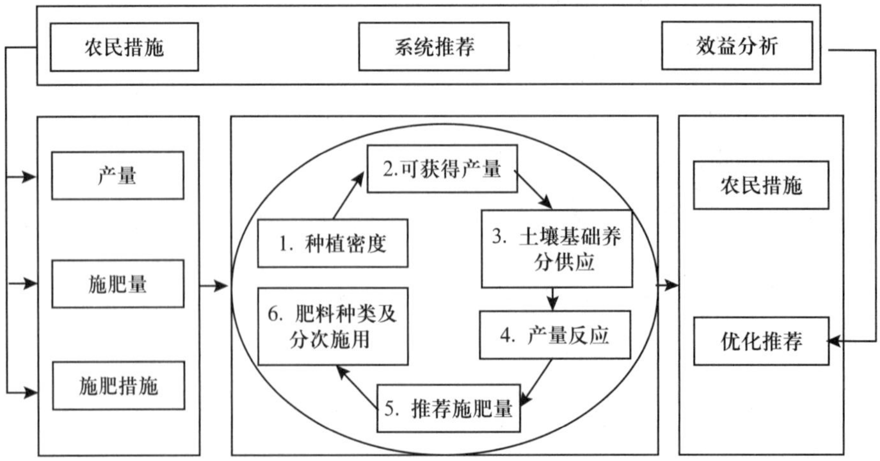

图5-8 玉米养分专家系统原理

3. NE系统使用方法

NE系统把复杂的养分管理问题简化成用户方便使用的操作界面，是我国重点研发计划项目重要研究成果。目前较为广泛使用的是微信公众号版“玉米养分专家系统”，其使用流程如图5-9所示。

1．软件安装、登录

通过智能手机微信程序“搜一搜”搜索“养分专家”公众号，关注后点击左下方的“养分专家”直接进入系统首界面，未注册用户需要完成注册并登录

2．作物类型选择及地块信息输入

在作物类型选择界面点击“玉米”进入。根据页面提示，输入地块信息中的名称、面积、位置、质地、肥力、季节类型、价格、上季作物类型

3．上季作物种植信息输入

上季种植作物的产量、施肥情况及秸秆的处理方式等相关信息

4．本季作物种植信息输入

本季种植作物的当地习惯施肥产量、习惯施肥方案、收获后秸秆处理方式及地块的产量反应和中微量元素是否缺乏等相关信息

5．施肥量推荐、肥料种类选择

系统根据前面输入信息自动计算出推荐施肥量，通过“计划用肥”栏目下肥料类型选项选择当季要施用的肥料类型

6．具体施肥方案推荐

系统根据前面计算出的推荐施肥量和选择的肥料类型，对该地块当季玉米种植给出具体方案，包括施肥次数、肥料类型、数量、施肥位置以及播种密度等

7．生成完成报告

整个推荐施肥的过程会形成一个包含所有输入、输出信息的完整报告，供使用者查阅，并且该报告会保存在该使用者账号下报告列表中

图5-9　微信公众号版“玉米养分专家系统”使用流程

二、动物养殖专家系统

在动物养殖过程中，动物生长环境、饲喂质量、动物个体行为对动物健康有较大影响，是动物养殖最不确定的因素，也是影响养殖质量和经济效益的重要因素，是动物养殖智能专家系统要重点解决的问题。其主要业务系统包括：动物生长环境智能测控系统、动物科学饲喂系统、动物健康管理系统。

（一）动物生长环境智能测控系统

动物生长环境对动物健康有直接影响，良好的生长环境有利于动物的生长，为动物养殖质量和效益提供保障。因此，在动物养殖过程中对动物生长环境的有效监测十分重要。

二维码 5-4　动物养殖专家系统 PPT

1. 畜禽养殖环境监测系统。

畜禽养殖环境中的温度、湿度、有害气体浓度等因素对生产目标的生长具有重要的影响。畜禽养殖环境监测系统将计算机技术与多种传感器数据融合，实现对养殖车间内温度、相对湿度、光照强度、氨气和硫化氢等五种环境数据进行实时采集，通过无线网络实时向服务器上报数据，实现对养殖车间生产环境的实时监测与智能控制。

畜禽养殖智能环境监控系统，主要由信息采集、数据传输、自动控制、视频监控、云平台组成。当实时感知的环境数据超过系统预设值时，系统可自动开启相应的通风降温设备等；当感知到环境数据恢复到正常值时，系统自动关闭相关设备；当感知到环境中氨气和硫化氢数据超过预设值时，系统启动畜禽舍自动清洁设备，对排泄物进行处理。用户可通过手机移动端远程对畜禽舍内各种数据进行实时监测、对比分析，并修改环境参数预设值，实现畜禽舍环境智能化管理。

2. 水质智能调控系统。

在水产养殖中，水质是最为关键的因素，水质环境的好坏直接影响水生动物的生长状况及其产品品质，因此水质监测与预警是养殖管理中最重要的部分。水产养殖环境监控系统能解决我国现有的水产养殖场缺乏有效信息监测技术和手段，水质在线监测和控制水平低等问题。其主要功能是保持水质稳定，为水产品创造健康的水质环境。

水质智能调控系统通常由智能水质传感器、数据采集终端、智能控制终端组成，通过对水产养殖物联网实时监测溶氧、温度、pH、盐度、水温、气压、空气温湿度、光照、叶绿素数据进行分析，揭示水质参数变化趋势及规律，采用智能算法实现对水质溶解氧等参数变化趋势进行预测预警，并采用增氧机、循环泵、压缩机等设备进行智能在线控制，以解决水质参数预测和调控的难题。

（二）动物科学饲喂系统

传统的人工饲喂模式劳动强度大、给料不准，经常会引发动物应激反应，污染养殖车间。动物科学饲喂系统以实现无人农场精准化、自动化饲喂为目标，取代了人工喂养的烦琐工作，实现了自动控制动物采食量。饲料的定时、定量投放是动物健康养殖的重要保证。根据饲喂动物不同生产目标(如公猪、种母猪、妊娠母猪、哺乳母猪、仔猪及育肥猪等),需要实行特定的给料方案。

从目前应用的动物科学饲喂系统来看,按饲喂物料性质可分为液态料自动饲喂系统、干料自动饲喂系统;按饲喂动物不同群体可分为妊娠群体饲喂系统、哺乳群体饲喂系统、商品动物群体饲喂系统。下面以妊娠母猪电子饲喂站和哺乳母猪智能饲喂系统为例。

1. 妊娠母猪电子饲喂站。

目前,我国的母猪繁殖力与国际先进国家相比还存在巨大的差距,母猪繁殖力只达到欧洲发达国家水平的56%左右。这就意味着要提供相同的出栏猪只数量,我国需要饲养更多的母猪,需要投入更多的人力、物力及饲料资源,由此造成更加严重的排放及污染问题。提高繁殖母猪的生产力,提供健康及体重均匀度较好的断奶仔猪,是保证商品猪饲养的关键,是养殖场的核心竞争力,也是一个国家养殖业水平的关键性指标。

我国饲养的商品猪在遗传潜力上几乎同质化而无差异,引起母猪生产力差异的根本原因在于对母猪的精细饲喂与管理、护理上。我国母猪饲养以传统限位栏饲养为主,肢蹄病、便秘及繁殖性疾病的发病率高,造成母猪生产性能低下,增加了养殖成本。近年来,荷兰 Nedap、德国 MANNEBECK、美国 Osborne、我国上海河顺、郑州九川等先后研制成功了智能型母猪电子饲喂站,并广泛应用于规模养猪场(如温氏、双汇、雨润、中粮、正邦等),大大提升了猪场的生产效益。

智能型母猪电子饲喂站通过通信电缆相互连接,最后连接到系统管理电脑上。管理员将母猪的耳号、品种、怀孕日期、胎次、饲喂方案录入系统,母猪从入口进入饲喂站后,射频读卡器读取母猪耳标信息,系统管理软件根据母猪耳标信息确定母猪身份,分配给母猪当天所需要的饲料量。进食时,饲料分量分时间地传输给饲喂设备为该母猪下料,母猪采食时不受干扰。猪场管理人员通过系统软件能方便地查看每头母猪的信息,从而实现对猪群的精确饲喂和数据管理。

该系统的先进性在于:采用了针对动物行为的感知技术与饲喂电子精确控制技术的有效结合,实现基于母猪个体营养需求的差异性饲喂,最大限度地满足妊娠胎儿生长对养分需求的动态变化。在智能型母猪电子饲喂站中,母猪以大栏群养的模式进行饲养管理,改变了传统的母猪限位栏饲养模式,母猪在群养环境下,增加自由活动空间和交流机会,其体质增强,健康状况得到改善,也减少了肢蹄病、便秘及繁殖性疾病的发病率,提高母猪的福利,实现"猪性化"管理。妊娠母猪电子饲喂站的使用,精准饲喂能够保证母猪的体况更加均匀,大大提高了母猪提供断奶仔猪的数量,提高了母猪生产性能。

2. 哺乳母猪智能饲喂系统。

研究发现,提高哺乳母猪的采食量,与提高仔猪的成活率及断奶重量有直接的关系。哺乳母猪的饮食,既影响母猪的身体恢复,又影响仔猪健康成长,因此,给分娩后的哺乳母猪提供特殊时期的"月子餐"极为重要。而母猪分娩后不同时期的采食量和营养需要有一定差异。

哺乳母猪精准饲喂系统按照哺乳母猪采食曲线，由中央控制器控制下料装置的精确下料，为每头母猪提供精细化饲喂方案，通过小量多次反复饲喂，最大限度促进哺乳母猪的采食潜力，实现更高的采食量，使母猪加快体况恢复，促进泌乳，满足哺乳母猪及仔猪的营养需求，使仔猪健康成长，保证猪场高效生产。

该系统的先进性在于：不同哺乳母猪采食量的设定与采食量模型及抚养的小猪数量结合起来，动态计算个体日粮供给量，与饲喂电子精确控制技术相结合，实现基于哺乳母猪个体营养需求的差异性喂养，同时最大限度地满足哺乳母猪对养分需求的动态变化。自动记录每头哺乳母猪的采食量及变化规律，为今后开启哺乳母猪的采食行为大数据分析提供了在线平台与数据。

（三）动物健康管理系统

以牛健康管理系统为例。牛在生长的各阶段，如犊牛和成年牛，发情与未发情的牛，孕期与非孕期的牛等，其表现和需求存在很大的差异。健康状况信息是牛只生理健康与病态的判断依据。生长信息感知和行为分析是健康管理系统对牛只进行实时健康评判与监测的核心。牛只健康管理系统可以对牛只生长活动与健康进行管理测控。

健康管理系统可以记录牛只的生长活动和健康信息，为农户更好地了解每头牛的阶段生长状况和活动规律，预测牛的下阶段需求，从而更好地为牛提供适应性的配套措施，如饲喂量、饲料配比、发情管理等提供依据。系统主要记录的牛只生长活动信息有以下几种。

1. 个体识别。通过电子耳牌、电子标签等个体识别技术来实现每头牛的身份区分和确认。个体识别是定位和溯源的基础，系统可以实时记录每头牛的具体情况，并有针对性的管理每头牛。

2. 体长体重。通过红外测量和电子地秤传感来实现对每头牛的体长和体重数据采集。体重和体长是牛生长过程最直接的状况体现，系统可以通过体长和体重信息判断牛生长到了哪个阶段。

3. 活动步数。通过计步器（速度与加速度计）活动步数来了解牛行走活动的数据。牛活动步数反映了个体牛的运动量，可以作为判断牛健壮程度的依据。

4. 活动轨迹。通过GPS或北斗定位系统提供牛只实时位置信息，了解牛只活动轨迹，即牛活动范围的数据，为云平台绘制活动轨迹提供数据支持。活动轨迹可以用于表示个体牛的活动规律。

5. 发情与孕期状态。发情状态分为两种状态：一种是发情状态，另一种是非发情状态。由发情监测系统判断状态，如果处于发情状态，由智能繁育系统提供配种、孕检、分娩和产后护理服务。

系统对牛只的健康管理主要依赖于视觉的传感、呼吸频率、心率传感、红外测温等技术，采集牛只的姿势步态、呼吸状况、心率、体温、反刍信息、精神状态等实时健康信息。健康状况非实时信息传感主要是对毛和皮肤、眼结膜、鼻腔及牛体内血液参数的检测等，采用个体定期取血、定期视察等措施，阶段性传感牛体生理健康状况。例如，采用自动取血设备，定期监测血蛋白、白细胞及生殖激素等多项血液常规检测指标；采用高清摄像探头，自动获取牛眼结膜和毛色、皮肤的健康状况。

云平台通过综合信息了解牛只的健康状况，当牛处于非健康状态时，通过疾病防治系统对牛只的健康进行管理。

总之，农业生产是一个复杂的系统过程，不管是植物种植过程中的作物育秧、大田灌溉、水肥管理、作物生长测控、作物病虫害诊断和防治，还是动物生长环境监控、动物科学饲养、动物健康诊断管理等，都只是其中的一个环节，未来农业的发展越来越需要多学科协作。将来服务于农业生产的专家系统将从单一学科、单一功能、专业性的小型专家系统向多学科、多功能、综合性的大型农业知识专家系统发展。大专家系统将会结合多媒体、超媒体的新技术，实现智能对接、图文并茂的人性化界面，甚至可以开发出能进行人机直接语音对话交流的智能“机器人”，直接与耕地、种植、施肥、植保、喂养、清洁、诊治等自动化机械关联，对各子系统进行集成，进行精准自动化作业，实现无人农场这种新型农场模式。

润物微语

“失之毫厘，谬以千里”在科学领域没有“差不多”，只有每一步、每一环都精益求精，科学探索才有科学成果。

——南仁东

实践案例

养分专家系统的应用

2020 年 1 月，宋蝶等在《中国生态农业学报》刊登了一篇题为“养分专家系统推荐施肥对苏北地区水稻产量和肥料利用率的影响”的论文。论文主要介绍在苏北稻作地区使用养分专家系统(Nutrient Expert System，NE)的情况。

宋蝶等针对苏北地区水稻集约化种植体系中存在氮肥施用过量、施肥时期与肥料配比不合理、肥料利用率低，限制农民收益增加和农业可持续发展等现象，为科学系统地指导苏北地区稻田施肥，提高水稻养分利用效率并降低环境风险，他们基于地块土壤性状、产量目标及养分管理措施等信息，运行水稻养分专家系统进行施肥推荐，并通过田间试验比较了 NE 推荐施肥对苏北地区水稻产量、经济效益、养分吸收、肥料利用率的影响。试验共设置 5 个处理，分别为水稻养分专家系统推荐施肥(NE)，基于 NE 处理的减氮(NE-N)、减磷(NE-P)和减钾(NE-K)处理，以及农民习惯施肥(FP)。结果表明：与 FP 处理相比，NE 处理的氮、磷肥偏生产力分别提高 44.77%和 6.32%，其中 N 肥偏生产力达到显著水平($P<0.05$)；钾肥偏生产力显著降低 33.55%($P<0.05$)；氮肥、钾肥回收利用率显著提高 4.91%、19.35%，磷肥回收利用率与 FP 处理基本相同。相比于 FP 处理，

NE 处理在减少氮肥投入，保证氮、磷、钾肥平衡施用的条件下，水稻增产 2.23%，增收 6.24%，但差异不显著；水稻植株籽粒中磷和钾积累量分别增加 10.32%和 51.63%，其中后者达显著水平($P<0.05$)。综上所述，水稻养分专家系统在苏北地区依据地块信息和智能化施肥系统，指导优化了氮、磷、钾肥的施用量和施用方法，促进了水稻对氮、磷、钾养分的吸收和利用，提高了肥料利用率，具有较好的增产增收效果，可以在苏北地区推广应用。

本章小结

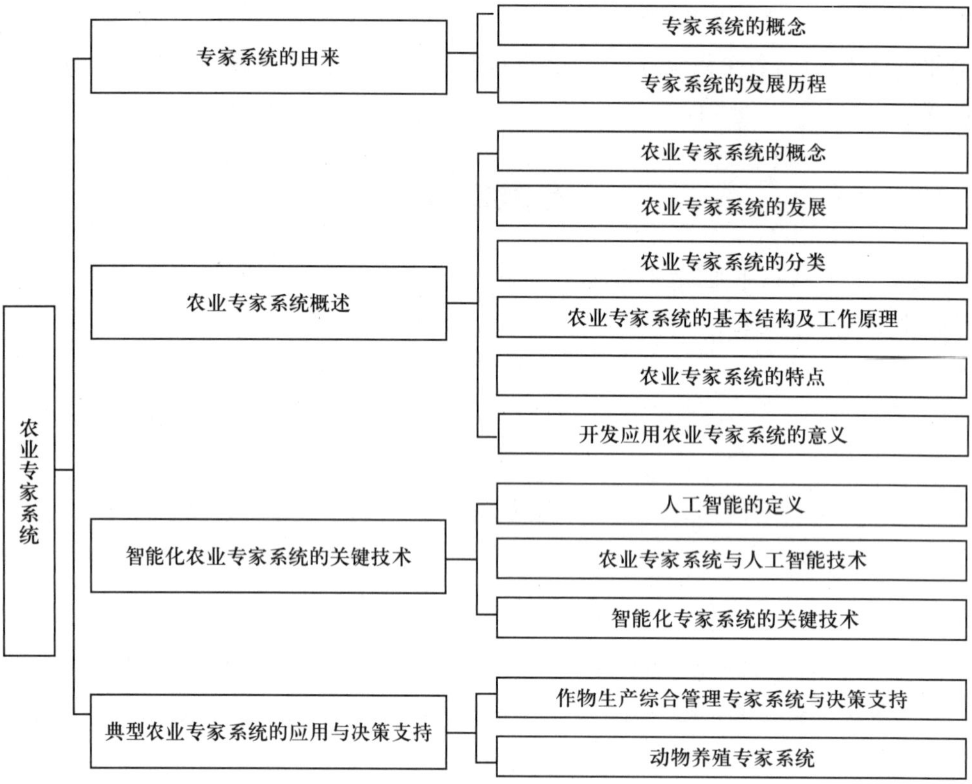

思考题

1. 要实现农业专家系统的高效运行，需要解决哪些关键技术难点？
2. 目前农业专家系统开发的方向主要有哪些？
3. 农业专家系统对于我国发展农业现代化具有哪些重要意义？

第六章
智慧农业经营

知识目标

1. 理解农产品、电子商务、农产品物流的概念、特点。
2. 能描述农产品电子商务、物流、质量追溯的关键技术。
3. 能举例说明农产品网络营销方法、农产品冷链物流流程。
4. 能说明通过农产品质量追溯进行信息采集的方法。

能力目标

1. 会利用电子商务手段进行农产品销售,并且会创新网络营销模式。
2. 会运用农产品从农田到餐桌的全程信息可追溯平台。
3. 会根据不同的农产品选择不同的物流形式。
4. 会调控冷链物流的环境温度。

素质目标

1. 树立科学正确的现代农业经营理念。
2. 筑牢合法经营理念,建立利用信息化技术服务乡村振兴的思想。

第一节 农产品电子商务

一、农产品

(一) 农产品的概念

《农产品质量安全法》中所称的农产品,是指来源于农业的初级产品,即在农业活动中获得的植物、动物、微生物及其产品。农业活动,包括传统的种植、养殖、采摘、捕捞等农业活动，同时包括设施农业、生物工程等现代农业活动。广义的农产品概念是“植物、动物、微生物及其产品”，包括农业活动中直接获得的未经加工的以及经过分拣、去皮、剥壳、粉碎、清洗、切割、冷冻、打蜡、分级、包装等初加工产品，区别于经过加工已基本不能辨认其原有形态的“食品”或“产品”。国家规定初级农产品是指种植业、畜牧业、渔业产品，不包括经过加工的各类产品。

(二) 农产品的特点

农产品是来源于农业的初级产品，除了本身具有的鲜活性、多样性等特点之外，在市场方面具有不同于其他产品生产的特殊性。

1. 具有较强的区域性

农业生产的对象是动植物。动植物生长发育需要空气、阳光、水分、养料以及环境，不同种类的动植物其生长发育规律是不同的，各自所需要的自然环境也不同。世界各地的自然条件、风土人情、种养品种、饮食习惯等不同，经济技术条件和国家政策差别也很大，因此农业生产具有明显的区域性。

2. 具有明显的季节性

由于农产品生产具有季节性和周期性，从而形成了农产品市场货源的季节性变动，其供给呈现明显的淡季、旺季之分。农产品生产还有丰产、平产、减产之分。丰产季节和年份，鲜活农产品销售工作是决定农业生产者能否增产又增收的重要环节。

3. 具有较大的风险性

农业生产是从事具有生命活动的动植物生长、发育、成熟、收获、储藏、运输和销售全过程，因而具有自然和市场的双重风险，即自然灾害造成的农产品生产自然风险和因供求关系变化而造成的市场风险。当自然风险小时，农产品因丰收质优量大，市场竞争大，价格相应走低，市场风险变大；当自然灾害严重时，农产品因减收量少，价格上扬，此时市场风险相对变小。

二、电子商务

(一) 电子商务的概念

电子商务是依托因特网的迅猛发展和普及而兴起的一种新型贸易方式，其最终目标是实现贸易活动的电子化，以达到网上商流、货币流、信息流和物流的统一。

电子商务有广义和狭义之分。狭义电子商务是指利用信息技术尤其是互联网技术提供的网络环境，从事以商品交换为中心的商务活动；而广义的电子商务包括企业内部、供应商、客户和合作伙伴之间，利用网络实现信息共享、进行内部管理和达成交易的全过程，也可以理解为利用各种信息技术对整个商务活动实现电子化、网络化、信息化。可以从以下几个方面理解定义：首先，电子商务是一种采用最先进信息技术的商务方式；其次，电子商务的本质是商务，信息技术要服务于商务，满足商务活动的需求，实现企业间业务流程的电子化，配合企业内部的电子化生产管理系统，提高企业的生产、库存、流通和资金等各个环节的效率；再次，从宏观上理解电子商务是计算机网络的又一次革命，是通过电子手段建立一种新的经济秩序，它不仅涉及电子技术和商业交易本身，还可以改善产品性能和服务质量、提高服务传递速度，满足政府组织、厂商和消费者降低成本的需求，而且涉及金融、税务、教育等社会其他层面。

(二) 电子商务的功能

电子商务可提供网上交易和管理等全过程的服务，因此，它具有商务活动过程所有的各项功能。

1. 广告宣传功能。电子商务可凭借企业的 Web 服务器和客户的浏览器，在因特网上发布各类商业信息。客户可借助网上的检索工具迅速找到所需商品信息。而商家可以利用网络在全球范围内作广告宣传。与传统广告相比，网络广告具有成本低廉、信息量大的特点。

2. 咨询洽谈功能。电子商务可通过网络形式（如电子邮件、新闻组、讨论组等）了解市场和商品信息、洽谈交易事务。网上的咨询和洽谈超越人们面对面洽谈的限制，提供多种方便的异地交谈形式。

3. 网上订购功能。电子商务可借助 Web 中的邮件交互传递实现网上订购。产品介绍界面提供友好的订购提示信息和订单交互格式框。当客户填写订购单后，系统会自动回复订单确认信息，交易过程中可采用加密方式避免商家和客户的商业信息泄露。

4. 网上支付功能。网上支付是电子商务全过程中的重要环节，只有实现网上支付才能促成电子商务交易。客户和商务之间可采用信用卡、银联卡、网银等账号进行支付。网上支付将需要更为可靠的信息传输安全性控制，以防止欺骗、窃听、冒用等非法行为。

5. 电子账户功能。电子账户是银行账户的一种，是银行、信用卡及保险公司等金融单位提供电子账户管理等网上操作的金融服务，客户的信用卡号或银行账号是电子商户的标志。电子账户通过客户认证、数字签名、数据加密等技术措施保证其操作的安全性。电子账户能实现多账户管理，并享受投资、理财、融资、网上支付、公共事业费缴纳等全方位个人金融服务。除上述理财管理功能外，电子账户可以完成缴费与信用卡的还款。

6. 服务传递功能。对于已付款的客户，商家应将客户订购的货物尽快传递到其手中。电子邮件和网络即时消息能在网络中进行物流调配，快速配送处于不同地区仓库的货物，网络即时向客户传递物流信息。电子商务更有利于信息类产品的传递，它们能直接从电子仓库中将货物发到用户端。

7. 意见征询功能。电子商务可以通过网络调查问卷的形式收集客户对销售服务的反馈意见，既能提高售后服务水平，又能使企业发现市场、改进产品、迭代升级的商业机会。

8. 交易管理功能。交易管理是涉及商务活动全过程的管理。整个交易的管理将涉及人、财、物等多个方面，涉及企业内部、企业和客户、企业之间等方面的协调和管理。随着电子商务的发展，催生了多种多样的应用服务系统，为企业提供良好交易管理的网络环境。

要实现这些功能，即电子商务的形成与交易离不开以下四个方面的关系。

1. 交易平台：第三方电子商务交易平台是指在电子商务活动中为交易双方或多方提

供交易撮合及相关服务的信息网络系统总和。

2. 平台经营者：第三方电子商务平台经营者是指在工商行政管理部门登记注册并领取营业执照，从事第三方交易平台运营并为交易双方提供服务的自然人、法人和其他组织。

3. 站内经营者：第三方电子商务平台站内经营者是指在电子商务交易平台上从事交易及有关服务活动的自然人、法人和其他组织。

4. 支付系统：支付系统是由提供支付清算服务的中介机构和实现支付指令传送及资金清算的专业技术手段共同组成，用以实现债权债务清偿及资金转移的一种金融安排。

（三）农产品电子商务的分类

互联网的出现，改进了传统农产品流通销售过程信息流通不畅、流通成本过高等问题，并将农产品的流通渠道变成网络状。农产品电子商务流通模型如图 6-1 所示。发展到互联网营销阶段，目前农产品电商主要有平台电商、垂直电商（即只专注于售卖某一类商品的电商模式）、社交电商三大网络系统。

按电子商务对象不同，进而衍生出多种不同的农产品电商模式，主要有从企业到企业模式（B2B 模式）、从生产企业或商贸企业到消费者模式（B2C/B2F 模式）、从消费者到企业模式（C2B/F2B 模式）、从消费者到消费者模式（C2C 模式）以及线上线下结合模式（O2O 模式）等电子商务经营模式。

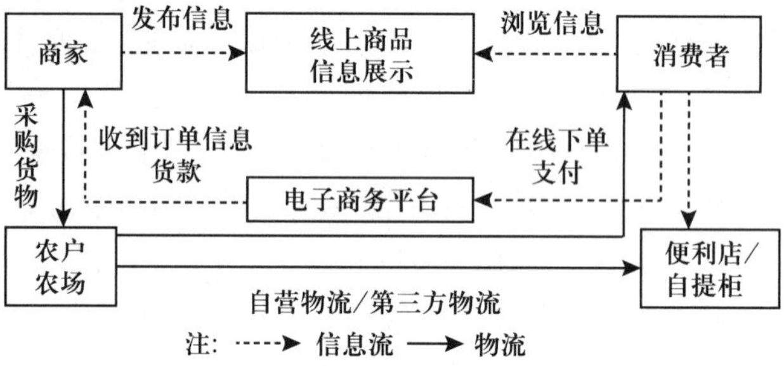

图 6-1　农产品电子商务流通模型

1. 从企业到企业模式（B2B 模式）

B2B 模式的电子商务，包括生产企业间、生产企业与商贸企业、商贸企业间的电子商务。有长期商务往来和固定业务关系的企业间开展的电子商务，属于特定企业间的电子商务，例如，固定的原辅材料或农业生产资料提供商与生产企业间的电子商务就是这一类。非特定企业间的电子商务是指在开放的网络平台中对每笔交易都寻找最佳合作伙伴，不形成固定关系的电子商务。

在该模式中，商家到农户或一级批发市场集中采购农产品，然后将农产品分发配送给中小农产品经销商。该类模式主要是为中小农产品批发或零售商提供便利，节省其采购和运输成本。

该模式特点如下。

（1）优势：无须承担压货的风险，连接上下游，发展空间大。

(2)劣势:对平台的流量、供应链、信息服务要求高。

(3)盈利来源:产品采购批发差价利润、服务费用。

2. 从生产企业或商贸企业到消费者模式(B2C/B2F模式)

B2C/B2F模式是企业与消费者之间的电子商务,其中,第一种是生产企业与消费者之间的电子商务,这是一种厂家直销行为;第二种是商贸企业与消费者之间的电子商务,这是直接面向消费者的零售行为。

B2C/B2F模式是当前的主流模式,典型的就是到各平台开店,是一种平台卖货模式。它可以细分为三种经营形式,第一种是平台型的B2C模式,如“天猫”“京东”“淘宝”;第二种是综合型的B2C模式,如“1号店”“中粮我买网”;第三种是垂直型的B2C模式(即专注于售卖生鲜农产品的电商模式),如“顺丰优选”“本来生活”“菜管家”“一亩田”“沱沱工社”“天天果园”等。

这种模式是由经纪人、批发商、零售商通过互联网平台将农产品销售给消费者。一般情况下,产品相对固定,顾客不固定,以产品运营为核心,对产品和运营的要求较高。该模式主要盈利来源为产品销售利润、平台入驻费用等。B2C模式扮演了一个中介角色,无须承担压货的风险,但是对平台的流量、供应链要求高。

该模式特点如下。

(1)优势:中介角色,无须承担压货的风险。

(2)劣势:对平台的流量、供应链要求高。

(3)盈利来源:产品销售利润、平台入驻费用、产品利润抽成等。

3. 从消费者到企业模式(C2B/F2B模式)

C2B/F2B模式是充分利用移动互联网,建立以运营者为中心的社群网络,社群中运营者和客户都是强关系。基于这种强关系,利用自己的丰富产品和服务,培养忠实用户,进行社群运营,通过移动社交引流,引爆社群经济(或者说粉丝经济),占据小额市场。这种模式以客户运营为主,是基于用户的信任关系建立的营销关系,需要对用户进行一对一维护。其好处是建立起来的强关系,用户都是铁粉,流失性小。这种模式以微信朋友圈最为典型。

C2B/C2F模式即消费者定制模式。在这种模式下,农户根据会员的订单需求生产相应数量、品种的农产品,然后再以家庭配送的方式将农产品送至会员处。定制化生产的形式有认养、会员制、众筹等。

运作流程:大规模种养殖户或企业——通过互联网平台发布农产品种养信息招募会员——会员预订产品,形成订单——农户或企业根据订单进行生产和配送。

该模式特点如下。

(1)优势:提前定制化生产,经营风险小。

(2)劣势:受制于场地和非标准化生产的影响,市场发展空间有限。

(3)盈利来源:收取会员费,即会员的年卡、季卡或月卡消费。

4. 从消费者到消费者模式(C2C模式)

C2C模式简单地说就是通过一个电子商务平台,消费者为其他消费者提供服务或产品。淘宝网店就是一种典型的C2C模式。

5. 线上线下结合模式(O2O模式)

O2O模式即线上商城+线下实体店相融合的模式,是指将线下的商务机会与互联网结合,让互联网成为线下交易的前台。

该模式特点如下。

(1)优势:社区化模式,物流配送便利快捷。

(2)劣势:地推所需成本较高。

(3)盈利来源:产品售卖利润。

三、农产品电子商务关键技术

(一) 计算机网络技术和数据通信技术

自从1968年世界上第一个计算机网络投入运行以来,计算机网络技术在全世界范围内迅速发展,涌现出多种多样的网络,促进了世界各国之间的科技、文化和经济交流。在电子商务的应用中,依托计算机网络,将分散在各地的计算机系统连接起来,使计算机之间的通信在商务活动中发挥了重要的作用。

(二) EDI技术

EDI(Electronic Data Interchange)即电子数据交换,EDI不是用户之间简单的数据交换,EDI用户发送方和接收方都需要按照国际通用的语法规则来发送消息和接收处理消息,并引起其他相关系统的EDI综合处理。整个过程都是自动完成,无须人工干预,减少了差错,提高了效率。

30多年来,EDI技术在工商业界中的应用不断得到发展和完善,在当前电子商务中占据重要地位。标准化EDI技术具有开放性和包容性,在开发EDI网络应用中,不需要改变现行标准,只需要扩充标准。

EDI系统由通信模块、格式转换模式、联系模块、消息生成和处理模块四个基本功能模块组成。

EDI的主要优点有:减少了纸张文件的消费;减少了许多重复劳动,提高了工作效率;使贸易双方能够以更迅速、有效的方式进行贸易,大大简化了订货过程或存货过程,使双方能及时地充分利用各自的人力和物力资源;可以改善贸易双方的关系,厂商可以准确地估计日后商品的需求量,货运代理商可以简化大量的出口文书工作,商业用户可以提高存货的效率,提高他们的竞争能力。

EDI的应用领域非常广泛,涉及行业众多,主要的应用领域有金融、保险、外贸、税务、制造业、电子商务等。

(三)电子商务安全技术

安全技术是保证电子商务系统安全运行最基本、最关键的技术。利用密码技术、防火墙技术、VPN(虚拟专用网络)技术及计算机病毒防御等技术,在保证传输信息安全性、完整性的同时,可以完成交易各方的身份认证和防止交易中的抵赖行为发生。

加密技术根据其密钥体制的不同可分为两类：一类是以美国联邦政府的数据加密标准 DES(Data Encryption Standard)系统为代表的对称密钥密码体系，另一类是以 RSA (Rivest Shamir Adelman)系统为代表的公开密钥(非对称)体系。商业信息是个人、企业或国家的商业机密，而电子商务作为一种贸易手段，将商业信息接在 Internet(因特网)开放性网络上传输，极易在传输过程中被非法窃取、篡改、删除或破坏，从而造成商业信息的泄露或不完整。通过加密技术可以解决这些问题。

防火墙技术能保证网络的安全，保护电子商务交易网免受非法侵犯。所谓防火墙，是在内部网与外部网之间的界面上构造一个保护层，并强制所有的连接都必须经过此保护层进行检查。防火墙的作用是在某个机构可信赖专用的网络与不可信赖的外部网络之间设置屏障，阻止外网对内部信息资源的非法访问，同时也阻止专利信息从企业内部的网络上被非法输出。防火墙在基于 Internet 的电子商务安全交易中起着重要作用，它能阻止黑客访问企业网络，防止它们更改、拷贝、破坏企业的重要信息，还能防止内部用户对外部网络的非法访问，保证企业用户的信息安全。

基于互联网的电子商务，在交易过程中，双方只能通过计算机屏幕交谈，不是面对面交易，身份认证亟待解决。因此，为了保证商务交易、支付活动的真实可靠，需要一种机制来验证活动中各方的真实身份。目前，最有效的认证方式是由权威的认证机构为参与电子商务的各方发放证书。证书作为互联网上交易参与各方的身份识别，就如同每个公民都用身份证来证明身份一样。采用认证技术，除了能鉴别网上交易参与者的真实身份外，还能防冒充、防抵赖、防窃听、防篡改。对于在互联网上进行交易的双方来说，数字证书对他们之间建立信任是至关重要的。数字证书的广泛使用让互联网实现了从一个公共信息平台到一个可信赖的商务载体，并成为电子化的、开放的市场的转变。

(四) 电子支付技术

随着互联网的发展和商业化，网络金融服务也已经在世界范围内展开。以互联网为基础的网上银行(E-Bank，电子银行)已经出现，用户可以不受时间、空间的限制享受全天候的网上金融服务，包括网上消费、家庭银行、个人理财、网上投资、网上保险以及网上纳税等支付与结算性服务。电子商务在双方不见面的情况下，在互联网上完成交易，需要通过电子支付方式对来往资金进行结算。因此，电子支付技术是实现电子商务的前提。

1. 电子支付的分类

电子支付，就是指参加电子商务活动的一方向另一方付款的过程。在这个过程中，会涉及各种技术。电子支付包括电子现金、电子信用卡和电子支票等支付工具。电子支付的业务类型按电子支付指令发起方式分为网上支付、电话支付、移动支付、销售点终端交易、自动柜员机交易和其他电子支付。

(1)网上支付。网上支付是电子支付的一种形式。广义上讲，网上支付是以互联网为基础，利用银行所支持的某种数字金融工具，发生在购买者和销售者之间的金融交换，而实现从买者到金融机构、商家之间的在线货币支付、现金流转、资金清算、查询统计等过程，由此为电子商务服务和其他服务提供金融支持。

(2)电话支付。电话支付是电子支付的一种线下实现形式，是指消费者使用电话(固定电话、手机、小灵通)或其他类似电话的终端设备,通过银行系统就能从个人银行账户里直接完成付款的方式。

(3)移动支付。移动支付是使用移动设备通过无线方式完成支付行为的一种新型的支付方式。移动支付所使用的移动终端可以是手机、PDA(掌上电脑)、移动 PC(个人计算机)等。

2. 网络支付平台

网络支付平台分为第三方支付和银联支付。第三方支付平台又分为免费和收费两种形式,银联支付是政府官方支付平台。免费的第三方支付平台有:支付宝、微信支付、财付通、贝宝;收费的第三方支付平台有:网银在线、快钱云网等;支付宝、微信支付、财付通是移动支付的先锋平台。

(1)微信支付。微信支付是由微信社交关系链延伸的功能,它最开始起于“用户之间相互转账的社交需求”。微信支付是集成在微信客户端的支付功能,用户可以通过手机完成快速的支付流程。微信支付以绑定银行卡的快捷支付为基础,向用户提供安全、快捷、高效的支付服务。微信更偏向于社交通信,提供发红包、抢红包、小额转账、小额充话费等一些线下小额购物支付功能。微信支付致力于为商家和买家提供支付渠道和管道平台,其目标是公众性。

微信支付已实现刷卡支付、扫码支付、公众号支付、APP 支付,并提供企业红包、代金券、立减优惠等营销新工具,满足用户及商户的不同支付场景。

(2)支付宝。支付宝(中国)网络技术有限公司是国内的第三方支付平台,致力于提供“简单、安全、快速”的支付解决方案。支付宝公司从 2004 年建立开始,始终以“信任”作为产品和服务的核心。旗下有支付宝与支付宝钱包两个独立品牌。支付宝更偏向于与“钱”打交道,所以在涉及淘宝购物、大金额转账、给陌生人转账支付的时候,更多人会选择使用支付宝。

手机支付宝客户端是支付宝官方推出的集手机支付和生活应用为一体的手机软件,通过加密传输、手机认证等安全保障体系,为用户及商户提供淘宝交易付款、手机充值、转账、信用卡还款、买彩票、水电煤缴费等功能。支付宝已实现快捷支付、手机支付、二维码支付、声波支付、NFC 支付、指纹支付等功能。

(3)财付通。财付通是腾讯公司于 2005 年 9 月正式推出的专业在线支付平台,其核心业务是帮助在互联网上进行交易的双方完成支付和收款。致力于为互联网用户和企业提供安全、便捷、专业的在线支付服务。

个人用户注册财付通后,即可在拍拍网及 20 多万家购物网站轻松进行购物。财付通支持全国各大银行的网银支付,用户也可以先充值到财付通,享受更加便捷的财付通余额支付体验。财付通与拍拍网、腾讯 QQ 有着很好的融合,按交易额来算,其所占份额仅次于支付宝。

(4)银联支付。银联在线支付是中国银联为满足各方网上支付需求而打造的银行卡网上交易转接清算平台,也是中国首个具有金融级预授权担保交易功能、全面支持所有类型银联卡的集成化、综合性网上支付平台。银联在线支付作为银联互联网支付的集成化、综合性工具，涵盖认证支付、快捷支付、储值卡支付、网银支付等多种支付方式，广泛应用于购物缴费、还款转账、商旅服务、基金申购、企业代收付等诸多领域。具有方便快捷、安全可靠、全球通用、金融级担保交易、综合性商户服务、无门槛网上支付六大特点。简单灵活的快捷支付模式，无须开通网银，加快交易进程，提升用户体验，有助于银行、商户吸引更多客户，促进网上交易。其特点是：方便快捷，安全可靠，全球通用，金融级预授权担保交易，综合性商户服务，无门槛网上支付。

（五）数据库技术

数据库技术是信息系统的一个核心技术，是一种计算机辅助管理数据的方法，它研究如何组织和存储数据，如何高效地获取和处理数据。数据库是企业管理信息系统中管理信息的工具，数据库技术渗透在企业各种应用中，无处不在。电子商务作为新型的商务模式，在商务活动过程中产生大量的数据信息（包括流量、浏览、点击、购买等信息），受到了数据库技术全方位的支持，从底层基础数据的存储到上层数据仓库和数据挖掘技术的应用都涉及数据库技术，其中主要包括 Web 数据库基本原理、数据仓库技术、联机分析处理技术、数据挖掘技术及数据层访问技术。

四、农产品网络营销

二维码 6-1　农产品网络营销　视频

随着农业电子商务的不断深入发展，农产品营销在互动方式、交易方式、运输方式上有所转变，传统的农业营销模式已不再适合电子商务环境，需要创新网络营销模式。即在实现销售平台建立、经营模式创新突破的同时，还需要结合新的信息技术、新的互动方式在行动策略、卖点策略、众筹策略、参与策略、体验策略、新媒体策略、品牌策略等营销策略方面有所创新。

农产品网络营销是指以传统营销理论为基础，以网络为媒介，充分运用互联网技术对农产品或其品牌进行深度曝光，在网络环境中实现其营销全过程的一种新型营销方式。

（一）农产品网络营销的特点

1. 跨时空。网络营销可以突破空间和时间的界限，使农产品可以在有互联网的任一地域、任一时间在线销售。即意味着我们可以通过互联网随时随地进行销售。

2. 高效性。网络营销可以使农产品商家与消费者进行良性互动，避免出现信息不对称的现象，可以有效地获取供求信息，避免不必要的浪费，实现高效率的交易。

3. 低成本。网络营销成本低、效率高。与传统销售相比，网络营销直接跳过中间环节，降低交易成本，可以在极短的时间内建立网站进行宣传与销售，大大提高产品的交易效率。同时，网络营销以信息进行交换，无店面销售，免交租金，节约水电和人工成本，还减少迂回多次交换带来的损耗，降低成本。

4. 多媒体。网络营销可以传输多种多媒体的信息，如文字、声音、图像等信息，在交易过程中可以多种信息形式进行交换，可以充分发挥营销人员的创造性和能动性，同时能满足消费者的个性化需求。

5. 超前性。互联网作为网络营销工具，它兼具渠道、促销、电子交易、互动顾客以及市场信息分析等多种功能，具备一对一营销的能力，正符合定制营销与预售营销的未来趋势。

（二）农产品网络营销的核心

1. 互联网的核心是连接。不断升级的新技术带来不断迭代的新连接，如全产业链条连接、全网营销连接、社群社区联合、在政府推进的电商系统里连接。

2. 一切营销到人为止。消费者是营销的出发点和终极目标。消费升级的“80后”和“90后”是崛起的新中产阶级，是消费的中坚力量，必然带来新体验、新展示、新传播、新参与、新共享。

3. 农产品电商，农字当头。必须深刻理解和把握“农”的生产、生活、生命、生态意义。

4. 电商也是商务。商务必须要有可持续发展的商业逻辑。电子商务，说到底，电子是手段，是工具，商务才是核心。所以，在打造农产品网络营销时，需要认真研究“商道”。

(1)营销之道。既然商务是核心，就要把关注的重点放在营销上。深入研究营销中的产品策略、价格策略、渠道策略、推广策略，找到适合网络特点的营销方法。

(2)为农之道。农产品电商的基础是“农”字，要把农字研究透，落到实处。农村、农业、农民永远是根本，是我们的出发点和落脚点。我们要让农民增收致富、让农业科学发展、让农村繁荣美丽。

(3)产品之道。产品是1，其他都是0。只有给消费者带来美好生活感受、提高幸福感的产品才是可持续发展的好产品。

(4)品牌之道。农产品同质化严重，如何让自己的产品受欢迎？如何让优品优价？只有通过打造品牌来实现。

(5)供应链之道。供应链是农产品上行的生死链。没有好的供应链，农产品电商寸步难行。

(6)生鲜电商之道。农产品的鲜活特点注定了生鲜电商的必要性。面对98%的生鲜电商亏损，我们如何破局？

(7)社交电商之道。移动互联网全面普及，社交电商进入农特产品领域，成为农产品上行的重要模式和渠道，我们如何更好地运用？

(8)县域电商打造之道。自2013年以来，县域电商发展轰轰烈烈，不仅涌现出很多典型模式，也成为“互联网+”农业发展的重要内容。如何让县域电商更规范发展，值得深入探讨。

(9)专业联合之道。打造专业特色产品，打造营销专业明星。政策大力推广电子商务，但并不是每个人，甚至每个农民都去做网商。农民可以用自己的方式参与电子商务全链条，比如生产、仓储、加工、营销、服务，还有休闲农业等。有了电子商务的发展，有了市场和订单，农民可以踏踏实实去生产，可以踏踏实实去做生态农业，提高生产质量，改善生活环境。

（三）农产品网络营销创新

1. 基于构建新型销售渠道的营销模式创新

互联网的核心是"互""联""网"三个字，是万物互联，是连接一切。互联网构造的营销网络平台系统如B2B、B2C、O2O，平台电商、垂直电商、社交电商等多彩纷呈。随着移动互联网的普及，人人都是自媒体。社交电商平台工具的广泛运用，使人们可以直接在手机上分享、销售产品和服务，每个人都可以成为"渠道"。现在的网络营销是多渠道、多角度、多连接，已经名副其实地成为立体网络系统，微商、抖音、快手的相继兴起就是最好的佐证。目前，基于社交电商的社群经济呈井喷式发展。

2. 基于打造新型营销方式的营销模式创新

互联网把口碑传播发挥到极致，分享传播使营销多彩纷呈。自媒体、社群社区、线上线下，预售、会员制、众筹、分享共享等各种体验营销方式，让农产品变得有温度。以互联网自媒体为基础的分享传播营销就像"万能胶"，将企业、团体、组织以及个人跨时空连接在一起，使人们之间信息的交换变得"唾手可得"。分享共享使产品带有了情感，具有故事性，人们在社群社区、线上线下中无缝连接，例如抖音、快手的网红直播、政府背书等，在交流分享中促进了销售。营销不再是传统地从产地到几级批发商，再到零售商的固有模式。

3. 基于满足消费者参与需求的营销模式创新

农产品体验营销主要是通过对消费者感官情感的刺激来加强对农产品的购买率，加强企业与消费者之间的关系，将卖方的经济市场逐渐转变为买方经济市场，由农产品提供者共同建立起完善的信息循环系统，通过消费者对农产品的需求增高促进农产品市场化发展。

产品体验是建立在产品基础上的上层建筑，是产生高附加值的前提。未来是体验经济的时代，单纯的产品供应无法满足人们日益增长的需求，而互联网带来的围绕产品形成的立体式体验则可以做到。基于满足消费者参与需求的营销方式创新，其核心是本着"不卖产品，只卖参与感"的社群经营理念。企业除了卖产品之外还提供更有价值的内容和活动，这样才能让社群成员在朋友圈进行广泛传播，让粉丝参与进来，打造粉丝经济。

以农场为例，互联网可以进行产品定制，满足消费者的个性化需求；互联网可以帮助农场进行产品溯源或提供给农场会员监控生产流程的途径；互联网可以帮助农场打造虚拟化的产品，比如儿童教育，或者农场游戏（网上偷菜、种树）等；互联网可以打造线上线下的体验系统，可以用视频、直播等让体验更加富有魅力；互联网还可以通过共享创造更多体验。消费者可以通过点评促进产品升级，消费者也可以定制产品，使其更具个性化。

4. 基于打破信息不对称难题的营销模式创新

由于信息不对称，农产品经常出现"产品周期性涨跌"的难题。周期性的涨跌难题，其根本原因在于无法对海量的农业信息进行收集和有效分析。大数据的运用，可以最大限度解决这一难题。

大数据基础上的用户画像，可以精准定位客户，为客户打造个性化产品，提供定制化服务，实现精准营销，使产品更有魅力。大数据还可以进行农产品生产加工以及销售地追溯，让消费者对产品一目了然。例如，京东推出了戴脚环的跑步鸡，当土鸡跑到100万步时，才可以销售。“跑步鸡”解决了消费者对土鸡是否真运动的顾虑。

5. 基于打造农产品网货品牌的营销模式创新

（1）高品质是打造品牌的基础。要做好农产品电商，好的产品永远是基础，是可持续发展的根本。好的农产品，再搭配一个好的故事，可以让农产品的价格和销量提升一个档次。通过好产品有效地实现产品商品化、商品网货化、网货品牌化，从而实现农产品有尊严、有价值地上行。优质农产品来自农产品的标准化。农产品的标准化是指从生产到销售的每一个环节都有严格的标准，必须从源头把控农产品质量，这样才能为网络营销提供好产品。

（2）好产品也需要打造。产品打造关乎农业企业的生死存亡。只有以消费者为核心，按照消费者的需求去打造产品，个性化设计，打造农产品的专属性，才会做出好的爆款、好网货。

（3）品质思维。品牌品为先，先有品才有牌，没有品质的产品永远树不起“牌子”。做好农产品的品质，必须注意以下几个品质思维。

①爆品思维：爆品是指在商品销售中，供不应求，销量很高的商品，即通常所说的卖得很多、人气很高的商品爆品的三个核心关键词：极致单品、难以模仿、顾客致上。爆品的三个特征：拥有稀有性、有盈利空间、物流性良好。爆品的三个法则：刚需、高频、差异化。

②网货思维：网货与普通商品是不同的，网货是打破时空界限，通过物流到达消费者手中的高品质商品。不是每一种农产品都适合做网货。因此，农产品网货品种选择、每单份额、净重、产品成熟度测试等都需要重视。

③场景体验思维：场景营销，是指基于对顾客数据的挖掘、追踪和分析，在由时间、地点、顾客和关系构成的特定场景下，连接顾客线上和线下行为，理解并判断顾客的情感、态度和需求，为顾客提供实时、定向、创新的信息和内容服务，通过与顾客的互动交流，树立品牌形象，提升转化率，实现精准营销的营销行为。农特产品互联网营销建立消费场景非常重要。互联网彻底改变了客户的体验。客户既可以通过互联网远隔千山万水体验农产品种植过程，也可以通过消费场景的建立，使农产品生产过程可视化，建立信任感，也可以更好地消费和传播。

④定位思维：谁是产品的目标消费者？他们有什么特点？他们喜欢什么？有什么痛点？痛点即预示着卖点。在产品设计中要针对他们的个性化需求确定产品呈现方式和营销推广策略。

⑤超级大单品思维：农业产业链的发力，一县一品、一乡一品、一村一品已经是新常态。区域地标性的农产品一定要有超级大单品思维，打造强大的供应链，这样才有势能，带动区域产业的发展。例如“六个核桃”“旺仔”牛奶等。

五、农产品电商落地措施

农产品上行的基础是把优质农产品变为网货，这就需要农产品的规模化、标准化、品牌化作为支撑。要实现农产品有尊严、有价值的上行，真正落地，必须做好以下几个方面。

(一) 选择适合电商发展的农产品

农产品电商要保证农户能够获得明显的经济效益。农产品品类众多，自身特性差异也非常大，但并非所有农产品都适合走电商之路，所以对于特色农产品的选择是发展农产品电商首先要解决的问题，农产品的选择要区别于市场中的正常消费品，要从农产品的品质和品种两个角度出发来提升特色农产品的竞争力。易于保存，便于物流操作，适用群体较广的农产品可优先走电商发展之路。

(二) 推行农产品标准化

农产品标准化是确保农产品具有稳定质量，提升农产品竞争力，保障农民增收的重要因素，对于农产品的上行起到至关重要的作用。

保障农产品的质量是农产品上行最基本的要求。然后是农产品标准化，即统一品牌，统一包装、统一标准、统一质量。农产品属于“非标品”，农产品标准化的实质是把农产品本身以及客户的口味数字化，让购买者根据各种数字指标选购商品，打消消费者网上购买的众多疑虑。农产品的标准化包括生产过程的标准化和产品包装及物流的标准化。一是标准化种植，就是按一定的科学标准进行种植，保障农产品的品质，稳定产品质量，使同一批次产品的大小、色度、新鲜度和口感均匀一致，这样才能取得消费者的信任，稳定消费者的消费体验，提高复购率。二是标准化流通，按照标准选品、包装、运输、销售等。物流标准化首先要解决农产品上行的“最初 1 公里”问题。以包装标准化为切入点，促进物流上下环节一体化运作的衔接，这样也有利于包装的绿色化和循环化。

(三)适度规模化组织化发展

农产品供应链是农产品电商的生死链。只有源源不断地供应大量优质农产品，解决农产品供应链问题，农产品电商才有出路。规模化生产的农产品有助于保证产品品质、降低产品价格、保障产品供应。因此，必须通过构建优势农产品产业带等形式，以规模化降低生产流通成本，规模化构建一系列网货基地。

规模化也是未来农产品电商发展的必然趋势。农产品电商规模化发展，也可以降低物流成本，提升产品的市场竞争力。在有条件的地区，结合地区农产品优势，借助标准化过程，将单个电商经营主体连通起来，实现一定程度的规模化、组织化生产。适度发展规模化的农产品电商，构建农产品电商产业链，反过来也能进一步促进物流体系的建设和完善。

(四) 打造农产品品牌

当前农产品的市场竞争，不再是纯粹的关于产品本身的竞争，而是农产品品牌背后的品牌文化和品牌价值的竞争。农产品电商品牌建设要从准确定位农产品品牌开始，做好区域品牌的传播和保护，通过整合线上线下资源打造品牌系统工程。例如农户、政府、企业三方协力打造好农产品品牌，走“区域公用品牌 + 龙头企业品牌”双轮驱动的战略，开拓农产品市场、提高竞争力、增加农产品附加值、促进农产品生产经营的市场化。首先，区域的农产品要打造“区域公用品牌”；其次，在区域公用品牌的基础上，经营者要注重产品品牌的塑造，塑造富有特色、高附加值的品牌商品。

农产品上行需要先树立农产品品牌，最大程度提高产品的曝光度和认知度，例如，在旅游资源丰富的地区，可以通过和旅游业的战略合作，借助景点的高流量扩大农产品的域外知名度。对适合上行的农产品进行品牌孵化，提升特色农产品品质，加强营销宣传力度，树立品牌意识。有条件的地区可以确立品牌双线制，即基于地理认证基础上的区域品牌及农户自有品牌。

（五）强化互联网思维

品牌的打造之路并非一句话这么简单。在互联网时代背景下，必须用互联网思维来打造农产品，使商品网货化、网货品牌化。互联网思维主要包括用户思维、产品思维、数据思维、自媒体思维、跨界思维、迭代思维、极致思维、流量思维、简约思维等。

1. 用户思维

用户思维是互联网思维的核心，其关注的不是“物”而是“人”，不是聚焦在产品层面或是市场层面，而是在用户本身。用户思维模式的核心是要在产品、服务和思想等各层面满足用户的个性化需求。用户思维的典型特征是：人性化、个性化、多样化。

2. 产品思维

产品思维是指用产品的形态来有针对性地满足用户需求的一种思维模式。这种思维模式的特征是将多维度的思路经过梳理过滤后，最终聚焦在产品上，力求以产品的新颖性、实用性和便捷性在最大程度上满足用户的需求。产品思维的典型特性是：产品性、最大性、最多性。即基于特定的产品，能最大限度地满足用户的多种需求和尽可能多地满足不同用户的需求。

3. 数据思维

数据思维是指利用产品流通过程中产生的信息大数据来分析用户，有针对性地满足用户需求的一种思维模式。互联网时代，得数据者得天下。互联网不仅让实物、财富变成了数据，也让知识和创意变成了巨大的商业利益，随着越来越多的生产要素、生产场所和生产活动被搬到互联网，数据本身也成为一种重要的资源。

4. 自媒体思维

自媒体思维是企业充分利用自媒体的影响力，通过建立自己的自媒体平台，将网站、微博、博客和搜索等媒体整合起来为自己服务的电商思维新模式。企业通过自媒体，通过基于手机平台的营销塑造品牌形象，传播企业情怀，实现品牌传播。

5. 跨界思维

跨界思维是价值发现思维。互联网的核心是连接，把不同地区、不同行业、不同阶层、不同产品的人通过网络连接起来。当有人为新的利益相关方提供了价值，原有模式就会被颠覆，利益构成将会重新洗牌。人们常说的“羊毛出在牛身上，却让猪来埋单”就是价值发现思维的最佳诠释。

六、农产品电商存在的问题及发展趋势

(一) 农产品电商存在的问题

1. 信息化基础设施落后

信息化基础设施落后表现在两方面：一是交通、物流基础设施差，乡镇路况复杂等情况，不利于产品配送，或将致使产品损坏率增高；二是网络覆盖率低，尤其是偏远农村，网络通信基础设施不健全，严重阻碍农村电商发展。

2. 农产品电商专业人才缺乏

农产品电商专业人才缺乏，导致农村电商发展后劲不足。农村电商想要可持续发展就必须要源源不断地注入专业性人才，但是，农村日益“空心化”，“双留守”现象严重，青年劳动力不足，农村电商平台培训缺失，引导激励青年返乡创业机制不够健全，导致专业化人才缺乏，农村电商遭遇发展瓶颈。农产品来源于农村，只有在农村普及电商知识，大力发展农村电商，农产品电商才能得到长足发展。

3. 农产品品牌附加值低

虽然农村电商打开了网络销售渠道，但是农产品本身同质化严重，市场核心竞争力不足，网络销售持续性差且不稳定；另外，从业人员缺乏品牌建设意识和能力，难以提升农产品附加值，于是出现了“有特色无品牌”“特产多，标牌少”等现象，从而陷入“农产品上行”困境。

4. 农产品物流配送阻滞

完善的物流配送体系是农村电商发展的基本保障。目前，市、县两级物流体系已基本建立和完善，配送效率与服务也得到很大优化。但是，目前农村物流网点建设并不完善，县域电商物流通路一般是从县服务中心节点到发达乡镇服务节点，物流到农村的服务节点一般是空白的，没有建设相应的冷链物流仓库、分拣包装中心等，物流配送在镇、乡第三级“最后 1 公里”阻滞，限制了农村电商发展，物流成本也居高不下。

5. 销售渠道问题

(1)综合类电商平台。综合类电商平台是目前我国电商平台的主要力量，以淘宝、京东为代表，这类电商平台凭借其较高的知名度、强大的经济实力和巨大的流量，以及较强的消费者基础，在农产品经营中具有其先天优势。但是，随着规模不断扩大，平台功能版块增多，该模式运行机制决定了其终将变成“网上集市”。存在的主要问题有：一是大多数仅仅为销售者和消费者提供一个交易的场所，只起到中介的作用，导致不能保证交易产品的质量；二是由于其进入门槛低，导致销售商较多，产品同质化严重，对产品的质量和定价缺乏管理，容易出现欺骗消费者的行为。

(2)垂直类电商平台。垂直类电商平台大多数经营的农产品品种比较单一，且目标消费群体为高端消费人士。它的优点：一是自建了良好的冷链物流体系，可以降低在配送过程中对农产品品质的影响，保证配送质量，缩短配送时间，提高配送效率。二是一般拥有自己的种植基地，或者特定的供应商，产品质量可追溯。三是产品的高端定位和自有物流配送提供的上门服务。但其不足在于：前期资金投入较大，由于经营种类单一，网站平台的体量较小，网站的流量偏低，导致消费群体较小，业务半径较短，不易建立品牌影响力；自建物流，导致物流配送成本上升；随着同类流通模式的大量涌现，极易出现同质化竞争。

(3)物流切入型电商平台。所谓物流切入型电商平台，是指依托强大的物流配送体系而建立起来的电商平台，顺丰优选就是这类电商平台的代表。顺丰优选一是依托顺丰物流在物流行业的知名度，有利于提高影响力，有利于打开市场；二是利用顺丰物流本身具有的遍及全国的物流仓库等硬件设施和优质高效的服务，可以既保证农产品配送过程中的质量和安全，同时又提高了配送的效率。但是，物流切入型电商平台在发展过程中也遇到了一些问题：从以物流为主转到电商平台，前期需要投入巨大的资金拓展市场；因为没有自己的生产基地，所以需要寻求稳定、口碑好、品质有保证的农产品货源供应商。

(4)社交电商平台。社交化电子商务是基于人际关系网络，利用互联网社交工具，从事商品或服务销售的经营行为，是新型电子商务的重要表现形式之一。社交化电子商务具备三个核心特征：第一，具有导购的作用；第二，用户之间或用户与企业之间有互动与分享，即具有社交化元素；第三，最为关键，具备“社交化传播多级返利”的机制，即“SNS”传播，即可获益。

社交电商存在的最大困境是如何获取流量。随着电商的发展壮大，社交电商和微商已明显不满足于在社交平台的闭环内经营，趋于获取更多的流量。它们自建独立交易网站、入驻第三方交易平台，或者通过第三方开发者或服务商在社交电商平台的基础上搭建穿透社交平台闭环，以期多渠道获得用户流量。

(二) 农产品电商的发展趋势

1. 数字化发展趋势

2018 年《中共中央、国务院关于实施乡村振兴战略的意见》明确提出，要实施数字乡村战略；2019 年 5 月中共中央、国务院办公厅印发了《数字乡村发展战略纲要》；2020 年发布《数字农业农村发展规划(2019—2025 年)》，中国数字乡村建设加快推进，各省份相继出台数字乡村发展政策文件，政策体系更加完善，统筹协调、整体推进的工作格局初步形成。2021 年是中国数字乡村建设的第二个阶段，数字农产品电商的发展是全面乡村振兴建设以及数字乡村建设的重要内容。2020 年新冠疫情促进了中国数字经济的发展，也使数字农产品电商出现“井喷”式发展，2021 年农产品种养加数字化、农产品数字化、交易数字化、物配数字化、支付结算数字化、场景数字化、卖场数字化、供应链数字化，以及消费数字化，还有与之相适应的是治理和监管的数字化。

2. 品牌化发展趋势

品牌农业的发展，促进了农产品品牌化的发展，农产品要推进产业扶贫，既要抓旧“三品一标”（绿色食品、无公害食品、有机食品、地理标志产品），解决产业“有没有”的问题，还要抓新“三品一标”（品种、品质、品牌和标准化），解决“好不好”的问题，促进特色产业提档升级，以满足人们对美好和品质生活的需要，确保“农产品生产得好，还要卖得好，卖出好价钱，消费者得实惠，农民得收益”。品牌化是提升农产品价值链的重要趋势。

3. 融合化发展趋势

所谓融合化发展趋势，早在2015年网络平台下网兼并重组，实体经济上网重组就已经开始。实体经济的数字化转型、网络平台的数字化转型，使两者的界线已经模糊了，全面跨界、深度融合已成为趋势。

4. 社交化发展趋势

社交电商是指以网络技术进行的、以社交方式进行的交易活动。如微博、微信、APP、企业公众号等社交工具和平台对商品内容进行传播分享，引导用户对商品购买消费的组织形态。这是人们喜闻乐见的一种电商形式，也是增强电商黏性的重要内容和形式，农产品的体验不仅仅是线下体验，还包括线上体验。

5. 标准化发展趋势

农产品的标准化是数字化的必然结果，也是品牌农产品的根本保证，农产品标准化涉及种养加的标准化、商品交易、物流配送、支付结算、体验场景、供应链、环境、卖场、空间、再生产资源、消费的标准化，做到在高度信息化条件下的“无缝对接”。

6. 冷链化发展趋势

随着生鲜农产品的数量和质量的发展，离不开冷链的高级化、精准化、品质化发展，减少多头投资、重复建设、趋同投资，进行冷链体系建设是未来发展的主要趋势。

7. 场景化发展趋势

线上线下体验场景的建设对于拉动流量和人气有重要意义。因此，发展AI人工智能十分重要，从集中式AI向分布式AI转变，分布式AI一方面能够洞察顾客；另一方面能增强消费者的主体权利地位，对平台竞争行为形成约束。

8. 定制化发展趋势

当前农产品电商面临的市场格局是“供大于求”和“供不应求”并存，特色的、品质的、品牌的农产品仍然是供不应求。因此，以产品为导向的“推式供应链”（即“我有什么，就卖什么；我卖什么，你就消费什么”）的时代已经过去，以市场和消费者需求为导向的“拉式供应链”（即“消费者和市场需要什么，就卖什么；卖什么，就种什么、养什么、加工什么”）应运而生，从而“反弹琵琶”促进传统农业向现代农业的转型和升级。

第二节　农产品智慧物流

一、农产品物流概述

(一) 农产品物流的概念

农产品物流是指为了满足用户需求,实现农产品价值而进行的农产品物质实体及相关信息从生产者到消费者之间的物理性空间位移的经济活动。一般来说,农产品物流包括农产品生产、采购、储存、运输、装卸、搬运、配送、包装、流通加工、信息处理等一系列活动,并且在这一过程中实现了农产品价值增值的目标。

(二) 农产品物流的分类

根据农产品物流的具体对象不同,农产品物流可划分为粮食作物物流、经济作物物流、鲜活食品物流、畜牧产品物流、水产品物流、林产品物流、其他农产品物流。

(三)农产品物流的特点

相对于工业品而言,农产品物流在生产过程中受自然因素的影响以及农作物个体生命等因素的影响,使其有着区别于其他物流的鲜明特点。

1. 非均衡性

任何农产品都不是同时生产同时消费的,农产品在生产出来以后,总要经过或长或短的一段时间才能进入消费。农产品生产的季节性、集中性、区域性和农产品消费的经常性、分散性、广泛性的矛盾,导致了农产品物流的非均衡性。

2. 要求高,难度大

农产品的地域性和季节性决定了农产品物流的及时性,而农产品多以植物和动物初级产品为主又决定了农产品物流的“绿色性”。多年来,由于农产品加工难度大,我国农产品以出售初级产品为主,尽管近些年逐步认识到加工增值的重要性,也有少量加工,但由于加工技术落后,加工深度明显不够。农产品附加值较低,在物流过程中要做到不污染、不变质,加大了农产品物流的难度。

3. 种类多,规模大

农产品品种丰富,流通量非常大。包括经济作物(棉、麻、丝、茶、咖啡等)、粮食作物(谷、豆等)、畜牧产品(牛、马、驴、骡、猪、羊、鸡、鸭、鹅、兔、蜂等)、水产品(鱼、虾、蟹、贝、藻类及水产加工品等)、林产品(果树、花卉、药材、藤类、干果、林特土产品和中药材等)这一系列种类繁多的农产品,从生产地到消费地也就是从田间到餐桌的整个过程。

4. 分散性

我国小农经济下生产的农产品与千变万化大市场之间的矛盾,难以让农产品按消费者的要求到达市场,形成农产品物流系统。各地生产不同的土特产品,不能互通有无,不同地区同类农产品的生产有集中或分散，多余或匮乏，需要长短互补。生产信息不对称、农产品信息网络不健全也导致了农产品物流信息的分散极不对称。

(四) 农产品智慧物流的特点

电子商务的特殊性以及生鲜农产品易腐烂的自然属性，决定了电子商务环境下的农产品物流有不同于一般物流的特点，主要体现在以下六个方面。

1. 农产品质量是重中之重

生鲜农产品不同于工业品，它是入口的，其质量的好坏直接影响人们的身体健康。在网上买蔬菜、水果等生鲜农产品，等于改变了人们以往去菜市场亲自挑选购买的消费习惯，所以保证产品的质量尤为重要，这样才能取得消费者的信任。从农产品种植到最终送到消费者手中，在这整个供应链环节中，采用全面的农产品质量管理体系，保证农产品质量的全程可监控状态并予以记录，另外采用一定的技术，如 RFID 技术来保证产品生产环节和流通环节的可追溯性，做到让消费者放心地网购生鲜农产品。

2. 对物流成本反应更加敏感

虽然电子商务可以缩短农产品流通的链条，减少中间环节，但物流过程仍存在很多复杂的问题，尤其是生鲜农产品需要冷链设备，运输过程中存在产品损耗等，物流成本较工业品构成更复杂，需要企业不断进行创新，优化物流流程，降低物流成本，提高企业运营效益。电子商务企业通常会在网站日常的运行和维护上花销不菲，因此要保持盈利，就要严格控制其他成本尤其是物流成本，这就造成企业对物流成本的变化更加敏感。如何既保证物流服务的质量，又降低物流成本是企业面临的重要课题。

3. 物流配送要求及时、快速

一方面，由于生鲜农产品易腐烂的特性，要快速配送，在保鲜期内送达给客户，提高客户的满意度。同城配送要做到当日订单，当日配送。另一方面，由于农产品电子商务的消费群体多为城市白领，对配送时间和产品质量有更高的要求，因此对于生鲜农产品的物流配送就要考虑时间的问题，做到及时配送。

4. 物流配送点比较分散

由于电子商务的客户多为个体家庭或超市，在城市中比较分散，造成配送点多面广，大大增加了配送难度。电子商务需要在配送中对配送路线进行科学规划，满足客户需求，提高物流效率。另外，生鲜农产品多数易损易腐，不耐贮存，大大增加了配送的难度，需要配备良好的运输工具和技术的支持。

5. 对物流设备、技术要求高

农产品物流对于物流设施的要求特别高，其中包括用于保鲜、冷藏和防疫等的物流、仓储设备。“新鲜”是生鲜农产品的生命和价值所在，大量生鲜农产品的含水量高，保鲜期短，极易腐烂变质，大大提高了对仓储、包装、运输、保鲜等环节的技术要求，增加了物流难度。

6. 生鲜农产品增值幅度大

将生鲜农产品从生产基地运到配送中心后，在配送中心，企业要对生鲜农产品进行初加工处理，包括清洗、分拣、分级、切割、包装以及保鲜处理等，增加生鲜农产品的附加值。

(五) 农产品冷链物流

农产品冷链物流是指尽可能地保证农产品在生产、加工、仓储、运输配送直到最后销售阶段都处于规定温度范围内，从而保证农产品质量，减少损耗的农产品流通方式。随着人们对提高生活品质的不断需求，农产品的质量安全是人们关注的重点，而冷链物流是解决农产品在运输过程中质量问题的关键和最佳选择。冷链物流是农产品配送的基础，只有冷链物流设施到位，才能降低农产品的损耗，保证产品的质量。

(六) 智能物流

智能物流是指将物联网、计算机、自动控制和智能决策等各种智能化技术综合运用于物流系统中，使其具备能够模仿人的感知和学习能力，并能够独立解决物流环节中的问题。

智能物流又包括智能电子商务物流、智能冷链物流等。通过将物联网感知层、网络层、智能层的关键技术，与农产品冷链物流的供应链全过程相结合，实现冷链全过程的智能化监控，透明化操作，从而保障农产品的质量安全，避免冷链的断链，出现问题责任划分不清等状况，实现全程冷链，使农产品冷链可以做到智能获取信息、智能传递信息、智能处理信息。

(七) 农产品智慧物流的设备

如何保鲜是农产品经营中首先要考虑的问题，是农产品特有的问题。农产品保存分为常温保存和低温保存两种，所以农产品涉及的物流设备既与普通物流有共同之处，也有其独特之处。这在对农产品进行运输配送、储藏保鲜、包装加工、信息处理等环节所使用的设备中都能体现。

1. 运输与配送设备

(1)敞篷货车。在国内，农产品的公路运输仍然大多选择普通货车或厢式货车。其最大的特点是费用低，装运量大，可以运载对温度要求不高的农产品，但难以保障所运农产品的产品质量。选择敞篷货车时要注意通过包装等方法防颠簸、冻害、高温等。

(2)通风隔热车。这种车不安装制冷设备，是靠车体良好的隔热性能和气密性能以及货物本身积蓄的冷量来调控车内温度的保温车。其特点是有一定的保温时间，适合冬季运输以及短途公路运输。

(3)冷藏车。通过机器制冷或液氮制冷，调节车内温度的保温车。其特点是保温时间长，温度可通过人工调节，但成本较高，可以进行长途运输。

(4)冷藏集装箱。根据制冷设备的安装位置可以分为外置式冷藏集装箱与内置式冷藏集装箱。外置式冷藏集装箱的特点是故障少，容易维修保养，箱内容积大，自重轻，载货量多，但没有制冷设备的情况下只能起到保温作用。内置式冷藏集装箱的特点是只要有电源供给就可以在任何场所制冷降温，自动控制和调节温度，应用范围广泛，但造价高。

2. 贮藏保管设备

(1)冷库。部分农产品可以在普通仓库中贮藏,但大部分农产品需要在低温环境下贮存。低温贮藏需要通过人工的方式,调节农产品贮藏环境的温度。冷库有机械制冷冷库、气调冷库、减压冷库之分。

(2)低温陈列柜。其特点是性能稳定、容量大,增加了商品的展示性,适用商品有乳制品、蔬菜、水果、鲜鱼、鲜肉、加工食品半成品。

(3)不锈钢蔬菜架。其原理是通过高压微雾系统加湿降温,主要适用商品有蔬菜、水果。

(4)家禽笼。常温下对活禽进行保管管理,主要适合活家禽。

(5)水产供氧设备。供氧设备中常用的器具包括工业氧气瓶、带减压阀的气压表,塑料软管、配套三通及分头的多管接头、气圈等。主要适合活水产品的储运。

二、农产品电子商务物流模式

(一) 企业自营物流

企业自营物流即企业根据自身经营需求,结合内部原有资源,建立相对独立的物流体系,经营管理企业的整个物流运作过程。这种模式有利于控制物流成本,灵活应对海量的订单信息,扩展企业品牌的影响力,但也具有管理难、风险高、投资大的弊端。这些物流系统同时可以向其他的物流服务需求方提供第三方综合物流服务,以充分利用其物流资源,实现规模效益。当前较为有名的自营物流平台包括京东物流、苏宁物流、日日顺物流等。

1. 自营物流的优势

自营物流的特点是可以使供应链有较强的控制能力,容易与其他业务环节密切配合,使企业的供应链更好地保持协调、简洁与稳定。它的优势主要体现在如下方面。

(1)电子商务企业可以通过内部行政权控制商品配送活动,不必受货物配送的佣金谈判问题干扰,从而提高了配送服务的效率,减少了交易费用。

(2)自营物流能控制或避免竞争对手对配送系统的利用,保障企业对客服服务的优先地位。

(3)自营物流的配送系统能与企业的营销活动密切配合,从而提高企业的市场竞争力和品牌价值。

2. 自营物流的适用条件

(1)业务集中在企业所在城市,送货方式比较单一。

(2)拥有覆盖面很广的代理、分销、连锁店,而企业业务又集中在其覆盖范围内。

(3)对于一些规模比较大、资金比较雄厚、货物配送量巨大的企业来说,投入资金建立自己的配送系统以掌握物流配送的主动权也是一种战略选择。

生鲜农产品具有易损坏、易腐烂的特征,必须达到适宜的仓储和配送条件,才能确保其鲜活程度,进而保障产品的安全与价值。自营物流体系有利于实现生鲜农产品从种植、采购、储存到运输配送的一体化服务，以先进技术支撑全程保鲜，从而提升物流效率。

(二) 第三方物流

第三方物流是指物流的实际需求方（第一方）和物流的实际供给方（第二方）之外的第三方部分地或全部利用第二方的资源通过合约向第一方提供的物流服务，也称合同物流或契约物流。第三方物流既不属于第一方，也不属于第二方，而是通过与第一方或第二方的合作来提供其专业化的物流服务，它不拥有商品，不参与商品的买卖，而是为客户提供以合同为约束、以结盟为基础的系列化、个性化、信息化的物流代理服务。目前，我国的第三方物流配送模式提供商主要包括一些快递公司（如顺丰、申通、圆通、中通等）和国内邮政体系（E邮宝）两种。

1. 第三方物流的优势

(1)有利于客户企业提升主业核心竞争力。激烈的市场竞争使企业越来越难成为全产业链的专家，企业要想维持市场竞争优势，必须将有限的资源集中于核心业务上。第三方物流模式下，企业把物流环节外包给专业物流企业去做，自己则可以将有限的精力和资源投入产品研发、电商平台建立和完善、服务升级等重点业务上，加大专业业务的深度；而对物流企业来说，既可以拓展服务范围，又可以借此提高自身的信息化程度。从这个角度上来说，第三方物流特别适合那些核心竞争力并非物流的企业来选择。

(2)为客户企业提供解决方案或灵活的服务。终端消费者对产品质量的要求越来越高，个性化需求越来越多，这就对供应商和零售商在物流配送方面提出了更高要求。随着技术的进步，专业的第三方物流企业具备较强的技术创新能力，以及新技术、新设备和强大的网络优势，能够为处于不同行业中千差万别的客户提供满足需求的解决方案，并有针对性地开展灵活的专业化、个性化服务。

(3)为客户企业降低经营成本。专业的第三方物流服务提供商可以帮助客户企业精心策划物流计划和配送方案，能够最大限度地减少库存，改善企业的现金流量，加速资本周转。它还可以利用规模优势、专业优势和成本优势，通过提高各环节的资源利用率来帮助客户企业降低运作成本。

(4)提升客户企业形象。第三方物流企业的利润不仅来源于运费、仓储等直接收入，还来源于与客户企业在物流领域共同创造的新价值。因此，在一定程度上，第三方物流与客户企业间是一种战略伙伴关系。为了挖掘利润、创造价值，它会设计出敏锐响应客户需求、低成本高效率的物流方案，为提升合作伙伴的竞争力和企业形象创造有利条件。

2. 第三方物流在农产品电商中的作用

电子商务的迅速发展对物流服务提出了更高的要求，第三方物流因其所具有的专业化、规模化等优势在分担企业风险、降低经营成本、提高企业竞争力、加快物流产业的形成和再造等方面发挥了巨大作用，已成为21世纪物流发展的主流。除了有实力自建物流体系的大型企业之外，更多的中小型企业倾向于采用这种模式。

目前，生鲜农产品的市场需求不断扩大，生鲜电商产业迅速崛起，但受自然气候与经济状况的影响，各地发展水平参差不齐，自建物流无法完全适应市场需求，且投资成本过高，与第三方物流相互合作，能够为生鲜农产品提供网络化、专业化的物流配送服务。

（三）常见快递公司

常见的快递公司有顺丰速运、EMS快递、E邮宝、申通速递、圆通速递、宅急送、韵达快运、中通速递、汇通快运、天天快递、德邦物流、联邦快递、中铁快运、一邦快递等。每家快递公司都有自己擅长的业务范围和收费标准，例如国际、国内、同城。卖家要根据自身的需要选择合适的公司或几个快递公司组合，分别完成国际、国内、同城不同业务，只有提高服务效率和质量才是正确之道。

三、农产品智慧物流的关键技术

（一）农产品冷链物流保鲜技术

1. 冷库储藏保鲜

冷库储藏指机械制冷储藏。因此，冷库储藏首先需要具备很好绝缘隔热设备的永久性建筑库房，以及机械制冷装置。在库房中分区安装机械冷却装置，可以满足不同蔬菜对不同温度的需要，可根据储藏蔬菜的种类和品种的不同，进行温度的调节和控制，以达到长期储藏的目的。

常见的冷藏库按其使用性质可分为三大类：

(1)生产性冷库、分配性冷库和零售性冷库。生产性冷库一般建于货源较集中的产区，要求具有较大的制冷能力并有一定的周转库容，通常供产品集中后的冷冻加工和储藏之用。

(2)分配性冷库一般建在大中型城市里或交通枢纽及人口较集中的工矿区，也要求具有较大的制冷能力，并适于多品种的储藏，故通常间隔成若干个储藏室，可维持不同的储藏温度，库内运输要流畅，吞吐要迅速，通常作为市场供应的中转和储存货品之用。

(3)零售性冷库一般是供零售部门使用的一种冷库，其库容量较小，储存期较短，库温可随需要而改变。目前我国各地的蔬菜冷藏库大多属于生产性库和分配性库，并且常常两者兼用。

2. 气调库和塑料薄膜小包装气调储藏保鲜

气调储藏就是把蔬菜放在一个相对密闭的储藏环境中，在保持低温的条件下，同时改变、调节储藏环境中的氧气、二氧化碳和氮气等气体成分比例，并把它们稳定在一定的浓度范围内的一种方法。因此，储藏场所除有降温设备外，还要有较高的气密性，而且库房应能承受一定的压力。气调储藏可分为控制气调储藏和自发气调储藏。

(1)气调冷藏库。

气调冷藏库除了应具备普通冷藏库的特征外，还应具备较高的气密性能，以维持气调库所需的气体浓度。气调库的气调设备主要有能降氧的氮气发生器和二氧化碳脱除器。目前使用的氮气发生器有四种类型：燃烧式制氮机、碳分子筛制氮机、空心纤维膜制氨机和裂解氨制氨机。

(2)塑料薄膜小包装气调。

将塑料薄膜压制成袋，将果实装入袋内，扎紧袋口，即成为一个密闭的储藏场所，塑料袋可以直接堆放在冷藏库或通风储藏库内架上，也可以将袋放入筐（箱）内，再将果筐（箱）堆码成垛进行储藏。还有的将果筐装入塑料袋内，再扎紧袋口，然后放在库内储藏。按其管理方法不同，可分为三种：定期调节或放风；不进行调气；硅窗袋储藏法。

其他储藏保鲜方法还有电磁处理、减压储藏、辐射处理等。

（二）农产品电子商务物流配送信息技术

1. 物流数据自动识别技术

物流管理中最基本的一项工作就是物流数据的采集，条码技术和射频技术是实现信息自动采集和输入的重要技术。

（1）条码技术。条码是由一组粗细不同、若干个黑色的“条”和白色的“空”的单元所组成。其中，根据黑、白不同色块和条带宽度不同，扫描光线会产生不同的反射接收效果原理，这些条码在光电转换设备上转换成不同的电脉冲，形成了可以传输的电子信息。

条码技术还在向广度和深度发展。各国还在研究和开发包容大量信息的二维码新技术以及相应的扫描设备。现在，世界各国重视发展与条码技术相关的磁卡、光卡、智能IC卡技术。

（2）射频识别技术。射频识别技术利用无线射频方式在阅读器和射频卡之间进行非接触双向数据传输，以达到目标识别和数据交换的目的。

2. 物流自动跟踪技术

物流活动经常处于运动的和非常分散的状态，而农产品电子商务物流 全球定位系统（GPS）和地理信息系统（GIS）技术能够对物品移动的空间数据进行有效管理。

（1）GPS技术。全球定位系统的含义是利用导航卫星进行测时和测距，以构成全球定位系统，简称GPS。GPS的定位原理是GPS导航仪接收信号以测量无线电信号的传输时间来测量距离，以距离来判定卫星在太空中的位置。

（2）GIS技术。地理信息系统，是指直接或间接与地球上的空间位置有关的信息。GIS的定义为：一种能把图形管理系统和数据管理系统有机地结合起来，对各种空间数据进行收集、存储、分析和可视化表达的信息处理与管理系统。

3. 物流EDI技术

电子数据交换即EDI技术，根据联合国标准化组织的定义，是指将商业或行政事务处理，按照一个公认的标准，形成结构化的事务处理或信息数据结构，从计算机到计算机的数据传输。EDI是参与国际贸易竞争的重要手段。EDI中心的主要功能是：电子数据交换、传输数据的存证、报文标准格式转换、安全保密、提供信息查询、提供技术咨询服务、提供昼夜24小时不间断服务、提供信息增值服务等。

四、基于物联网的农产品智能冷链物流应用

（一）物联网感知层应用

物联网获取所识别物体信息的渠道就是感知层。它利用条码、RFID、WSN等技术，采集数据，并且对这些数据进行初步处理后传输至网络层。

1. 生产阶段的智能应用

农产品质量管理的初始点便是生产阶段，在生产管理阶段利用物联网技术，建立智能生产管理系统，就可以管理和记录农产品生产过程中的信息，便于对农产品信息进行追溯查询。主要利用无线传感器技术、GPS 技术和 GIS 技术等物联网技术，将农产品品种信息、种植过程、生长周期、产地位置等的数据、图像、视频多种信息收集起来，通过每个农产品上的 RFID 标签记录下来，形成每个农产品独一无二的"身份证"。

通过对上述信息的分析和监控，将整个生产阶段收集的数据上传到生产企业的生产管理物联网应用系统中，并进一步传送到政府监管平台进行备案。通过这一系列的信息实时传送流程，可以实时监控整个生产过程，同时完成此阶段的信息收集和可追溯性，从而解决了生产过程中信息不透明的问题。基于物联网技术的农产品智能生产流程如图 6-2 所示。

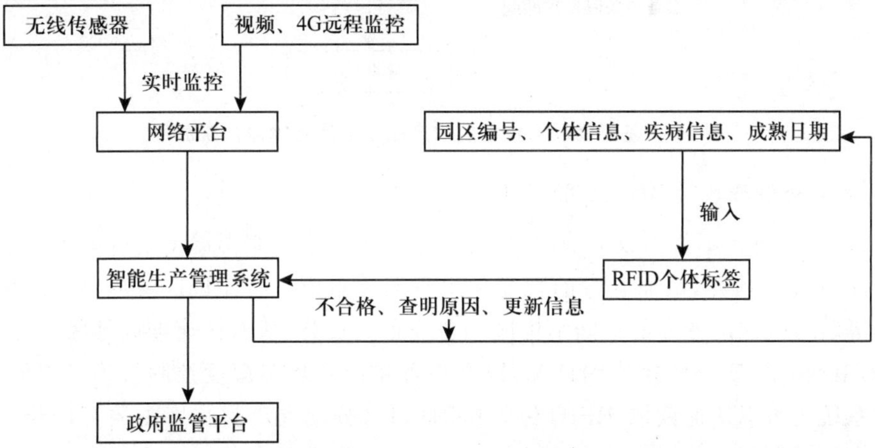

图 6-2　基于物联网技术的农产品智能生产流程

2. 加工阶段的智能应用

农产品加工环节极易发生农产品质量问题。在农产品加工环节运用物联网技术，管理记录加工过程的关键信息，不仅可以实现农产品自动化和高效加工，还可以保证农产品的质量。

贴有 RFID 标签的初级农产品，经验货合格方可进入加工环节。加工仓验收人员只需将农产品放置在同样贴有 RFID 标签的托盘上，利用可互相关联的农产品与托盘，高效自动化地查询农产品的信息，并将查询到的信息反馈至云计算平台。开始加工后，加工过程的每一步信息(如加工工序、加工人员、加工车间等)也都会被实时地载入 RFID 标签里。同时，加工车间配备有摄像机、温湿度传感器等物联网技术设备，监控加工流程，保证了加工的质量和效率，完成无纸化监督的农产品智能冷链加工过程。以上这些信息，都会利用物联网的网络层技术传递至农产品生产管理物联网应用系统，并上传至政府监管部门物联网系统及信息平台。消费者都可通过信息平台查询加工信息。基于物联网技术的农产品智能冷链物流加工具体流程如图 6-3 所示。

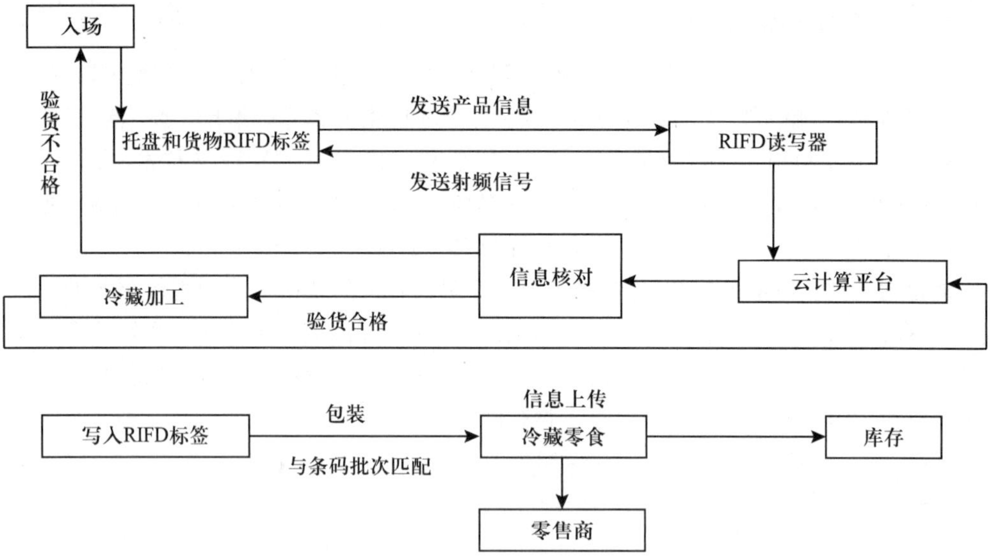

图 6-3　基于物联网技术的农产品智能冷链物流加工流程

3. 运输仓储阶段的智能应用

冷藏仓储,将暂不售卖或运输的农产品,储存于严格控制温湿度的冷藏库,减少保存期农产品的腐败损耗,因而仓库的智能化水平至关重要。将 RFID 装置、WSN 装置、视频采集等装置按照冷藏库的空间结构进行合理布置安装,从而快速准确地将仓储信息储存至 RFID 标签,实时监控库内情况,以便库管作出合理温湿度控制行为。智能化的仓储管理系统还可以快速读取 RFID 标签中的信息,分配农产品在库中的存储位置,库管可以依据订单利用射频识别装置完成出库,大大提高了农产品出入库的效率。同样地,本环节的信息都上传至政府监管平台,以便消费者进行查询。

运输贯穿了整个农产品供应链的流程,参与农产品流通的各个环节。加工商、第三方物流以及零售商的物联网应用系统可以通过完成以下两项任务,实现冷链物流的全程追踪与控制。一是实时监控和控制调节冷藏车车厢温湿度,即通过接收 RFID 标签和温湿度传感器信息,对车厢冷藏箱内的农产品温湿度的实时监控,并对信息进行加工处理,及时控制调节车厢内的制冷设备,出现异常情况时,会向系统发出预警,以此来保证农产品在运输途中的品质;二是利用 GPS 和 GIS 对车辆进行追踪与定位,如出现路线偏离、车辆故障等事件,会向系统及时发出报警,由系统再进行决策处理,提高配送效率。

4. 销售阶段的应用

销售阶段与农产品冷链的加工、仓储等过程紧密相连。在农产品运输抵达目的地时,利用温湿度测量仪检查配送车辆车厢环境,以及利用 RFID 读写器确认农产品的标签信息,进行验货,即农产品品质情况及身份确认。

需要进行二次加工的农产品,需要视频监控对操作人员的操作进行监督和记录,利用物联网技术随时获取冷藏区域的温度信息,监控农产品保质期,作出销售应对计划,以保证农产品品质;直接送至商超售卖的农产品,在农产品进入市场后,可将农产品的 RFID 标签转换成二维码，便于顾客利用手机扫描二维码对商品进行全程查询和追溯信息。

农产品冷链物流从种植开始，主要经历加工、仓储、运输配送、销售，最后到达消费者手中。

(二) 物联网网络层应用

网络层是将感知层与智能层连接起来，是信息传递与数据传输的重要结构，是实现农产品智能冷链物流的重要纽带。它将感知层所采集到的信息通过移动通信网、无线网络、局域网和互联网等信息通信技术，安全可靠、快速准确地传输至智能层，便于政府监管平台和农产品冷链相关企业作出正确的分析判断。

1. 传输网络的设计

感知层所采集的信息贯穿于整个植物从田间到餐桌、动物从养殖场到餐桌全过程，不同时间、地点、流程、操作人员等物流信息构成了复杂而庞大的数据，如何对这些数据进行快速准确的传输，便成了网络层需要解决的问题。

网络层主要利用的有：4G/5G 移动通信技术、Wi-Fi、蓝牙、无线及有线网络等。由于冷链物流要保持上下游企业间的协同，在构建网络时需要与运营商协商，尽量采用专用网络，以保证传输的通畅、及时、稳定与安全。

2. 数据存储问题

数据存储方式分为集中式和分布式。集中式存储方式已不能满足复杂的农产品智能冷链物流中的数据存储需求，发展分布式存储方式已成为需求。一级最前端的则是由 RFID 读写器、温湿度传感器和摄像机等组成的监控前端，负责将温湿度信息、车辆行驶信息等存储在本地硬盘。二级企业则将农产品冷链的加工运输等阶段的数据存储在本地服务器，并上传至政府监管部门。三级政府监管部门应与农产品冷链物流相关企业的系统建立连接，从企业处获得所存储的农产品智能冷链全过程的信息，并且监控冷链的整个过程，为消费者提供追溯农产品信息的服务。数据存储结构如图 6-4 所示。

(三)物联网智能层应用

1. 需求分析

构建农产品智能冷链物流体系是服务于实际生活的，因此需要从政府、企业与消费者这三个冷链物流系统的主体需求出发。

(1)政府监管部门的需求。政府部门高度重视农产品冷链的健康发展。2017 年，国家发改委提出到 2020 年，要基本建设“全程温控、标准健全、绿色安全、应用广泛”的冷链物流服务体系，初步形成布局合理、衔接顺畅的冷链基础设施网络。因此，需要尽快建设完成农产品冷链物流的相关标准，规范农产品冷链物流市场，这是政府监管部门的要求。政府监管部门要能够对农产品冷链物流企业起到实时监管作用，要智能监管企业除商业机密之外的一举一动。让农产品冷链的流程在政府监管部门的眼中透明，一旦发现企业有违规操作，便可立即作出处理，减少农产品安全事故的发生，对企业起到约束作用，从而规范农产品冷链物流市场。

(2)农产品冷链物流相关企业需求。冷链企业是冷链物流的主体，主要包括农产品

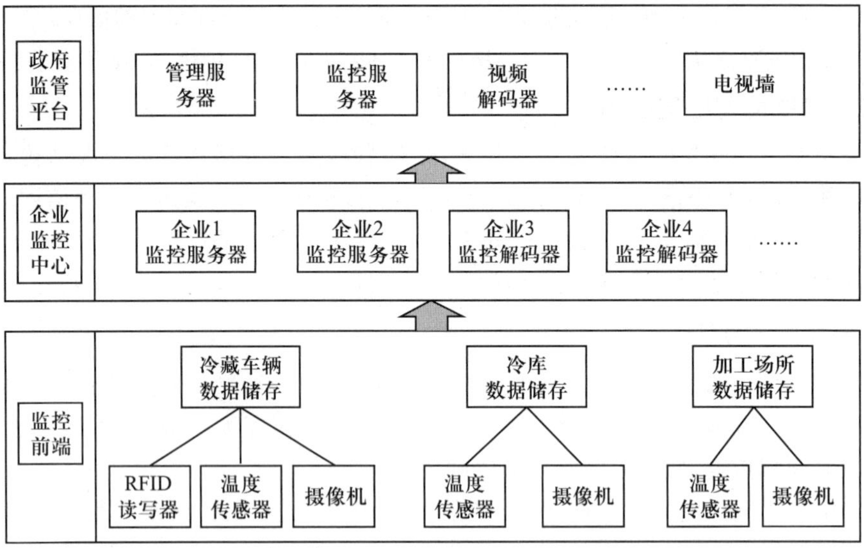

图 6-4 数据存储结构

生产加工企业、批发市场/第三方物流中心企业、零售商。农产品智能冷链物流的实现离不开这些企业对物联网的应用。其需求主要包括以下几个方面。

①智能监控与预警、报警：监控是冷链物流企业的责任与义务。农产品的品质极易发生变化，为了减少农产品质量安全事故的发生，企业需要利用物联网技术智能化地监控冷链全程，包括监督工作人员的操作，监控冷藏库温湿度、冷藏车厢温湿度、运行轨迹等信息；并建立预警报警系统，一旦监控到异常情况（如温湿度、车辆运行轨迹等），便立刻向管理人员报警，作出相应决策，保证农产品的质量。

②智能化的采集、传输和共享数据：数据存在传输于冷链物流的各个环节，从农产品的生产、加工、仓储、运输到销售，每个阶段都会增加新的数据，物联网技术设备可以智能化的收集这些信息，并将其传输共享于冷链的上下游之间并上传至政府监管部门。

③智能决策：除了向管理人员报警，依靠人力调整温湿度，还可以智能地自行调整温湿度，提高了冷链的自动化，减少了人力成本。

④责任认定：传统物流的自动化水平低，大部分冷链作业如产品的交接都由人力来完成，若发生农产品质量等问题，难以界定责任人。在智能冷链中可以通过查询视频信息、产品上的 RFID 标签信息来查出问题的根源。

（3）消费者需求。生活水平的提高让人们越来越重视生活品质，对农产品的质量有"眼见为实"的消费心理，传统的农产品标签已不能满足人们对农产品质量的要求。消费者想要对农产品全程信息的查询追溯，可以买得放心，吃得安心。在农产品智能冷链物流中，农产品的生命周期信息都被储存在所附带的 RFID 标签中，消费者可通过电脑端的网页查询、商超里的终端机查询和手机的扫码查询等多种查询方式，对农产品的信息进行追溯，并且在政府部门的监管下，企业无法对标签进行造假，保证产品信息真实可靠。

2. 智能层总体架构分析

智能层的本质是利用物联网技术为政府监管机构、农产品冷链企业和消费者提供服务，并在冷链流通中存储冷链农产品的各种数据信息，进行分析处理，在三者之间进行传输和共享，并提供决策支持。

首先，它要结合政府监管机构、农产品冷链企业和消费者三者的需求，一是加强政府监管部门与冷链物流企业实时沟通交流的能力，掌控冷链农产品在各个阶段的流通状态，把控农产品行情；二是冷链企业要能够获取农产品每个阶段的实时状态信息，并将此信息利用物联网技术高效准确的的传递于上下游企业，实现信息的共享；三是要满足消费者对冷链农产品的新鲜度和食用安全的需求，提供农产品的全程信息查询追溯。

其次，它运用建立信息资源库和智能应用服务资源库，可重复使用和实时更新，将冷链各业务与用户的实际需求相结合，提供了统一的支撑信息资源，从而提高了物联网应用系统的业务适应能力。

(四) 农产品智能冷链物流物联网应用总架构

农产品智能冷链物流物联网应用总架构可分为三层。

在感知层，利用物联网技术与设备，详细采集了在农产品智能冷链物流的生产至销售流程中的农产品信息。在网络层，运用移动通信网、有线网络和无线网络等建立网络传输体系，分布式存储数据，服务于智能层。在智能层，可以构建一个能够同时满足政府监管部门、企业和消费者三方实际需求的农产品智能冷链物流物联网应用体系，保障农产品质量安全。农产品智能冷链物流物联网总架构如图 6-5 所示。

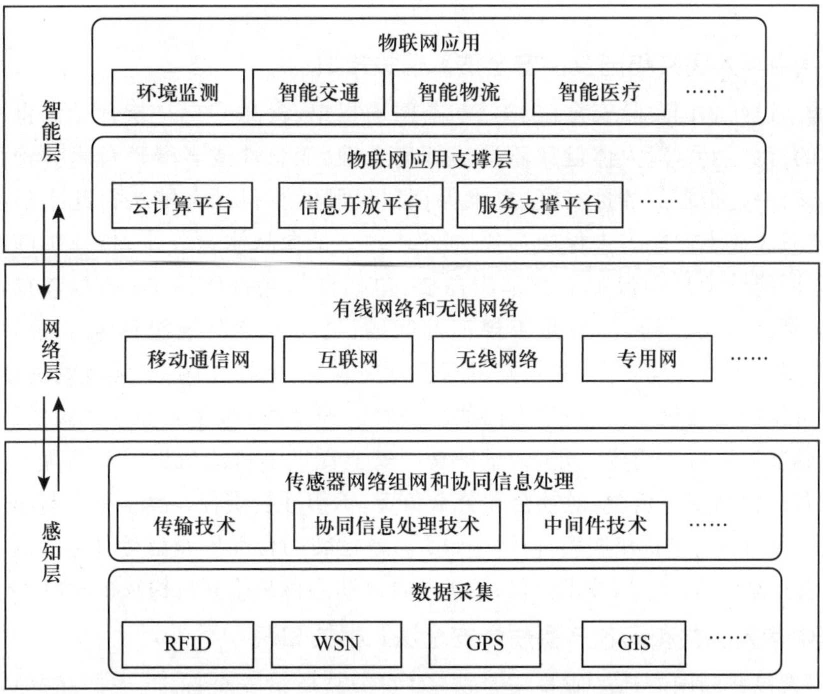

图 6-5　农产品智能冷链物流物联网总架构

第三节　农产品质量追溯

一、农产品及农产品质量追溯相关知识概述

二维码 6-2　农产品质量追溯概述视频

(一) 农产品及食用农产品的概念

农产品是指农业生产所获得的产品，农产品种类繁多，有初级产品和副产品之分。初级农产品包括小麦、稻谷、玉米、油菜籽、花生、芝麻等粮油作物，水果、蔬菜等园艺作物，肉、奶、蛋、鱼等动物性食品，也包括各种观赏植物和玩赏动物，还包括为工业生产提供的原材料，如棉花、麻类等纤维作物，烟草、茶叶、咖啡等嗜好作物，以及各种各样的林业产品。初级农产品可以经过农产品精深加工转化后成为加工品。农产品质量重点关注食用农产品的质量问题。

食用农产品主要指供人类食用的初级农产品，其质量有多种衡量指标，包含营养品质、外观品质、食味品质、加工品质、卫生品质等。不同农产品的质量指标差异较大，如稻米品质指标包括碾米品质、外观品质、蒸煮品质、食味品质、营养品质、卫生品质等一系列指标。

(二)《中华人民共和国食品安全法》相关知识

《中华人民共和国食品安全法》第 99 条明确指出：食品安全是指食品无毒、无害，符合应当有的营养要求，对人体健康不造成任何急性、亚急性或者慢性危害。食品安全具有三层含义：一是指食品数量安全，要求保证居民既能买得到又能买得起生活必需的基本食品，依靠农业生产能力来保障居民“吃饱”。二是食品质量安全，指提供的食品在营养、卫生方面能够满足和保障人群健康需要，包括食物是否受污染、是否含有毒有害物质、添加剂是否违规超标、标签是否规范等问题，这需要食品安全体系来保障居民“吃好”。三是指食品可持续安全，必须坚持绿色发展理念，倡导无污染、无废物的清洁生产，确保食品可持续安全供给。《中华人民共和国食品安全法》对食品安全风险监测与评估、食品安全标准等进行了明确规定，为维护食品安全提供了执法依据。食品生产经营者对其生产经营的食品安全负责，对社会和公众负责，承担社会责任。食品安全标准是强制执行的标准。我国已建成责权明确、协调一致、高效运转的食品安全监管体系。食品安全检测是实现农产品质量安全的技术手段，我国的食品药品检验检测机构承担此项工作。

(三)《中华人民共和国农产品质量安全法》相关知识

《中华人民共和国农产品质量安全法》对农产品质量安全标准、农产品产地、农产品生产、农产品包装和标识、监督检查和法律责任等进行了明确界定，为维护国家农产品质量安全提供了执法依据，农业生产经营主体必须依法生产经营、依法营销贸易。农产品质量安全监管体系，包括农产品产地、生产过程、包装、加工、流通和消售等环节的一系列

安全技术规范以及相应的监管体系。

(四) 农产品质量追溯

农产品质量溯源是指利用互联网等技术手段实现农产品"从农田到餐桌"的各个环节均可追溯和监管,农产品生产、加工及销售等每个环节的信息均可通过网络向消费者公开。农产品质量追溯,是实现从农田到餐桌食品安全的现代化技术手段,推行农产品"身份证"制度,实现农产品质量的全程可追溯。

农产品质量追溯系统是一种对农产品"从农田到餐桌"的各个环节信息进行记录与传递的数据体系。在系统内,这些信息将被转变为电子数据信息,保证农产品质量信息的真实记录,并将数据传递到农产品供应链的各个环节,保证农产品在供应链的不同环节得到识别,实现农产品从产地到餐桌的透明化查询目的。系统也可以对农产品数据信息进行管理,实现农产品的智能管理,最大限度地节省人力方面的资源,也解决农产品安全问题。一旦出现食品安全事故,国家相关部门可以运用农产品追溯系统来溯源,为食品安全执法提供有力证据。

二、农产品追溯的起源与发展

20 世纪 80 年代,国外的农产品追溯研究起源于调查疯牛病起因,欧洲相关专家就提出了食品溯源的概念,之后欧洲开始追溯体系建设之路,2000 年《食品安全白皮书》以及 2002 年《食品基本法》的颁布,奠定了食品追溯制度的法律基础。2002 年,我国开始食品安全质量追溯体系建设。由于食品安全事故频发,国家倡导逐步建立食品(农产品)追溯体系法律法规,并颁布了相关法规和指南,我国在 2006 年和 2009 年分别颁布了《中华人民共和国农产品质量安全法》(以下简称《农产品质量安全法》)和《中华人民共和国食品安全法》(以下简称《食品安全法》),为农产品从田间到餐桌的全程追溯提供了法律保障。随后,2015 年和 2018 年分别修订了《农产品质量安全法》和《食品安全法》,食品安全追溯制度在我国第一次得到法律确认。此后,食品(农产品)追溯产业蓬勃发展,在全国各省、自治区、直辖市均开展农产品追溯体系建设,追溯产品也不仅限于蔬菜水果,中药材、酒、牛羊肉等也加入溯源体系中。政府机构、民间团体、第三方企业纷纷推出各自的追溯体系,中国的农产品追溯事业进入高速发展阶段。

三、农产品质量安全追溯关键技术

农产品质量安全追溯涉及的关键技术包括各个环节的信息采集与交换技术、信息标识技术、信息查询技术等。主要的关键技术有无线传感器技术、RFID 技术、二维码技术、条码技术、彩码技术等,跟踪农产品生产全过程,建立基于农业物联网的农产品质量安全信息系统,为消费者提供多种方式的农产品安全信息查询途径,为生产管理者以及职能部门的管理与监督提供决策支持。通过对农产品生产、流通、销售过程的全程信息感知、传输、融合和处理,实现农产品的质量溯源。

(一) 无线传感器技术

在农庄范围内的环境数据采集、土壤墒情信息采集等类型的无线传感器,通过符合

IEEE802.15.4标准的ZigBee自组织网络技术（节点、节点路由、网关），传输到符合EPC（产品电子仪码）标准的物联网中间件进行数据接入、处理、应用。环境数据采集部分是通过不同的传感器组成，可采集空气温湿度、土壤的温度、土壤含水率等环境数据，将这些物理变量值通过变送器转变为低压电信号，传输给TD/GPRS通信终端，实现对信息数据的采集和传输。

（二）信息标识技术

1. 一维码

一维码是应用最多最广泛的条码，其优点是价格便宜、识别速度快、操作能力强，对应用环境要求较低，有利于实现商品快速流通。目前，在农业领域应用最多的一维码编码体系是GS1体系，比如GS1-128码。但一维码也有其自身的缺点，比如信息容量较小，对数据库支持的依赖性较强。

2. 二维码

二维码是用某种特定的几何图形按一定规律在平面分布的黑白相间的图形。它可以记录数据信息，并可以通过图像输入设备或光电扫描设备识读以实现信息处理。二维码追溯技术是在一维条形码技术的基础上发展起来的，二维码采用矩阵式存储，相对于一维码而言，它的特点是存储容量大、信息密度高、采集速度快、成本低廉、纠错能力强、信息可加密、误码率极低、应用领域广。农产品领域的二维码追溯系统已有很多成功案例。采用二维码作为标识技术要解决的关键问题是编码与解码，在编码与解码过程中，必须要考虑溯源信息防伪造以及溯源信息内容的防篡改等问题。

3. RFID技术

RFID技术又称为无线射频识别技术，俗称电子标签，克服了条码技术必须采用人工的方式近距离读取的缺点。RFID是一种自动识别技术，无须接触，其基本原理是通过射频信号实现自动识别物体并获取相关数据。与条形码不同的是，射频标签不需要处在识别器视线之内，也可以嵌入被追踪物体之内。该技术具有精度高、适应环境能力强、抗干扰能力强、操作快捷等许多优点，在农产品溯源中应用较为广泛，高速公路的ETC通道就是利用无线射频识别技术自动记录行车信息并自动收费，门禁系统、仓储领域也广泛应用RFID技术。

无线射频识别技术的主要部件是RFID电子标签，近年来，RFID芯片在微型化、轻量化、廉价化方面取得了重大进展，为该技术的广泛应用奠定了基础。目前，RFID芯片成本迅速下降，RFID追溯技术日益成熟，展示了在农产品质量安全追溯中的巨大应用空间。

4. 彩码技术

彩码技术是基于摄像头和无线网络的图像识别和无线寻址创新技术。彩码是在传统二维码基础之上，加上黑、蓝、绿、红四色矩阵构成5×5、6×6、7×7等不同规格的彩色三维图像矩阵码，是全球第三代条码技术的代表。彩码是以四种相关性最大的单一颜色：红、绿、蓝和黑来表述信息的，彩码构成的架构是一个6×6的矩阵图，36个矩阵单位各自由上述四色中的单一颜色来填充，矩阵的外框通过黑色线条封闭，并在外框黑边外留白。

闭源开发技术以及高可塑性设计是彩码两大优势。闭源开发技术，技术源代码未作公开，开源层形成了长时效的技术壁垒。自主数据库搭载，数据流不产生截流现象，保障数据独立性，从而防止彩码被盗窃、复制、应用到其他产品，保证农产品的质量安全。它具有以下特点。

(1)安全性。彩码的闭源设计杜绝了二维码存在的木马病毒等盗码影响和伪链接，确保了信息的防伪追溯。

(2)信息丰富。彩码的编码制式是三十二进制，码段可以达到100多亿，信息含量扩展空间巨大，编码范围延伸到各种多媒体形态信息，远远优于二维码的二进制QR编码。

(3)外观精美。彩码拥有红、绿、蓝、黑四种色彩，而且可以与图像图形结合，绘制成美丽的各种图案，比单调的黑白色二维码时尚美观。

5. 生物技术

近些年基于生物特征的识别技术也已成为研究热点，因为其具有稳定、便捷、不易调换或丢失等优点，弥补了传统识别方法存在的易丢失、易被伪造和破解的缺点。目前，已被提出用于家畜个体标识的生物特征识别技术有DNA标志技术、自体免疫性抗体标签、超微分析、鼻纹、虹膜识别、面部识别等。

四、追溯系统的技术体系

追溯系统具有一个复杂的技术体系，它必须执行通用性全球统一编码标识系统，每个国家均应根据国情制定食品溯源方面的技术标准和技术规范，不同企业、不同种类的农产品可以使用不同的追溯技术路径。

条形码和二维码采用可见的图形标识，无线射频识别技术采用电子标签记录信息。不管采用哪一种信息记录介质，人们用肉眼都无法直接读取其内部信息，都必须依赖特定的辅助设备来实现信息读取或写入。在写入或读取信息时，必须有一套通用的全球统一编码标识(即GS1)，以解决全球不同领域、不同行业、不同群体、不同国家的产品特征、技术指标以及语言和文化背景差异。GS1拥有全球跨行业的产品、物流单元、资产、位置和服务的标识标准体系和信息交换标准体系，使产品在全世界都能够被扫描和识读。GS1是一整套编码体系，形成标准化的商品标识代码，任何溯源介质都采用这个全球标准，就能够实现全球范围内的通用设备写入或读取信息，奠定溯源系统的全球通用性和行业通用性技术基础。GS1通过电子产品代码(EPC)、射频识别技术标准提供更高的供应链运营效率；GS1可追溯解决方案，帮助企业遵守国际的有关食品安全法规，实现食品消费安全。

对接GS1，中国物品编码中心是统一组织、协调、管理我国商品条码、物品编码与自动识别技术的专门机构，负责推广国际通用的、开放的、跨行业的全球统一编码标识系统和供应链管理标准，向社会提供公共服务平台和标准化解决方案。

追溯系统必须在全球统一编码标识系统GS1框架下，执行我国食品溯源领域的相关技术标准和技术规范，选择使用条码追溯技术、二维追溯技术或无线射频识别技术中的某种技术途径来开发针对性的食品追溯系统。农产品溯源系统的开发是一项复杂的系统工程，需要依托专业公司或专业技术团队，充分考虑农业生产经营单位的实际情况及农产品特征和品牌资源现状，切实保证溯源系统的有效运行。

五、农产品质量追溯系统的实现

二维码 6-3　农产品质量追溯系统的实现　PPT

农产品追溯系统是一种对于农产品的信息记录与传递的数据体系，在这个系统中可以记录农产品的生产流程、产地环境、农产品的质量检测、病虫害的防治等，将这些信息转变为电子数据信息，企业需要保证农产品质量信息的真实记录，将传递与识别农产品的供应链进行结合与联系，对供应链的不同环节进行追溯，实现查询的目的。

农产品种类众多，不同的农产品，其关键指标追溯环节需求不尽相同，但一般来讲可以分为七个环节，主要包括种植、采样、加工、物流、仓储、销售、监管等。下面以干果类（龙眼干）农产品质量安全追溯系统为例。

（一）种植环节

对于农产品的种植，可以使用智能农业系统进行管理。运用智能农业系统可以对农业生产过程进行检测，通过各类传感器对农产品的生长环境进行检测和监控，使用标签进行产品标记，在标签上详细标注农作物的全面数据信息，例如农产品种植的品种、种植基地名称、农作物种植时间、农作物种植地址、种植过程中使用的农业生产资料信息，摄像头记录的生长全过程视频等。

种植环节是整个龙眼干供应链上最重要的环节。从消费者角度出发，选取原产地、施肥情况、农药残留这三个关键指标进行追溯。

（1）国家地理标志认证的原产地产品，在品质上受国家监管，有效保证龙眼干的质量安全。

（2）施肥必须符合国家肥料标准，防止化肥未达标或者过量，从而影响龙眼的质量安全，以及对土壤、环境造成污染，因此必须对施肥情况进行记录并且可追溯。

（3）农药残留必须经国家级质检机构认证并参照 GB 2763.1—2018《食品安全国家标准食品中百草枯等 43 种农药最大残留限量》。二氧化硫超标是龙眼干最大的问题，也是很多干果、药材类的问题。由于二氧化硫容易与水混合产生亚硫酸，对人的呼吸道产生严重影响，因此，对龙眼进行农药残留抽样检测非常必要。

（二）采样环节

根据 GB/T 31735—2015，采样时主要根据龙眼鲜果径、夹杂物率、异品种率、可食率等指标进行分级，同时记录批次信息以及采购的相关信息，例如数量、时间、地点、采购人员等。

（三）加工环节

加工环节的监控主要使用的是农产品加工智能识别系统。农产品种植出库之后被运输到不同加工场地,加工厂会对之前环节的信息进行详细了解,并在网站或者是手机客户端进行农产品信息核实,之后进入加工环节。

该环节首先对龙眼干进行分级选果,然后再根据含水率对不同等级的干果进行烘焙加工。在加工过程中,对含水率的控制和添加剂的使用控制对干果的品质至关重要,与干果的质量安全密切相关。因此,需要特别记录添加剂与含水率这两个指标信息,同时环境参数、包装重量等数据信息也要记录,通过相关平台传输到后台管理系统,将这些数据信息进行保存。

(四) 物流环节

物流环节主要使用的系统是车辆运输跟踪管理系统。物流运输环节主要是指相关部门模拟车辆运输过程。在运输中,在智能车间需要安装地理定位的一些设备装置,还需要安装小型摄像头、环境检测传感器,主要对运输与仓储过程中的不同需求进行记录。比如,运输环节可以记录运输时间、运输工具、运输地点、车辆环境等。智能车辆运输最终会到达部分超市仓库,而仓储管理系统就会自动地读取上一个运输环节的数据信息。

(五) 仓储环节

该环节可以记录出入库情况、仓库位置、仓储时间、仓储环境等。同时,仓储管理系统还会与云平台链接来核实信息,也可以补充信息。

(六) 销售环节

农产品到达超市后,每一个产品上都被贴上新的二维码,二维码上会有仓储产品的一些数据信息,用户可以在农产品溯源系统中对这些产品进行查询,了解农产品在系统中的数据信息。该环节主要由分销商或者零售商对销售的信息进行记录,保证贸易的真实性。

(七) 监管环节

后台的监控管理中心可以代替人工对农产品的所有环节进行监督与管理。在系统中,农产品的供应链是透明的,部分人员可以在后台监控管理中心查询产品的所有数据信息,包括从生产环节、种植环节、运输环节到销售环节的信息,实现对农产品的全面跟踪与监督。相关部门可以通过此平台,对农产品进行有效管理,降低安全事故的发生概率。

六、目前我国农产品追溯主要服务模式

二维码 6-4 农产品质量追溯系统的主要服务模式 PPT

随着国内农产品追溯产业的发展,各种追溯系统层出不穷,既有政府机构推出的公益性追溯系统,也有第三方机构推出的商业化追溯系统。目前,在为追溯而追溯的传统模式基础上,市面上的追溯系统纷纷打造出具有自身特色的新型追溯系统,形成多种农产品追溯服务模式。

(一) 纯追溯服务

传统的追溯服务系统可以实现全程或关键生产步骤的追溯,使消费者能够查询农产

品生产的过程。传统农产品追溯服务是以产品生产信息为主要服务点，通过文字、视频等方式展示农产品种植、加工、流通、储存等信息。这些追溯信息储存在二维码标签中，农产品便有了“身份证”，消费者通过扫描“身份证”识别并获取产品的生产信息，保障消费者知情权，并以此督促企业规范生产，保障农产品质量安全。而目前政府机构建立的公益性追溯平台大多只提供追溯服务。

(二) 追溯+ERP 系统

ERP 系统是企业资源计划(Enterprise Resource Planning)的简称，是针对物资资源管理(物流)、人力资源管理(人流)、财务资源管理(财流)、信息资源管理(信息流)集成一体化的企业管理软件，其核心思想是供应链管理。它跳出了传统企业边界，从供应链范围去优化企业的资源，优化了现代企业的运行模式，反映了市场对企业合理调配资源的要求，对于改善企业业务流程、提高企业核心竞争力具有显著作用。

因此，在这种服务模式下，追溯服务商与企业需求相结合，将追溯系统产生的数据进行整合，打造基于追溯系统的订单管理系统、客户管理系统、生产管理系统等，追溯系统采集的农产品相关信息直接进入整个企业资源计划范畴。追溯+ERP 系统模式有助于企业利用信息资源创造价值、创新经营管理方式，进而提高企业竞争力。这种追溯服务集成了企业管理系统和追溯系统，将企业管理、销售管理、产品管理等与追溯管理集成于同一个系统，降低企业运营成本，也使追溯信息更加真实可信。

(三)追溯+认证服务

农产品追溯本身是仅对农产品生产过程进行追溯，不直接对最终产品质量进行评价，而农产品(食品)认证则在过程审查的基础上对农产品质量进行评价。目前，部分传统认证机构引入追溯服务，在原有认证业务基础上，形成“追溯+认证”的服务模式，延长服务链条，实现更加全面、深入的服务。在这一模式中，追溯为认证提供基础性资料，提高了认证的可靠性，而认证为追溯提供质量评价，对追溯结果进行确认。例如，中国检验认证集团推出的“追溯+检测”服务模式，通过追溯监管产品生产过程，再以检测保证产品生产结果，二者相辅相成，目前中检集团追溯服务已成为进出口商品应用最广泛的追溯服务。

(四) 追溯+营销服务

进行农产品追溯，可以帮助消费者了解农产品的生产过程和生产信息，但是对于生产企业而言，过多暴露生产信息，尤其是农药、化肥等投入品的使用信息，无形中加大了风险，不利于企业营销。因此，部分第三方企业推出追溯+营销服务，在大型电商购物平台首页展示追溯产品，帮助企业营销，宣传追溯理念，推广追溯服务。例如，阿里巴巴推出的“码上放心”追溯平台就是“追溯+营销”服务模式，它是利用自身淘宝平台流量优势，通过营销提高产品曝光率，通过追溯提升企业形象，目前这种模式在淘宝高端企业和产品中应用较广泛。

(五) 追溯+综合服务

农业企业在农产品生产过程中，要提高农产品整体生产水平和质量，除了对追溯有需求外，还对其他农业服务有需求，比如标准制定服务、质量检测服务、冷链贮藏服务、加工技术服务等。因此，拥有科研优势的企事业单位利用自身科研成果，将追溯服务与其他农业服务相结合，形成综合性追溯服务平台。在综合性追溯服务平台中，农业企业得到了包括追溯服务在内的综合性专业服务，极大提高了农业生产水平、质量和效率。例如，济南果品研究院以果品行业技术为支撑，提出“追溯＋综合服务”模式，通过开展追溯服务为企业把脉，全面了解企业技术需求和技术难题，深入开展综合服务，形成立体化、全方位合作。

润物微语

粮食安全是“国之大者”。悠悠万事，吃饭为大。民以食为天。粮食多一点少一点是战术问题；粮食安全则是战略问题。我国之所以能够实现社会稳定、人心安定，一个很重要的原因就是我们手中有粮、心中不慌。

——2022 年 3 月 6 日习近平在看望参加全国政协会议的农业界、社会福利和社会保障界委员时的讲话

实践案例

“从茶园到茶杯”的中闽弘泰

中闽弘泰茶叶专业合作社是由福建省安溪县中闽弘泰茶业有限公司发起成立并有一个茶厂（龙珍茶厂）和 85 个农户参加的一个农民茶叶专业合作社，是一家从事铁观音茶叶种植、加工、销售的茶农专业合作社，拥有茶园 3 256 亩，并在淘宝商城设有旗舰店，采用产地直销的销售方式进行铁观音茶叶的销售。

中闽弘泰倡导“百年传承，健康和谐”，传承百年祖传制茶技术，为茶友提供从“茶园”到“茶杯”的购茶体验，去除中间环节，以茶会友，共享健康和谐新生活。在茶叶生产过程中中闽弘泰采取 5 项统一，获得“国家食品生产许可证”，即 QS 认证，从原料的采集、储存、加工、评级、包装到质检都严格按照国家食品生产许可规范执行。5 个超大冻库，让茶友们随时都能喝上最新鲜的茶叶。

2009 年 5 月，中闽弘泰茶叶专业合作社入驻淘宝商城，并设立中闽弘泰铁观音旗舰店，主营铁观音茶叶，采用了产地直销的销售模式，开创了以线上直销为主的新型茶叶销售模式。优质的服务是中闽弘泰能在众多茶叶网商中脱颖而出的法宝。一切以客户为中心，在淘宝率先提出“30 天无条件退货，并承担往返邮费的承诺”，打消了淘友们网上购茶的疑虑。以最负责任的态度服务客户，让淘友们体验网上购茶的乐趣。中闽弘泰的茶叶采用网上直销的销售模式，从原产地直接送到买家手中，省去了中间环节，价格更便宜。仅仅 2 年多时间，中闽弘泰网店年销售额已经超过 1 000 万元，客户群超过 20 万人，

中闽弘泰的品牌知名度越来越响亮。

中闽弘泰的成功，究其原因有四个：一是传递了真情实感。中闽弘泰创始人祖祖辈辈都是种茶叶的，茶叶品质很好，而他自己最初的愿望就是要把好的茶叶通过网络销售出去。所以，他传递的是最真实的产品和情感。二是顾客至上。优质的服务让他们更进一步赢得了客户，他们成功的经验就在于将最实在的生产和最纯粹的互联网手段相结合。三是品质至优。传承百年祖传制茶技术，从茶园到茶杯的每一片茶叶，其每道工序都有严格的标准，保证新鲜有余，味道纯正。四是营销模式的转变，自家的茶叶直接到网上销售，去掉了一切中间环节，价格更加有竞争力。省去了中间环节，价格便宜，真正做到“物美价廉”。

本章小结

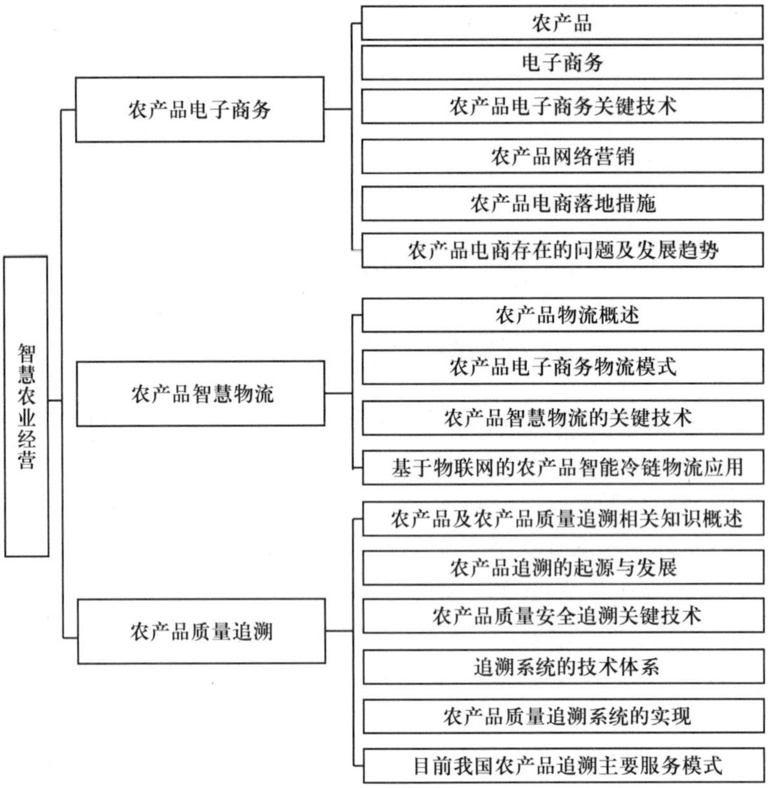

思考题

1. 针对生鲜农产品易腐的特点，在电子商务过程中应重点考虑哪些方面？

2. 如何实现农产品冷链物流中的温度控制？

3. 要实现农产品质量追溯系统惠及全民，一物一码能全程追溯，需要解决哪些方面的关键环节和技术？

第七章 智慧农业管理

知识目标

1. 认识部分智慧农业综合管理平台。
2. 能够描述什么是农业管理及农业管理的发展历程。
3. 能够说明智慧农业管理平台的不同类型。

能力目标

1. 能够灵活运用智慧农业管理平台。
2. 能够有效进行农业生产管理。

素质目标

1. 树立正确的农业发展观。
2. 具备精益求精、不断进取的思想品德。

我国传统农业的管理方法没有达到精准化种植劳作的水平，主要还是依靠人的感知能力来管理各项环境参数，很难达到管理的准确性。而且传统农业耗费大量人力、物力，因此打破“面朝黄土背朝天”的传统劳作模式就显得愈加重要。随着计算机、无线传感、通信等高科技的迅速发展，将物联网运用至农业监控系统中是现在农业发展的新趋势。智慧农业将采集到的环境温度、湿度、光照强度、土壤水分、土壤温度、二氧化碳含量、植物生长状况等农业信息进行加工、传输、处理和控制，使农业生产由主要依靠自然资源和自然条件向主要依靠信息资源转变，让不可控的产业得到有效控制。

“十三五”时期，对推动农业绿色发展、农业高产高效、农业产业融合、农产品转型升级的要求愈加迫切。农业生产管理方式正在向集约生产、智能决策、科学管理、便捷服务进行改造升级，而物联网为我们农业生产方式的转变提供了强有力的技术支持。充分利用“物联网、云服务、互联网+”等技术，对作物生长全过程实行精准监测、自动控制、及时预警和科学管理,能有效提高作物产量,提升我国现代农业整体效益。应用现行的数据传感及采集技术,云计算、大数据、移动互感等高新信息技术,对数据进行统一的规定,从而建立一个数据丰富、结构稳定、能精准检索的农业数据库,最终建立起能够达到数据共享且统一管理的智慧农业统一平台。智慧农业管理平台着重实现环境感知、智能控制、精准监测、异常预警、专家决策等技术,最后完成信息化带动农业现代化的战略目标。

现代信息识别、移动传感、无线通信等技术都在高速发展中,智慧农业也融入了农业生产经营的各个大小环节。人们运用云计算技术,通过智慧农业管理平台,查看信息数据,再对其进行分析加工处理,有效利用平台数据信息把握好作物生长过程,以便作出准确快速的决策。

本章主要从农业管理内涵与发展、智慧农业管理平台类型、智慧农业综合管理平台实例三个方面来具体介绍智慧农业管理的发展现状及应用。

第一节　农业管理内涵与发展

一、农业管理的基本内涵

农业一直以来都是社会存在和发展的根本,在国民经济产业体系中处于特殊的位置,农业管理分为农业宏观管理和农业行业管理。

二维码 7-1　农业管理内涵与发展视频

(一) 农业宏观管理

农业宏观管理是以国家为主体,根据社会需要,从长期利益和农业可持续发展的角度出发,运用计划、法律、行政和各种经济调控措施,对农业经济总体和总量进行的管理、调节和控制。

1. 农业宏观管理主要目标

(1)建立健全农业市场体系,引导农民步入市场经济。

(2)支持农业发展,保证主要农产品的供需基本平衡。

(3)保护农业资源,改善农业生态环境。

(4)保障农民权益,增加农民收入。

2. 农业宏观管理的主要内容

(1)制定农业发展规划和目标。

(2)为农业提供公共物品和服务。

(3)维护农业发展过程中的市场秩序。

(4)降低农民的市场风险,保障国家粮食安全。

(5)调节农业发展过程中的农民收入分配。

(6)保护、改善农业生态环境。

(7)保护农业生产经营者的私人产权。

(8)调节农产品总供给与总需求的关系,确保两者的总量平衡和结构平衡。

3. 农业宏观管理的手段

农业宏观管理的手段主要包括计划手段、经济手段、法律手段和行政手段。

(1)计划手段。

农业中的计划主要包括农业发展战略和农业发展计划。农业发展战略是指某一个时期内,政府对一定区域的农业发展所实行的具有全局性、长远性、关键性的宏观决策;农业发展计划是政府针对一定时间、一定区域的农业产业发展作出的一种具体安排部署,它可分为农业年度计划、中期发展计划和长期发展计划。

(2)经济手段。

常用的经济手段主要有价格、财政、税收、信贷、保险等。

①价格:国家可以根据不同类型农产品的供求情况和农业发展规划,制定相应的价格政策来调节供求,实现农业宏观管理目标。

②财政:国家通过财政收入分配,增加对农业方面的支出或投入,支持农业发展。财政手段一般包括两种形式,一种是无偿的,即国家财政对农业产业的支出和直接投资;另一种是有偿的,即国家财政给予。

③税收:农业税收是国家按照法律规定从农业获取财政收入的一种手段。随着我国经济的发展,已从 2007 年开始在全国全面停止征收伴随中国农民多年的农业税,适当减轻了农民负担,有利于农业和农村经济发展。

④信贷:信贷是政府用以支援和调节控制农业经济的重要经济手段,主要通过吸收农民储蓄、发放农业贷款等方式完成。

⑤保险:专为农业生产者在从事种植业、林业、畜牧业和渔业生产过程中,对遭受自然灾害、意外事故疫病、疾病等保险事故所造成的经济损失提供保障的一种保险,农业保险对于农业生产经营者增强抗拒自然灾害能力和增强农业市场风险等方面具有重要意义。我国的农业保险主要由中国人民保险公司和保险合作社承担。目前,农业保险主要有农作物保险、收获期农作物保险、森林保险、经济林、园林苗圃保险、牲畜保险、家畜保险、家禽保险和水产养殖保险等。

(3)法律手段。

目前,我国与农业相关的法律包括两大类:一类是一般性经济法律中要求农业必须执行的法律规定;一类是专门针对农业经济制定的法律规定。

(4)行政手段。

行政手段是指国家行政机构采取强制性命令、指示、规定和下达指令性任务来调控和管理经济活动的措施。行政机关通过发布命令和下达任务来协调和管理各部门各地区的发展。

(二) 农业行业管理

农业行业管理主要包括农作物种植、畜牧兽医、水产渔业、农业机械、农垦、农产品加工等农业行业的管理。建立健全农业行业管理,实现行业管理的规范化、标准化和科学化，对于农业行业进行动态监测和发展趋势分析，对于提高农业主管部门在生产决策、资源配置、指挥调度、上下协同、信息反馈等方面的能力和水平均具有重要维持作用。强化建设农业行业管理信息化，可为提高农业行业管理的效率和水平、加快实现农业现代化提供重要措施，从而促进农业劳动生产率和生产水平的提升，提高监管农业行业安全生产的能力，促进农业产业快速健康可持续发展。

二、传统的农业管理

农业 1.0 时期主要是指从农业起源到近代农业。它是以体力劳动为主的小农经济时代，单纯依靠个人体力劳动及畜力劳动，人们依据经验来判断农时，利用简易的工具和畜力来耕种，主要以小规模的一家一户为单元从事农业生产，生产能力和规模较小，生产技术和经营管理水平较为落后，抵御自然灾害能力较差，农业生态系统功效低，商品经济属性意识较薄弱。在传统农业中，精耕细作是古代传统农业的鲜明特点，劳动生产的动力是人力、畜力和其他自然动力如风力、水力等。传统农业的主要耕作工具和主要耕作方式是借助人力或畜力犁耕耙地，而生产技术主要依靠农民长期积累的生产经验，生产效率低下。进入近代农业后，也就是 20 世纪 80 年代以后，种子条播机、脱谷机、收割机、饲料配制机等农业机械相继问世。内燃拖拉机的出现使畜力牵引被机械动力所替代，化肥、农药工业迅速发展。但是，化肥农药产品也带来了污染，生态环境遭受破坏，自然资源、能源过度消耗。这些问题困扰着社会，农业生产面临着如何处理生产效益与生态环境关系和如何实现可持续发展等问题。

从信息技术的角度看，农业管理与服务 1.0 阶段，绝大多数用户没有安装电话，没有网络电视。国家政策法规基本上依靠纸质文件和口头层层传达，特别是农村地区，需要通过村委召开会议或广播进行宣传。因此，该阶段的农业管理手段和方式落后，透明性差。农业 1.0 时期的农业管理如图 7-1 所示。

三、基于电子政务的农业管理

随着农业生产 2.0 到 3.0 的转变，即农业机械化到农业智能自动化的转变，农业的生产效率不断提高，农业的经营规模不断扩大，农民的收入快速增加，农民逐步完成身份农民向职业农民的转变。

与此同时，在 20 世纪 90 年代，互联网大潮迅速来临，网络信息技术在中国得到了普及。这个阶段的农业管理，电子政务作为信息技术与政务工作的有机结合体，成了国民经济和社会信息化建设的重要组成部分，农业电子政务系统如图 7-1 所示。电子政务是政府机构运用现代信息和通信技术，将管理和服务通过信息技术进行集成，在网络上实现政府组织架构和工作流程的优化重组，突破时间、空间及部门之间的制约，向社会群体提供全方位优质、高效的服务。在信息化社会中，与电子政务相关的行为主体主要有政府、企业和公众，政府的业务行为也主要围绕着这些行为主体展开，包括政府与政府及政府管理人员之间的互动、政府与企业之间的互动、政府与公众之间的互动等。对应的管理模式主要有 G2G、G2E、G2B 和 G2C 四种模式。

（一）G2G 模式

G2G 模式是指政府与政府之间的电子政务，即上下级政府、不同地方政府和不同政府部门之间开展的电子政务活动。G2G 模式是电子政务的基本模式，传统的政府与政府间的大部分政务活动都可以利用信息技术的应用高效率、低成本地实现。

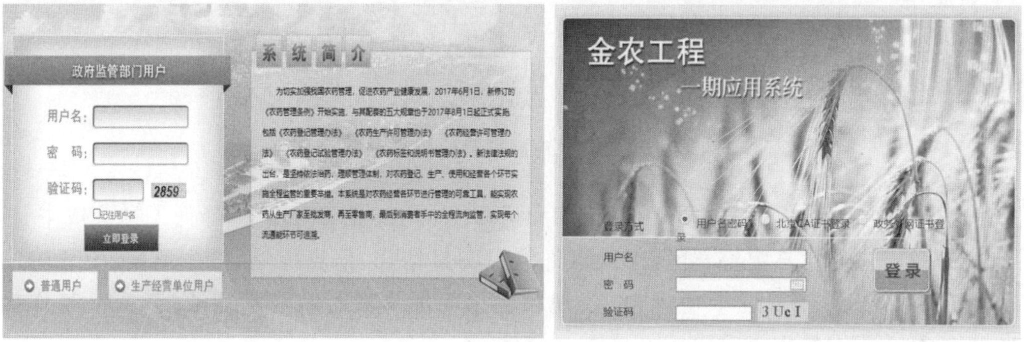

图 7-1　农业电子政务系统

（二）G2E 模式

G2E 模式是指政府与公务员（即政府雇员）之间的电子政务，是政府机构运用信息技术实现内部电子化管理的重要形式，主要是通过政府内部网络建立起有效的行政办公和管理体系，用以提高政府工作效率和管理水平服务。

（三）G2B 模式

G2B 模式是指政府与企业之间的电子政务，即政府通过网络信息技术进行采购与招标，为企业提供各种信息技术服务，向企业事业单位发布各种方针、政策、法规、行政规定等，企业通过网络进行税务申报、办理证照、参加政府招标采购、对政府工作进行意见反馈等。

（四）G2C 模式

G2C 模式是指政府与公众之间的电子政务，政府通过电子网络信息平台为公众提供各种服务。农业电子政务是通过运用现代信息和通信技术，将农业部门的管理和服务工作通过网络信息技术进行集成，实现组织架构和工作流程的优化重组，向社会群众提供全面优质、高效的服务。农业主管部门通过农业电子政务履行经济调节、市场监管、公共管理、社会服务和应急管理等主要政务职能，是管理信息化在农业政务方面的具体应用和体现。政府网站及应用系统如图 7-2 所示。

通过信息化的管理手段，基本实现了下列功能。

（1）建立行政审批、政务公开、市场监管网上办公平台。提高了政府农业部门依法行政、农产品质量监管水平和工作质量。管理系统的规范化、标准化、网络化处理，提高了工作效率，提升了业务透明度，提供了便捷高效的服务。

（2）建立电子政务支撑平台。提高了各业务应用系统间的相互联通和信息共享能力，初步具备了农业部门办公系统的定制开发、资源共享、业务协同及安全运行的能力。

图 7-2　政府网站及应用系统

极大地提高了为民办事的方便性、快捷性和透明度，提高了工作效率，降低了社会成本。

(3)政府应对自然灾害、处置突发事件能力明显增强，信息传输、指挥调度、应急响应系统等基础条件明显改善。电话会议、视频会议等成为履行政府管理职能、提高工作效率、节约行政成本的重要手段。

农业管理与服务 2.0 阶段，信息技术和大数据技术有了初步的发展，尽管该阶段的大部分政府数据还不能称为大数据，从政府管理的方向来看，这些数据是具有重要价值的。但是在电子政务、民生服务方面，还存在着不少值得提升的地方，很多地方的政府部门对大数据的应用并没有体现出浓厚的兴趣，习惯于传统的管理方式。在政府协同合作方面，政府部门之间存在缺乏协同合作开展业务的现象。没有进行全面的合作，共享系统内部的大数据，因此，农业管理与服务 2.0 阶段，农业管理对大数据的应用还处于最基础的阶段。

四、基于大数据的农业管理

随着时间的推移和信息技术的发展，大数据时代悄然而至，数据已然成为一种有价值的资源，大数据正迅速发展为发现新知识、创造新价值、提升新能力的新一代信息技术和服务形式，已成为国家基础性战略资源。在公共治理方面，在建设智慧型政府的道路上，加强培养政府新的执政技能，提高公共管理的科学水平，同样也需要不断地学习和创新管理。以前专注于人的管理方式，也转变为注重运用对数据进行分析来解决出现的各种社会问题。随着信息化和农业现代化深入推进，农业农村大数据正在与农业产业全面深度结合，逐渐成为农业生产的定位仪、农业市场的导航灯和农业产业管理的指挥棒，逐渐成为智慧农业的神经系统和推进农业现代化的关键核心要素。

以大数据为支撑，决策会更加理性，更加科学。大数据提供了公共管理高效科学的管理模式。在大数据战略、公共政策决策、应急管理等方面，政府管理需要探究和部署。大数据能有效帮助公共部门优化决策。大数据的重要性愈加凸显，大数据的运用在社会管理和公共服务的实现中逐渐发挥出重要作用。基于大数据的农业管理如图 7-3 所示。

图 7-3　基于大数据的农业管理示意

农业 3.0 阶段农业管理与服务的特点如下。

(1)政务大数据,让办事效率更高效。完善优化相关政策法规的发布和规范。实现政务信息互通共享、整合利用、服务公众的目标。

(2)实现了基于大数据的行业决策。实现了数据采集的自动化、数据使用的智能化、数据共享的便利化。彻底打通农业产业链、价值链、供应链之间的壁垒,大幅度提升农业生产智能化、经营网络化、管理高效化、服务便捷化的能力和水平。

五、基于智能决策的超高效农业管理

农业 4.0 是以物联网、大数据、人工智能、机器人等科学技术为支撑和手段的一种高度集约、高度精准、高度智能、高度协同、高度生态的现代化农业形态,是继传统农业、机械化农业、自动化农业之后的更高水平的农业发展阶段,即智慧农业。它是以智能化生产手段和先进科学技术为支撑,与社会化的服务体系相配套,以科学的经营理念来管理的高级农业形态。随着农业生产日益科技化,高新技术将成为农业发展的强大动力。农业产业日益走向商品化和国际化,农产品向多品种、高品质、无公害方向发展。此阶段的现代农业是可持续性发展的农业,是用现代工业装备和信息技术所武装的农业。

农业进入 4.0 阶段后,将会有更多的农业设施和装备通过物联网连接起来,各种智能农机设施和装备大量运用到农业生产、流通和市场中,机器人和自动化系统全面普及,农业劳动生产率、土地产出率、资源利用率得到极大提高,农业的管理将主要依靠农业大数据和人工智能技术,决策的科学性、准确性和透明性将达到空前的高度。

在农业管理方面,随着大数据技术的快速发展,政府管理部门已经拥有了足够体量的农业生产、经营和管理等数据,大数据不是静态的保存,而是不断与周边数据发生碰撞和融合。在某种程度上,大数据已变成政府或企业的洞察力与行动力。政府运用大数据的能力主要体现在监测、预警、预测、决策四个方面:监测是指通过天空地立体信息获取系统,监测农业资源、农业生产、农业市场的运行状态;预警是指通过数据采集、数据挖掘、数据分析,对已经出现的风险发出预报与警示;预测是指立足于纵向时间轴,对相对长时间内某些问题的预判从而形成指导,如根据气象数据预测农作物生长情况；决策是指通过所有相关数据的联动，从而形成基于数据和分析之上的决策或结论。智能决策就是政府借助基于智能系统对现实问题的分析与判断，通过信息技术手段实现监测、预测、预警、决策过程的智能化。现代农业智能管理如图 7-5 所示。

在农业 4.0 阶段，通过大数据信息技术，政府与民众实现了智慧沟通与交流，政府实现了精细化、智能化的管理和科学决策，提高了政府部门之间的协同管理创新，也提高了政府为民办事的效率。政府部门的决策有据可循，政府部门的决断和服务能力全面提高，使得组织扁平化、管理透明化、监督智能化、决策科学化、服务个性化。现代农业智能管理如图 7-4 所示。

二维码 7-2　农业管理内涵与发展 PPT

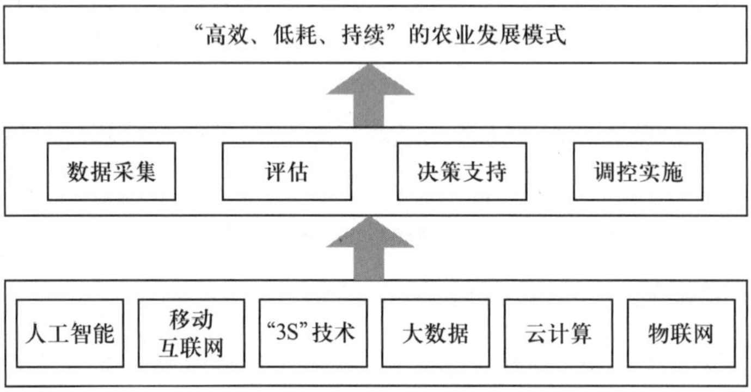

图 7-4　现代农业智能管理

第二节　智慧农业管理平台

一、农业信息监测平台

农业信息监测平台主要分为农业灾害预警、耕地质量监测、重大动植物疫情防控、农产品市场波动预测、农业生产经营科学决策和农机监理与农机跨区作业调度。

二维码 7-3　智慧农业管理平台 PPT

(一) 农业灾害预警

农业灾害分为三个部分：农业气象灾害与农业生物灾害以及农业环境灾害，是灾害系统中最大的部分灾害。造成农业灾害破坏主要是由于水、旱、风、虫、雹、霜、雪、病、火、侵蚀、污染等因素侵害农用动植物、扰乱农业生产正常进行、造成农业灾情的过程，也就是灾害载体与承灾体相互作用的过程。部分发生过程较长的灾害为缓发性灾害，如水土流失、土壤沙化等；大多数发生迅速的灾害则称为突发性灾害，如洪水、冰雹等。

农业灾害严重损害了农业生产的正常运行程序，对社会造成负面的效应。首先，对农户的生产资料造成了危害。其次，致使与农业生产相关的社会经济部门，如制糖工业、农产品贸易商业、农业金融等受到影响。发生农业灾害后不得不抽调其他部门的资金转移到农业领域用于抗灾、救灾，用于扶持生产或灾后援助，解决灾区人民生活问题，因此，影响到其他部门的生产计划，导致其不能如期执行；推迟、延期或搁置在建或计划建设项目；社会经济被迫处于停滞甚至衰退萧条的状态，最终影响到国家政权的稳定。总而言之，可以发现提高人们对农业灾害的认识及对农业灾害进行预警，进一步提前规划相应的减灾决策以及制定农业灾害防御措施，对保障社会效益具有重大意义。

(二) 耕地质量监测

耕地质量分为三类，分别是耕地自然质量、耕地利用质量和耕地经济质量，其主要内容是耕地对农作物的适宜性、生物生产力的大小(耕地地力)、耕地利用后经济效益的多少和耕地环境有无被污染四个方面。自然资源部通过耕地质量等级调查及评定工作，将全国耕地评定为15个质量等别，评定结果表明我国耕地质量等级总体偏低。

耕地质量监测是《中华人民共和国农业法》及国务院《基本农田保护条例》等法律法规赋予农业部门的重要职责。为了及时掌握耕地质量变化情况和其驱动因素，并结合相应的整治措施以实现耕地质量的控制和提升，推进我国耕地质量建设以及促进耕地的可持续利用。耕地质量监测成为不可或缺的关键环节。

(三)重大动植物疫情防控

随着动植物农产品流通日渐频繁，重大动植物疫情防控工作将面临新的挑战。重大动植物疫情严重威胁了农业生产、农产品质量安全与农业产业的健康发展。因此，将重大动植物疫情防控作为保障农民收入，加快农业经济结构调整以及推进现代农业发展方式转变的重要任务具有重大意义。

对于动植物疫情防控工作，关键问题不仅在于具体的防疫工作和防疫技术上，还在于动植物群体疫病控制的疫情信息分析上，不然，将使“防—控—治—管”各个环节缺乏先导信息的引导，防控行为的时效性、有效性、协调性和经济效益等各个方面都受到极大的影响。建立动植物疫情风险分析与监测预警系统，把动植物疫情监测、信息管理、分析及预警预报等集于一体，运用现代信息分析管理技术、计算机模拟技术、GIS技术、建模技术、风险分析技术等信息技术，从不同角度、各个层次、多个方面对疫病的发生、发展及可能趋势进行分析、模拟和风险评估，提出在实际中可以进行、经济上合理的优化防控策略及方案，为政府决策部门提供有效的决策支持。这从根本上防控与净化重大动植物疫病，保证畜牧业、农业、林业的可持续发展，推动社会主义新农村建设具有重大的现实意义和深远的历史意义。

(四) 农产品市场波动预测

农产品市场价格关乎民众生计与社会稳定。为了避免农产品市场价格大幅度的波动，应当加强农产品市场波动监测预警。农产品市场价格受到较多类复杂因素的影响，使波动加剧、风险凸显，预测难度增大。当前在我国市场主体尚不成熟、市场体系尚不健全、法治环境尚不完善等现状影响下，由于农业生产经营者难以对市场供求和价格变化作出正确的预期，时常要面对和承担农产品价格波动所带来的市场风险；农业行政管理部门也经常因为缺少有效的市场价格走势的预判信息，难以采用有预见性的事前调控措施；由于消费者缺少权威信息的及时引导，导致其在市场价格频繁波动中极易产生恐慌心理，进而加速价格波动的恶性循环。所以，建设农产品市场波动预测体系对促进农业生产的稳定、农民增收以及农产品市场有效供给具有重要意义。

(五) 农业生产经营科学决策

科学决策是指决策者为了实现某种特定的目标，采用科学的理论和方法，系统地分析主客观条件作出正确决策的过程。科学决策的根本是实事求是，决策的依据要实在，决策的方案要实际，决策的结果要实惠。

近年来，我国农业生产水平较高，已摒弃了传统的简单再生产，农民对于农业生产经营的目标已由自给自足转向追求自身利益的最大化。为此，农民不得不考虑自身种养殖的条件、自身的经济水平、种植农产品的产量、农产品的价格以及相关政策等因素会对其收益造成的影响。但是农民自身很难全面分析上述相关信息，并根据相应的信息制定农业生产经营决策。农业信息监测预警体系采用科学分析方法对影响农民收入的相关信息进行分析，给农民提供了最优的农业生产经营决策。科学合理的农业生产经营决策不仅有利于提高生产者的个人收入，同时，对于社会资源的有效配置、国家粮食安全皆具有重要意义。

(六) 农机监理与农机跨区作业调度

农机监理是指对农业机械安全生产开展监督管理。跨区作业是在市场经济条件下提升农机具利用率的有效途径，通过开展农机跨区作业，有力地促进了机械化新技术、新机具的推广。但近年来，农业机械的安全问题越来越突出，成为整个安全生产焦点之一。由于外来跨区作业队对当地农业的生产情况了解不足，如何有序、高效地安置各个跨区作业队的作业地点、作业时间，引导农机具的有序流动，做到作业队“机不停”，农户不误农时等一系列问题均亟待解决。农业信息监测预警系统通过对农业机械事故的发生规律进行分析，找出其内在的隐患，进一步将其隐患消除在萌芽状态；通过对当地的农业种养殖现状进行分析，找到其最优作业的实施流程，为最终实现农业机械安全、优质、高效、低耗的农业生产服务，对于提高农业机械化整体效益具有重要意义。

(七) 农业病虫害监测预警平台设计案例

为了满足现代农业发展的需求，有研究者设计了一种农业病虫害监测平台，平台系统结构如图 7-5 所示，该平台对病虫害信息服务的整条信息链(包括采集、存储、分析、处理及发布)进行了优化以及完善。使用该平台的农户既是信息采集者又是服务接收者，能够实时高效地完成农田内相关信息的数据采集，准确度超过了 80%，位置精度可达 15 米。后续其将以进一步提高对采集数据的分析能力和处理能力为重点，将气象因素(如温度、湿度)的影响纳入监测平台之中，以具体农业病虫害的发展演变规律为依据来深度分析所采集数据，使监测和预测服务的质量及效率得到进一步提升。

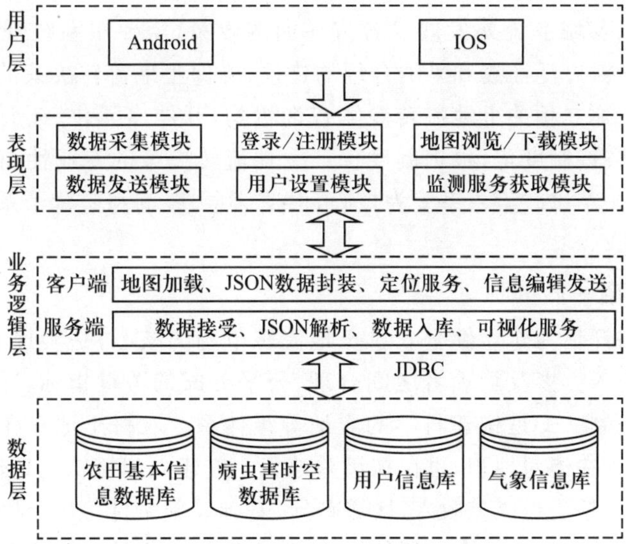

图 7-5　农业病虫害监测预警平台系统结构

二、农村土地流转公共服务平台

农村土地流转是一种通俗、省略的简称，全称为农村土地承包经营权流转。也就是说，在土地承包权不变的基础上，农户把自身承包村集体的部分或者全部土地，以一定条件流转给第三方经营。土地流转服务体系是新型农业经营体系重要的组成部分，其为农村土地流转规范、有序、高效进行的基本保障。建立健全的农村土地流转服务体系，需要做到以下几个方面。

(一) 健全信息交流机制

信息交流机制是否健全有效，直接关系到土地流转的质量和效率。目前，由于农民土地流转信息渠道不畅，土地转出、转入双方选择空间较小，土地流转范围较小、成本较高，质量不尽如人意。政府部门应加强土地流转信息机制的建设，适应于农村发展要求，着眼于满足农民需要，积极为农民土地流转提供健全有效的信息服务与指导；适应信息化社会的要求，完善土地流转信息收集、处理、存储及传递方式，提高信息化及电子化的水平。各地应建立区域土地流转信息服务中心，建立根据县级土地流转综合服务中心、乡镇土地流转服务中心和村级土地流转服务站组成的县、乡、村三级土地流转市场的服务体系。在此基础上，逐步建立覆盖全国范围包括土地流转信息平台、网络通信平台和决策支持平台在内的土地流转信息管理系统。

(二) 建立政策咨询机制

农村土地流转政策性强，直接关系农民的生计，必须科学决策、民主决策。为此，需要建立完善的政策咨询机制，更好地发挥政策咨询在土地流转中的作用。一是注重顶层设计与尊重群众首创。土地流转改革和政策制定既需要顶层设计，也不能脱离群众的实践探索和创造。要善于从土地流转的实践中总结提炼出有特色、有价值的新做法、新经验，实现顶层设计与群众首创有机结合的政策。此外，农村土地流转涉及农民就业、社会保障、教育、卫生以及城乡统筹发展等各方各面的政策，需要用系统观点去认识土地流转，跳出土地看流转，广泛征集和采纳合理的建议，确保土地流转决策的科学性。二是构建政策咨询体系。建立相关土地流转专家咨询机构，开展多元化、社会化的土地流转政策研究；实现政策咨询制度化，根据制度保证土地流转决策的专业性、独立性；完善配套政策及制度，形成一个以政策主系统为核心，根据信息、咨询和监督子系统为支撑的土地流转政策咨询体系。

（三）完善价格评估机制

土地流转价格评估为建立健全农村土地流转市场的核心，是实现土地收益在国家、村集体、流出方、流入方以及管理者之间合理、公平分配的关键指标。因此，必须完善土地流转价格评估机制。一是构建科学的农地等级体系。农村土地存在着等级、肥力、位置等的差异，不仅存在绝对地租，也存在级差地租。应建立起流转土地信息库，评定流转土地定级等，制定包括土地级差收入、区域差异、基础设施条件等各类因素在内的基准价格。二是建立完善的流转土地资产评估机构，引入第三方土地评估机构以及评估人员对流转交易价格进行评估。三是制定完善的流转土地估价指标体系。建立切合各地实际、具有较高精度的流转土地价格评估方法以及最低保护价制度，以确保流转土地估价有章可循。四是建立健全的土地流转评估价格信息收集、处理以及公开发布制度。信息公开、透明是市场机制发挥作用的前提条件。应建立包括流转土地基准价格、评估价格以及交易价格等信息在内的流转土地价格信息登记册，反映出流转价格变动态势，并通过电子信息网络及时公开发布。五是建立全国统一流转土地价格动态的监测体系，完善土地价格评估的机制。

随着土地流转制度的出台，各地加快实施农地流转试点进程，直接促进了农村产权交易所的成立，帮助农地入市搭建平台，建立了县、乡、村三级土地流转管理服务机构，发展多种形式的土地流转中介服务的组织，搭建县、乡、村三级宽带网络信息平台，及时准确地公开土地流转信息，加强对各类流转信息的收集、整理、归档和保管，及时为广大农户提供土地流转政策的咨询、土地登记、信息发布、合同制定、纠纷仲裁、法律援助等服务。

以湖北省县级农村为例，搭建县级农经业务管理平台，采取C/S与B/S相结合的模式，开发了农村土地承包经营权数据质检入库、合同管理、权证管理、流转管理、纠纷仲裁、以图管地、进度管理、统计分析、系统管理等业务功能；解决了在传统管理模式下信息方面的弊端；满足了县级农村土地承包主管部门对农村土地承包经营权管理和应用的需求，可作为农经业务管理平台建设方面的参考。

三、农业电子政务平台

（一）农业电子政务的含义

电子政务是指政府机构利用信息与互联网技术，将政府管理及服务职能通过精简、优化、整合、重组后到网上实现，打破时间、空间与条块的制约，进而加强对政府业务运作

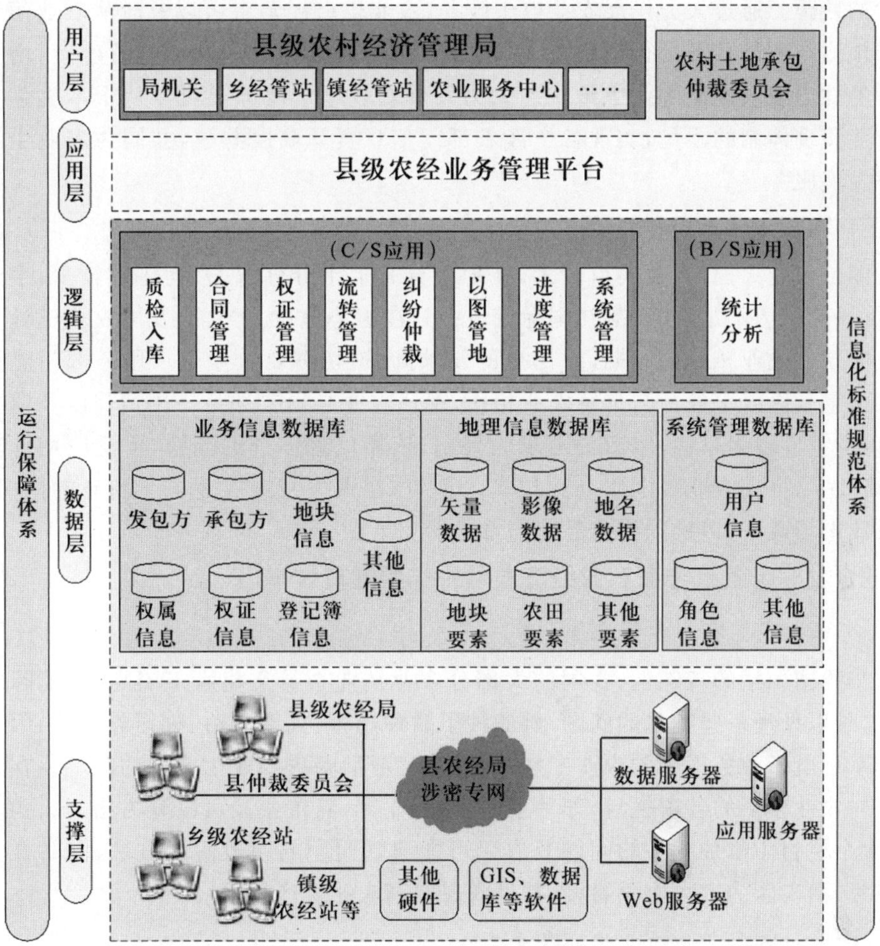

图 7-6　农村土地承包经营权管理平台总体架构

有效的监管、提高政府运作效率，为公众、企业及自身提供了一体化的高效、优质、廉洁的管理和服务过程。

农业电子政务是利用计算机和网络技术在网络上实现农业系统内部及外部的管理和服务职能的办公方式，该办公方式极大地扩展了传统意义上农业系统的办公范围，提高了政务办公效率。

随着信息技术及互联网技术的飞速发展，电子政务已经成为全球关注的热点。我国是农业大国，农村人口较多，在地理分布上十分分散，人均耕地少，生产效率低，抗风险能力较差，农产品在国际竞争中处于劣势地位。

(二) 农业电子政务的特点

与政府的传统公共服务相比，电子政务除了具有公共物品的属性，如广泛性、公开性、非排他性等本质属性外，还具备直接性、便捷性、低成本性以及更好的平等性等特征。

我国农业生产和农业管理的特点决定了我国十分有必要大力推进农业电子政务建设。我国与发达国家相比，在以市场为导向进行农业生产、农产品的竞争地位等方面还有较大的差距。通过大力发展农业电子政务，农业生产经营者可以及时从农业信息网获得生产预测与农产品市场行情信息，可实现以市场需求为导向从而进行生产，增强了生产的目的性以及农产品的竞争地位。大力发展农业电子政务还可以从根本上弥补当前我国农业管理体制的不足，实现各个涉农部门信息资源高度共享，共同为农业生产和农村经济发展服务。

（三）农业电子政务的应用

我国是农业大国，农村人口较多，在地理分布上十分分散，人均耕地较少，生产效率较低，抗风险能力不足，农产品在国际竞争中处在劣势地位。当前，我国农业正处于由传统农业向现代农业转变的时期，对信息的要求高，迫切需要农业生产服务部门能及时提供指导信息和高效服务。与传统农业相比，现代农业必须要立足于国情。以产业理论为指导，以持续发展为目标，以市场需求为导向，依靠信息体系的支撑，广泛应用计算机技术、网络技术，推动农业科学研究和技术的创新，在大力发展农业电子商务的同时，还应发展农业电子政务，以推动农产品营销方式的变革。

（四）发挥电子政务在农业经济发展中作用的具体举措

1. 建立和完善农业专家系统

由于我国国情的特殊性，我国的大部分农业从业人员文化水平不高，在实际的农业生产中，难以处理一些特殊的问题，例如种子品种选育、虫害防治、牲畜养殖等，因此需要建立起基于电子政务平台的农业专家系统，及时帮助解决农业生产中的问题。在系统中开设针对农业生产的各项栏目，如种植业、养殖业等，养殖业又可以分为猪、鸡、鸭等子栏目，在每个栏目中添加相关的问题及农民可能遇到问题的一般解决方法，同时开设专家咨询栏目，由专家为广大农民答疑，帮助农民提高农业生产技术。

2. 建立和完善农业的电子商务平台

闭塞的农业信息扭曲了市场主体的行为，而让农业信息畅通的一个简单方法就是通过设立和完善农业的电子商务平台，专门针对农业发布相关的农产品购销信息，买卖双方可以通过互联网直接浏览相关的购销信息，并达成购买意向，甚至签订购买合同；买卖双方还可以通过互联网发布购销信息，并注明地区、价格、数量、品质以及种类等详细信息；还可以在电子商务平台上设置在线拍卖系统，对农产品进行在线拍卖。

3. 注重国内信息与国际信息系统建设的关系，防止信息的“片面性”

随着经济全球化进程的加快以及我国对外开放的推进，农业农村经济与世界经济的关联度日渐增强，农业的竞争要面对两种资源、两个市场。

（五）广西农业电子政务系统简介

电子政务的核心价值之一就是整合政府职能，提高行政效能，改善政府服务，也就是发挥了信息网络技术跨时空快速传递、处理、存储和利用信息的优势，打破了条条分割的政府部门之间的界限，通过信息共享、流程互通实现了协同办公和联合服务。因此，广西农业电子政务系统要建设的不只是单一的办公自动化系统，而是集成网络办公、信息共享、消息传递及其他农业业务系统为一体的综合信息管理平台，实现了政务信息资源数字化，内部办公过程无纸化，对外审批服务网络化，打造出农业厅系统的网络交流服务平台和农业信息资源共享中心。广西农业电子政务系统总体框架如图 7-7 所示，此系统的用户包括了农业厅各级领导、各厅属单位人员、社会办事人员等。用户登录该系统后，就能操作办公系统、农业业务信息系统、网上审批系统等相应工作权限和服务范围内的所有功能，而不用多次登录各个系统，提高工作效率。

人员在网络上提交的材料，农业厅相关人员可在系统中进行处理并提出处理意见。系统具有统一的用户权限管理、信息安全管理。依托此电子政务系统，基本实现了农业厅的管理环境、管理过程、管理手段的信息化，该系统为社会提供农业系统的“一站式服务”，并打造了农业厅系统的网络交流服务平台和农业信息资源共享中心。

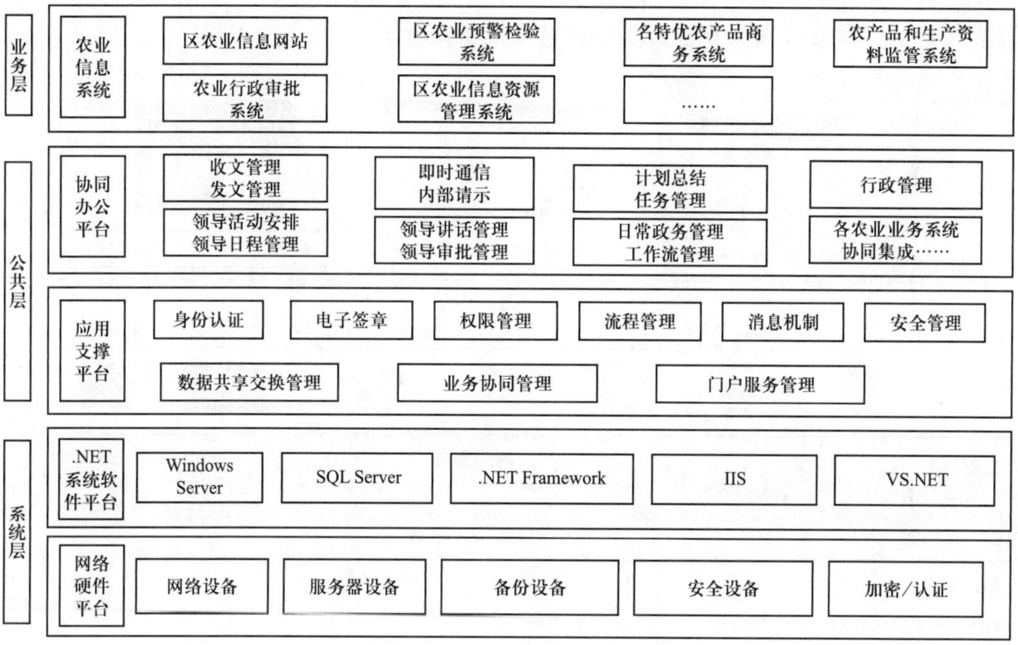

图 7-7　广西农业电子政务系统总体框架

第三节　智慧农业综合管理平台建设

一、智慧农业生产示范管理服务平台建设

智慧农业生产示范管理服务平台的主要功能包括农业物联网生产管理、测土配方土肥信息管理等。

二维码 7-4　智慧农业综合管理平台建设　视频

（一）平台整体设计

平台基于 SOA 架构，其组件化开发模式是基于 XML 与 Web Services，可实现业务模块/组件的松耦合，满足现有平台各应用系统建设的需求，兼顾未来业务系统的集成建设，保证系统应用的可拓展性。

在信息化建设、软硬件设备支撑的基础上，智慧农业生产示范管理服务平台围绕着农业物联网、测土配方试验管理、土壤养分监测、施肥诊断决策服务及土肥信息推广服务的信息化管理与应用方面的需求，集成应用人工智能技术、计算机技术、网络通信技术、数据仓库技术以及物联网技术，建立和完善面向农业科技推广部门、果蔬生产企业、生产基地、肥料生产经营单位和种养大户的信息交互和共享平台，建立涵盖 Internet、WLAN、ADSL 和 4G/GPRS 等通信标准的统一信息接入平台，并集成开发面向农业生产管理与信息服务的农业物联网生产管理系统、信息化综合数据库和测土配方土肥信息管理系统，基于电子政务云服务、公共版地图“天地图”和基础网络平台的应用支撑，构建一个信息化应用完整框架，包含信息采集、信息管理、决策分析、推广应用以及综合信息服务。智慧农业生产示范管理服务平台整体设计如图 7-8 所示。

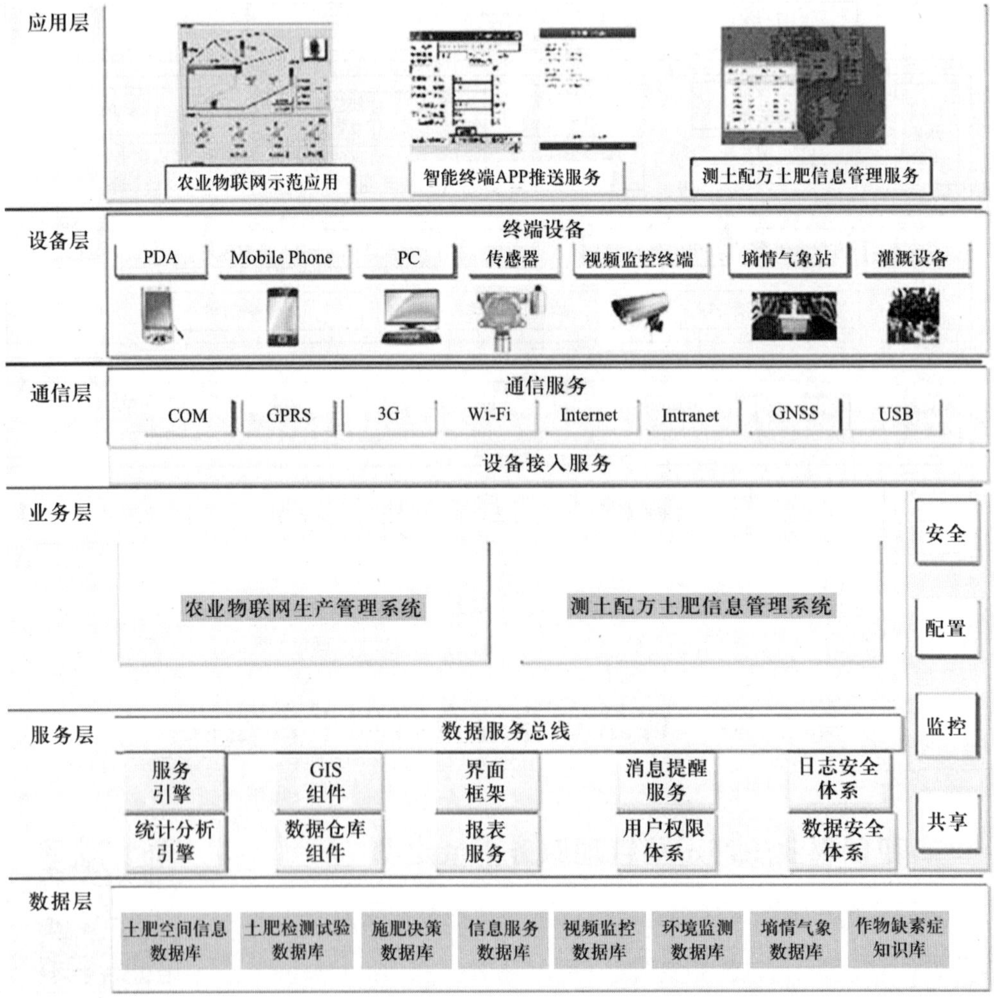

图 7-8　智慧农业生产示范管理服务平台整体设计

(二) 平台功能设计

在平台整体设计的框架下,智慧农业生产示范管理服务平台构建了农业物联网生产管理子系统、测土配方土肥信息管理子系统,各子系统模块的功能设计如下。

1. 农业物联网生产管理子系统功能设计

农业物联网生产管理子系统将布设墒情监测、气象监测、鱼塘水环境监测、可视化视频监控、温室自动化控制、水肥一体化控制等环境信息采集与智能控制装备。装备间的网络架构采用光纤通信和局部无线通信相结合的方式进行组网建设。局部无线通信主要采用无线传感 ZigBee 技术,以优化传感传输网络的灵活性、简化系统建设难度,强化系统的高可靠性和维护特性。

结合环境信息采集与智能控制装备布设、网络架构建设,农业物联网生产管理子系统功能设计如下。

(1)水肥一体化远程控制模块。基于水肥一体化智能装备,建设水肥一体化管理服务器,通过自动化控制技术实现水肥一体化远程集中控制。水肥一体化远程控制模块的主要功能设计包括如下几方面。

①连接室外气象站,获取气象信息。

②连接墒情在线监测系统,获取土壤水分信息。

③各电磁阀开关状态检测。

④可远程设置各控制器各项自动化控制参数。

⑤电磁阀控制器可根据现场墒情自动控制电磁阀开关。

⑥系统对所有电磁阀开关控制器进行集中管理,用户可以远程发指令控制。

(2)智能化温室自动控制模块。该模块主要功能包括如下几方面。

①温室内外环境监控信息采集(包括室内外气温、光照、二氧化碳浓度、土壤水分等)。

②实施温室内部设备(遮阳系统、补光系统、降温系统等)自动化控制。智能化温室自动控制模块可根据环境参数,通过温室控制器对温室的天窗、侧窗、外遮阳幕、内遮阳保温幕等设备进行控制和调节。

(3)全数字高清视频管理模块。该模块既有数字化的高清图像效果,又有数字化存储和网络传输信息等功能。监控模块主要包括前端监控点、光纤网络传输、监控中心三部分。监控模块建设目标在于组建一个图像清晰、能够上传下联、控制灵活、统一调度的网络视频监控系统。

(4)墒情在线监测模块。墒情在线监测模块采用无线与有线通信结合方式,依据作物类型,实现所有田块、地块土壤水分的监测,为水肥一体化自动控制系统提供参数。该模块可实现监测数据集中采集、分析、远程发布和信息自动推送。

该模块功能设计:在监测站分布地图上,用户点击站点位置可获得监测点实时的土壤水分信息和站点相关信息;实时监测;历史数据查询图表,为用户提供数据图表等原始观测资料;提供土壤墒情监测各类图表。

(5)气象在线监测模块。该模块主要实现农场基地周边气温、空气湿度、气压、雨量、太阳辐射、风力风向等气象参数在线监测，气象在线监测通过以太网、485 无线网与计算机连接，实现区域性气象数据的整点自动采集、处理和储存，配备数据屏幕显示，同时可将气候数据自动上传到中心服务器，用户通过终端系统浏览气象数据，按需求生成图表，并可导出到 Excel 进行编辑。

(6)鱼塘水环境在线监控模块。该模块主要功能设计：水产养殖水环境参数监测(主要包括水温、水位、溶解氧、pH、氧化还原值等)；增氧设备自动控制；LED 显示；水位报警；实时数据查询；历史数据查询；分析报表。

2. 测土配方土肥信息管理子系统功能设计

测土配方土肥信息管理子系统围绕土壤养分数据监测、测土配方试验管理、数据统计分析、诊断决策及推广服务等内容，结合测土配方施肥推广工作的五个环节——“测土、配方、配肥、供肥、施肥”，着重于移动数据采集模块、土壤养分监测管理模块、试验管理模块、空间数据管理模块、作物缺素诊断模块、施肥诊断决策模块、化肥撮合对接模块、数据查询管理模块、短信微信推送模块、触摸屏查询模块等建设。测土配方土肥信息管理子系统功能结构设计如图 7-9 所示。

图 7-9 测土配方土肥信息管理子系统功能结构设计

(1)移动数据采集模块。该模块主要基于智能手机移动终端对土肥信息管理服务平台的基础数据进行采集。主要是对各土壤养分监测点数据、测土配方试验数据、作物缺素症状图片、农资企业信息进行采集，并上传到土肥信息管理服务平台，为土肥数据分析评价、诊断决策及推广服务提供基础数据和依据。

(2)土壤养分监测管理模块。土壤养分监测系统结合监测业务，实现对监测点的基本信息和养分监测数据的综合管理，并通过 GIS 地图进行空间展示、统计分析和动态监测，展示不同地域土壤养分监测点和养分监测分布情况以及土壤养分的动态变化，为开展测土配方施肥工作提供数据分析依据。

该模块主要包括土壤监测点管理、土壤养分监测数据管理、监测数据统计分析和土壤养分动态监测四个功能。其中，监测点信息和土壤养分监测数据都是基于 GIS 地图实现对数据的统一管理，实现对监测点的增删查改。

(3)试验管理模块。该模块是用来对测土配方试验过程中的试验数据和工作情况进行统一的管理。其中，试验数据管理主要对测土配方施肥试验的“田间调查”“田间试验”“土壤测试”“田间示范”“养分监测”“跟踪调查”六项业务数据进行综合管理和统计分析。测土配方工作主要包括对年度试验及试验总结的综合管理，以提高测土配方试验项目的工作效率和质量，推动测土配方试验工作的顺利实施。

(4)空间数据管理模块。该模块是基于GIS地图和管理系统，对农田基础信息、土肥专题图、农资企业信息等进行统一数据管理，结合GIS的空间分析工具，对土肥数据、农资企业分布数据进行空间分析和直观展示。其中，土肥空间信息数据主要包括基础地图和专题地图，必须经过数字化，形成矢量图，并附属数据，用于支撑系统的空间分析和决策模型计算。

(5)作物缺素诊断模块。植物在生长过程中需要多种营养元素，当缺乏某种营养元素时，植物就表现出缺素症，即植物因缺乏某种必需营养元素而出现的生理病症。因此，可以从植物的外部表现来诊断缺素症状，然后及时补充植物缺乏的营养元素，以减少损失。作物缺素诊断模块通过建立作物缺素症状知识库和作物缺素症状标准图谱，制定作物缺素症状的专家诊断推理规则，结合作物的表现特征和图片特征，采用渐进式智能诊断实现对作物缺素的诊断分析。

渐进式智能诊断，是利用贴近人的思维方式的智能专家系统，根据作物缺素在叶部、根部、茎部和果实等方面的症状描述，进行步步选择，结合专家知识和图片辅助实现病虫害诊断，调用作物缺素症状知识库形成诊断结论，为农民提供明确的施肥技术措施。

(6)施肥诊断决策模块。该模块结合主要农作物的肥料使用情况、土壤养分监测数据、作物品种信息、肥料品种信息等，构建不同农作物测土配方施肥模型。依据测土配方施肥试验项目的测试结果，针对不同农作物的目标产量要求设定最佳的肥料使用比例，建立区域大配方施肥指标体系，并针对不同地域的不同农作物，结合养分平衡法施肥模型进行地块小配方施肥诊断，定制具体的地块施肥推荐处方，为农技人员和农民提供科学的施肥技术指导。

(7)化肥撮合对接模块。化肥撮合对接服务围绕农户的肥料推荐卡信息，基于农户所在区域和化肥购买需求自动匹配最佳购买半径范围内的农资门店或配肥中心，通过网络在线展现门店的化肥品种、化肥价格以及农户购买反馈等信息，构建基于手机端和PC端的“查询—匹配—撮合—反馈”的肥料供求对接模式，实现比价功能，方便用户作出选择，将肥料使用决策指导与化肥供应有机融合，丰富施肥信息服务内容，消除化肥经营者与农户之间的信息不对称。

(8)数据查询管理模块。该模块基于土肥基础数据、土壤养分监测试验数据、施肥模型和作物施肥指标体系等信息数据为农技人员和农民提供在线数据查询服务。农技人员和农民可通过登录网站查询土肥信息。

(9)短信微信推送模块。手机短信、微信推送基于土肥信息管理服务平台的数据和信息资源，为农技人员和农民提供施肥信息的推送服务，根据不同地域和农作物施肥需求，推送施肥推荐短信或利用微信平台指导农技人员和农民科学施肥。

(10)触摸屏查询模块。将触摸屏与测土配方信息查询有机结合，建立触摸屏测土配方查询模块，让农田地块的测土配方相关信息的查询和应用得以实现。按照提示点击触摸屏，可以查询到养分含量及丰缺状况、目标耕地的理化性状等土壤信息及多种作物的测土配方实施方案，然后根据信息打印“推荐施肥卡”指导农技人员和农民科学施肥。

二、智慧农业时空“一张图”管理平台建设

近年来，全国在开展农村土地承包经营权确权登记颁证、农业两区划定等工作中积累了丰富的地理空间数据，具备开展智慧农业建设的基础，为了更好地利用与管理农业资源数据，应用于农业生产和管理，并利用当下最新的信息化技术开发农业时空“一张图”平台，整合现有的农业数据，达到“以图管地、以图防灾、以图管产、以图智农”的目标，避免信息孤岛、提高效率，完成农业数据资源的共享应用、数据支撑和决策支持。

智慧农业时空“一张图”平台建设是在信息资源规划理论与方法的基础上，规范数据、优化业务流程，以智慧农业大数据中心核心数据库和综合管理服务平台为支撑，创新农业资源管理模式，构建互联互通、协同共享的农业资源业务管理、综合监管、决策支持和社会服务体系。智慧农业数据中心运行在业务网之中，按照统一标准，建设数据资源目录体系，实现对各类农业数据，如基础地理、遥感影像、农地确权、农业两区、土地流转及产权交易等数据资源的集中管理，并通过数据中心的不断深入应用实现联动更新与资源共享，其总体架构如图 7-10 所示。

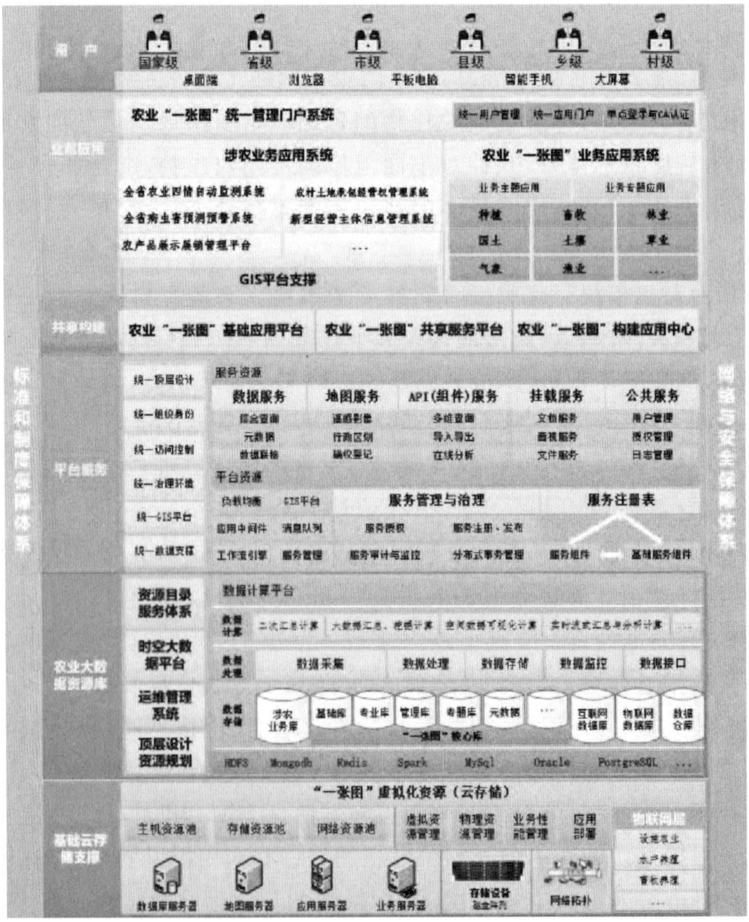

图 7-10　智慧农业时空“一张图”平台总体架构

(一) 系统建设

1. 顶层设计与总体规划

采用企业总体架构、信息资源规划等方法，开展平台的顶层设计与总体规划，确定贯穿农业资源信息化的总体设计、开发与实施、运维与管理等全周期的规划方案。以计算机硬件与网络通信技术为依托，以信息化标准和安全体系为保障，以数据中心为枢纽，以业务流程为主线，以农业资源综合管理服务为技术支撑环境，构建互联互通、数据共享、应用协同、安全可靠、灵活高效的智慧农业时空“一张图”总体框架规划方案。

2. 标准规范体系的建设

基于国家、行业和地方等标准规范体系，结合农业、国土、林业、财政等相关行业的实际需求，建设农业资源信息化标准规范体系。规范体系包括数据资源信息框架、数据建库规范、数据采集更新规范、数据汇交更新规范、数据共享服务规范及数据管理办法。同时，还包括与应用系统集成相关的服务接口规范等标准规范建设。

3.“一库”建设

建立基于云架构和大数据技术，建成具有数据采集、处理、存储、计算、操纵、模拟推演、机器学习、管理与挖掘能力的农业大数据管理应用平台。系统提供数据查询引擎、数据统计分析引擎、数据计算引擎、机器学习引擎及多源数据集成 ETL 工具等功能。通过平台实现各类产业数据（基础数据、元数据、主题数据、空间数据等）整合到产业数据库和资源池框架之中，建立更新机制，不断丰富农业大数据库，实现农业数据资源“一库”统一管理，形成农业数据资源管理应用框架。智慧农业时空“一张图”平台数据资源架构如图 7-11 所示。

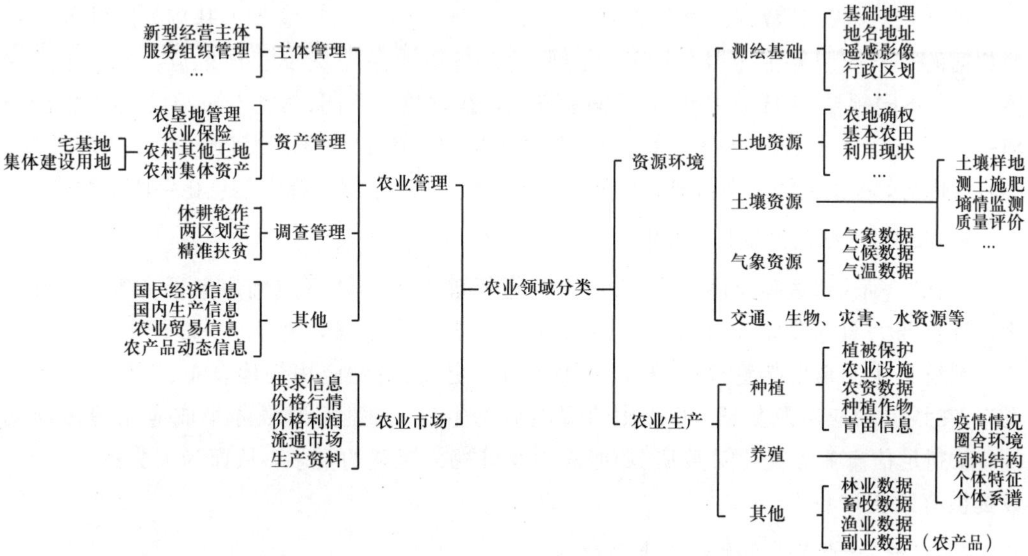

图 7-11 智慧农业时空“一张图”平台数据资源架构

在云环境的基础上基于云架构和大数据技术，建成具有数据采集、处理、存储、计算、操纵、模拟推演、机器学习、管理与挖掘能力的智慧农业时空“一张图”平台数据库管理系统。通过时空大数据平台管理海量时空数据，提供高效、稳定、快速的功能与服务，挖掘与分析时空数据潜在价值。实现数据中心各类农业数据的输入、输出、编辑、维护、采集与更新，数据产品的制作与制图等功能；实现数据的入库、管理与更新，确保数据从“源”到“流”、再到“源”的顺畅运行，使数据中心的农业数据资源活起来。

（二）“一张图”建设

利用云地理信息等现代化信息技术，在统一的运维环境、技术标准和安全保障体系的支撑和约束下，按照统一的数学基准，实现分散、多源、异构的地理空间数据的规范化集成应用与信息展示，以地理信息（数据）服务为核心，实现地理空间数据的开放共享，为各类应用系统提供统一的地理空间数据和功能服务支撑。智慧农业时空“一张图”展示系统包含门户子系统、基础应用平台、业务（专题）应用子系统、共享服务子系统、应用构建中心等子系统。平台支持统一的数据模型和地图资源配置，支持海量地理空间数据的资源目录、资源展示、资源查询、资源分析统计、数据挖掘及模型计算、动态配置及海量数据动图生成等功能。

1. 农业“一张图”基础应用平台

采用云计算及微服务架构方法进行系统建设，提供大数据管理需要的基础图形框架，并按照顶层设计及数据资源规划的要求，从数据组织、分类、展示与应用等角度，提供统一的农业“一张图”基础应用平台。平台包括多种系统展现方式，支持网络端、移动端、大屏展示等多种终端，提供数据的可视化展示、多维组合查询、统计汇总、报表服务及空间数据在线分析等功能。平台在充分共享数据资源的同时，提供“一站式”服务体验。

2. 农业“一张图”业务应用系统

建立在“一张图”数据库及管理系统之上，以组件及 Web 服务为基础，提供各类资源数据的综合应用与主题服务。系统主要面向各级业务处室及管理单位，结合业务主体，面向不同领导、不同业务部门、不同业务人员搭建界面不同、功能不同、随需应变的图形辅助审查、综合查询、比对核查、统计分析等功能模块，发挥“一张图”资源全面、权威、准确、即时等优势，辅助资源业务办理，为创新管理模式、管理精细化提供信息化手段支撑。

3. 农业“一张图”构建应用中心

依托“一张图”基础应用平台、农业大数据管理平台和共享应用服务平台等，充分运用云计算与大数据存储、治理、建模、可视化等先进技术手段，建设“一张图”构建应用中心。系统提供图形框架管理维护、报表生成与自定义、专题应用构建发布、模型构建管理发布、在线制图应用及集成、可视化的智图编辑生成、构建模型服务集成应用等多项功能，以满足信息业务变化对数据、功能应用及可视化展现的要求，从而为大数据、农云建设提供有效支撑。

4. 农业“一张图”可视表达平台

利用支持信息可视化的用户界面及支持分析过程的人机交互方式与技术，有效融合计算机的计算能力和人的认知能力，获得对于大规模复杂数据集的洞察。大数据可视化涉及传统的科学可视化和信息可视化，从大数据分析将掘取信息和洞悉知识作为目标的角度出发，在大数据环境下，利用各种技术分析数据，用形象直观的方式展示结果，这样则能够快速发现数据中蕴含的规律特征。平台包含多源数据管理、自助数据建模、可视化编排、空间可视化、多维数据分析及框架集成等功能。

三、农业物联网示范与管理平台

中山市农业生产管理与信息服务的农业物联网示范与管理平台是按照总体规划、统一协调、部门协作、突出重点、分工负责、分步实施的指导思想，采用了网络通信、计算机、人工智能、数据仓库、物联网和互联网等技术进行开发的。它包括农业物联网示范应用平台、土肥信息管理服务平台和信息化综合数据库。

（一）方案设计及实施

平台使用基于 XML 与 Web Services 的组件化开发模式，基于 SOA 架构，实现了业务模块/组件的松耦合，在充分满足现有平台各应用系统建设需求的同时，兼顾未来业务系统的建设集成，保证了系统应用的可拓展性。

平台采用数据、服务、业务和表现分离的多层设计理念，以安全可靠的数据管理为基础，以专业的数据服务模块为支撑，实现高效的业务处理能力，同时融合当前完备的安全、权限管理体系，保证平台的稳定和安全可靠运行，充分考虑兼容性和可扩展性，能够在各种终端设备上以多种形式展现。

1. 数据层

以数据保存为核心，建立分类数据库，实现信息资源的整合、共享和统一管理，为信息流、业务流和知识流的一体化集成提供数据基础，为安全管理提供信息服务。需要统筹规划、统一标准、分工协作，建设数据库群，实现信息资源的整合和共享，避免重复建设和标准不统一造成的资源浪费。数据主要分为：土肥空间信息数据库、土肥监测试验数据库、施肥决策数据库、信息服务数据库、视频监控数据库、环境监测数据库、墒情气象数据库、作物缺素症数据库和平台基础数据。

2. 服务层

服务层为整个系统提供技术支撑，主要包含服务引擎、GIS 组件、界面框架、统计分析引擎、报表服务、数据仓库组件等各种服务引擎和服务策略，为业务处理提供专业化的组件服务。为了提高平台的扩展性，以模块化和契约组合的方式提供服务，每种服务可单独使用，也可随意组合，使平台更加灵活易用。

3. 业务层

为了便于管理和业务关系，平台挂接多个业务系统，实现土肥管理、施肥决策以及农业物联网综合服务的各个功能，通过用户接口为不同的用户提供信息查询和交互服务，并通过信息采集传输网关实现安全档案数据采集和各个环节数据传输与共享。

4. 通信层

通信层支持COM、GPRS、3G、Wi-Fi、Internet等多种数据传输协议，提供高效的、安全的数据交互通道。

5. 设备层

平台能够挂接PDA、PC、LED屏、手机、传感器、摄像头、监测终端、墒情气象站和灌溉控制终端等多种终端设备，自动完成各种格式的数据转换和交互。

6. 应用层

平台支持农业物联网数据、土肥监测试验数据的采集和管理，实现示范基地的物联网监控、土肥监测与决策管理、手持终端数据采集、智能手机的信息查询服务和肥料撮合服务，提升农业生产管理水平和信息服务能力。

在中山市农业信息化总体目标的框架下，平台重点建设了农业物联网示范应用子平台和土肥信息管理服务子平台，进一步完善补充了中山市农村科技信息化软硬件和应用服务体系。主要建设内容包含如下几方面。

(1)建设基地水肥一体化自动控制系统，实现了基地内所有水稻示范区、蔬菜种植示范区、温室大棚水肥一体化灌溉自动化控制。

(2)建设智能化温室培育控制系统，集图像信息、环境信息、土壤信息、植物本体信息采集和降温、喷淋设备联动自动控制一体化功能。

(3)建设全数字高清视频监控系统，实现全方位高清网络视频监控、生产基地的治安安全视频监控、作物生长状态监控和病虫害监控。

(4)建设土地墒情监测系统和小型农业气象站，为基地水肥一体化自动控制系统提供有效的监测数据，实现自动化联动控制功能。

(5)建设水产养殖水质在线监测系统，采用了固定式监控和基于无人船的移动式监控两种模式，充分解决了水质养殖布点监测困难问题。两种模式均可实现水质多参数的同时在线监控，包括养殖区的水温、水位、溶解氧、pH、氧化还原值以及视频图像等。无人船主要用于装载水质检测设备，实现任一指定位置的在线快速监测。系统还具有及时检测结果与增氧机等现场养殖设备联动控制功能，实现养殖过程的精准控制。

(6)中山农业信息网接入：开发了中山农业推广信息网接口，将数据自动上传或发布到信息网上，以方便用户实时浏览相关信息数据，系统用户可在中山农业信息网链接和登录本农业物联网平台。

(7)建设农业物联网应用平台软件框架，实现平台的高度集成、易于扩展和所有子系统的集中管理，主要功能包括单点登录、多系统集中授权、基础资源共享、相关子系统接入和远程控制。

(8)综合布线工程：综合布线工程主要包括建设基地通信主干光纤网络、建设各系统建设配套工程，主要是为各系统提供供电及通信设施，并提供防雷保障。

(9)建设中心监控室建设，包括通信光通信平台建设、视频监控数据储存建设、监控墙建设和控制台建设。

其中土肥信息管理服务平台建设内容包含：土肥信息管理服务平台结合中山市测土配方施肥推广工作，基于GIS地图、通信网络和信息技术统筹管理土肥综合信息资源，为农技推广体系，涉农企业和广大农民建立了一个可采集、可管理、可维护、可查询、可推送的综合信息管理服务平台，主要围绕测土配方施肥推广工作的“测土、配方、配肥、供肥、施肥”五个环节，重点建设了移动数据采集系统、土壤养分监测系统、试验管理系统、空间数据管理系统、作物缺素诊断系统、施肥诊断决策系统、化肥撮合对接系统、数据查询管理系统、短信微信推送系统、触摸屏查询系统等十个系统。

(10)农业物联网示范平台手机APP，提供手机版物联网软件，同样集成所有监测数据和设备控制功能，方便场调试和应用。

(二) 技术推广应用

通过多家单位实施示范应用，用户对系统反应良好，并给予了较高的评价，取得了较好的经济和社会效益。具体措施如下。

项目成果首先在中山市顺迎蔬菜水果专业合作社、中山市神湾镇农业服务中心、中山市东升镇农业服务中心、中山市港口镇农业和农村工作局、中山市沙溪镇农业服务中心、中山市坦洲镇农业服务中心、中山市横栏镇农业服务中心、中山市三角镇农业服务中心、中山市民众镇农业服务中心、迁安市农业畜牧水产局、东营农业高新技术产业示范区科学技术局等多个单位实施应用，用户对系统反应良好，并给予了较高的评价。随后，项目成果在韶关市、广州市、阳江市、佛山市、惠州市、南宁市、南海区、从化区、天津市、昌吉州、绥化市等全国多个省、市、地区的30多个典型基地和企业试验示范，并以此为基础，建立了“五位一体”示范基地云服务平台，取得了较好的经济和社会效益。

农业物联网示范与管理平台的建设，实现了水肥一体化、温室环境监控、农情视频监控、墒情气象和养殖水质等的智能化管理，实现了基于GIS地图、通信网络和信息技术的土肥信息可视化分析与管理，构建了基于传感器的农业物联网应用技术体系，基于多模型、多指标、多农作物的施肥决策体系和基于多手段、多终端、多通道的施肥信息服务体系，使精准农业、农业的智能化和土肥的现代化管理成为可能。通过农业物联网云服务平台的搭建，使各个区域生产基地的农情信息可以实时显现，从而为专家指导和政府决策提供了有力的信息支撑，切实服务了广大涉农人员。研究成果及其推广应用提高了农业的信息与智能化水平，解放了农业生产力，推动了农业的进步与可持续发展。

二维码7-5　智慧农业综合管理平台建设　PPT

润物微语

人就像一颗种子，要做好一颗种子，身体、精神、情感都要健康。种子健康了，我们每个人的事业才能根深叶茂，枝粗果硕。

——袁隆平

实践案例

应用智慧农业技术管理棉花生产

棉花作为中国重要的经济作物，总产量位居世界第二，而近年来，随着信息技术、人工智能技术的迅猛发展，智慧农业在棉花生产管理当中得到普遍推广和应用，使棉花产量与质量得到进一步提升。

1. 棉花播种阶段

棉花播种阶段可以利用人工智能技术来快速和精准识别棉花种子的品相。比如利用X射线图像对种子的内部结构进行扫描探测，通过这种方法可以判定种子的外表面与肌理是否存在操作，胚的发育情况是否良好，进而挑选出发芽率较高的优质品种。在检测土壤成分时，可以通过GPS技术对需要检测的地块进行精准定位，然后利用便携式土壤水分检测仪以及神经网络技术对土壤含水量、pH以及含氮量等指标进行检测，以确定该地块的土壤是否具备播种条件。在分析灌溉耗水情况时，可以运用大数据技术与云计算技术对棉花的需水量进行精准计算，这样能够避免过量灌溉或者灌溉不足情况的发生。播种时，可以借助于GPS全球导航系统确定棉花种子的播撒区域，然后利用无人机实施精准播种，这种方法不仅可以减少大量的人工成本，同时，也能够有效控制棉花种子的播撒精度。

2. 棉花生长与田间管理阶段

在棉花生长过程中，可以利用物联网中智能传感器以及大数据技术，通过收集的棉花需水信息、养分信息、病虫害信息，构建一个数学模型，然后借助于这一模型来观测棉花的生长状况。比如以病虫害监测为例，当监测信息反馈给系统终端后，系统通过大数据技术对其进行分析处理，然后通过与专家数据库信息的比对，可以准确判定出病虫害类型与发展趋势，进而及时启动病虫防治预案。在田间管理阶段，主要包括植株灌溉、施肥、病虫害治理、除草、采收等内容。比如在田间除草阶段，技术人员可以利用高光谱成像传感器对棉花周边地块的杂草生长情况进行监测，然后确定杂草生长区域，利用这种技术的监测准确率能提高到85%以上。

3. 棉花作物质量检验阶段

当棉花采收以后，需要对棉花质量进行检测，检测指标包括异性纤维的含量以及杂质的含量。在这阶段技术人员可以利用智慧农业当中的建模技术，并结合机器视觉系统，对棉花作物中的杂质与异性纤维进行自动识别，当确定杂质与异性纤维的含量后，广大棉花种植户能够在短时间内将棉花与杂质彻底分离，因此，利用这种技术既可以提高生产工作效率，也能够节省大量的人工成本。

由此可以看出，棉花的产、种、收阶段都可以应用智慧农业系统中的各种先进技术进行管理，这些技术不仅仅在提高产量与质量方面表现出了优越性，同时，在改善土壤环境、提高棉花植株抵御能力、促进棉花健康茁壮生长等方面，也具有重要的现实意义。

本章小结

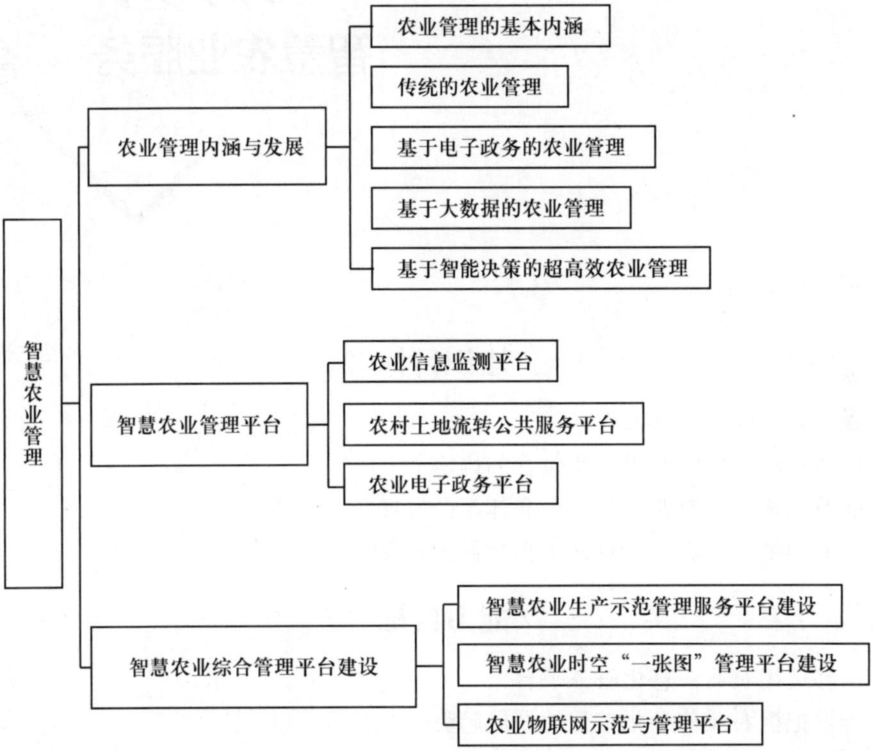

思考题

1. 智慧农业管理平台建设目标是什么？
2. 农业宏观管理的手段包括哪些？
3. 智慧农业信息监测平台主要包括哪些内容？

第八章 智慧农业服务

知识目标

1. 理解农业服务的基本内涵。
2. 能够说明智慧农业服务所包含的内容。
3. 能够描述当前农业社会化服务体系的发展历程和现状。
4. 能够归纳总结农业信息化工程建设的意义。

能力目标

1. 能够运用农业信息化服务平台。
2. 能够把握农业信息化工程的发展趋势。

素质目标

1. 培养农业信息化发展意识。
2. 树立学农、爱农、为农的家国情怀。

农业服务宽泛而复杂,目前我国专业化、社会化、一体化的涉农服务组织严重缺乏,同时现有的农业服务存在与种植业的需求不匹配的问题。根据农业服务的主体进行分类,可将现有农业服务分为以下五种。

一是农资厂家提供的农化服务。目前较多农资厂商提供的服务大多仍然以销售产品和推广为主要目的,并未全面地和有针对性地覆盖从种到收,商业化目的太过明确;二是渠道商提供的农化服务。一般都是渠道经销商基于个人经验,提供农资产品销售之外的配套服务,但大部分还是为推广产品。在整体的服务上,技术能力参差不齐,服务团队不健全,缺乏全面的农技知识;三是农技站提供的农化服务。农技推广服务系统存在人员少、推广面大、管理制度不完整和资源不足等问题,甚至在许多地区农技推广组织已经难以继续发展;四是农机手提供的农化服务。在许多大田地区,一些农机手(机播手、代种代收等)以个体为单位,为农户提供劳务服务并收取一定费用。但是资质大多难以统一，效果不确定性大，受地理限制非常强；五是新型农化服务组织。这些组织以盈利为目的，以新科技为手段，提供地区性或专业性服务，如植保飞防公司、农资/农产品电商平台，以及一些以特定农作物全产业链提供服务的公司。这些企业目前规模都尚小，其商业模式尚未明确，受地理、气候及当地农机水平限制较大。

从广义角度来看，农业服务和传统农业生产、现代化农业生产都有着紧密的联系，总之对农业生产产生任何影响的服务活动都是农业服务，主要包括为农业生产提供现代化生产技术、农业机械、化肥供给等服务。农业服务的主体比较小，主要面向农业生产，但其服务内容较为繁多、复杂。从狭义角度来看，农业服务即各类服务机构（包括种子经销商、化肥经销商、银行、农贸市场等）对农业生产和农产品提供的综合配套服务。

农业信息服务的手段既包括传统信息手段，又包括现代化信息手段。其中广播、电视、报纸、宣传板等是传统手段，互联网、卫星、手机短信、“三微一端”则是现代化信息服务手段。广播、电视网、电信网、卫星网、互联网等基础设施网络并结合数字微波传输技术，为农业信息服务提供了通畅渠道。此外，诸如流动性的农业信息服务站（益农信息社）、科普刊物、农村科技培训、农村实用人才带头人培训以及农产品信息发布会和技术洽谈会等，也都是很好的农业信息服务方式。

第一节　农村生活信息服务平台

与农业生活相关的信息主要为农村教育、农村医疗、农村金融，这些信息对于提高农民素质和自身发展，改善农民生活水平具有重要的意义。

一、农村教育

优先发展乡村教育是实现乡村振兴的重要路径。近年来，国家相继出台了一系列文件、通知，加快推进农村教育，特别是推动义务教育的均衡发展。20 世纪末，全国基本普及了九年义务教育。新时期又更进一步加快义务教育的区域内均衡发展，2017 年 1 月印发的《国家教育事业发展“十三五”规划》强调“统筹规划城乡教育发展”“全面提升教育发展共享水平”。2017 年 9 月中共中央办公厅、国务院办公厅印发的《关于深化教育体制机制改革的意见》指出，要构建政府、学校、社会之间的新型关系，完善义务教育均衡优质发展的体制机制，推进教育治理体系和治理能力现代化。截至 2017 年年底，全国大约有 2300 个县（市、区）通过了义务教育基本均衡评估和验收，占全国总县（市、区）数的 81%。2018 年 1 月中共中央、国务院出台《关于实施乡村振兴战略的意见》，提出：“优先发展农村教育事业。高度重视发展农村义务教育，推动建立以城带乡、整体推进、城乡一体、均衡发展的义务教育发展机制。”

虽然国家在农村教育上投入了大量的资金和师资力量，但是由于农村各种条件的限制，不可能拥有与城市一样的教学环境，农村地区对教育的需求依然很大。首先需要一些手段和渠道来满足这个需求；其次是为增加收入，外出务工已然成为农民的一个重要收入选择。但随着劳动力市场的不断充足，用工单位对劳动力的技能也提出了更高的要求，没有技术的工人难以适应新形势下的工作环境。乡村学校既要立足乡村空心化、老龄化的现实，充分利用学校的文化、体育、艺术和现代化教育资源，发挥学生的带动作用，把乡村文化活动带起来；还要继续办好农民夜校、成人学校、家长学校，提高村民的文化素质和技术能力。

二、农村医疗

（一）农村医疗现状

由于经济发展不平衡，我国医疗资源发展也极度不平衡，基层医疗机构医生资源不足、诊疗水平低、病人信任度低等问题日益严重。

我国农民就医，一直以来都存在着各种困难，随着医疗制度的不断完善和发展，一些困难逐渐得到解决，其中有两大顽症一直困扰着农村医疗的发展。

1. 基层医疗机构就医提供的医疗服务水平低

基层医疗机构万元以上医疗设备相对较少，我国农村与城市的医疗资源分布极不平衡，城市大医院基本占据了绝大部分的医疗资源，到 2018 年，万元以上医疗设备，城市是农村的 18 倍。因此整个农村医疗地区的硬件水平低，检查结果等得不到患者信任。政府方面对农村医疗资源投入的相关制度设计也没有出台，我国基层医疗机构规模虽然随着政府投入的增加呈发展趋势，但是医疗技术水平提升缓慢，医治大病的能力不足。基层高学历专业医护人员比例较低，我国农村的基层医疗机构医疗技术人才长期都是短缺的，到 2018 年，我国每千人口卫生技术人员数，城市是农村的 2.22 倍。

2. 农村居民大病患者去城市就医成本高

就医成本是指病人为了治病而发生的各种费用，不只是就医的医疗费和手术费用，还包括住院、护理、医院设备等其他费用。随着我国经济由计划经济向市场经济的转型，医疗卫生事业为适应市场经济需求，规模、设备不断扩张，技术水平、业务能力迅速提高。此时医疗卫生事业推向市场，使医疗费用不断升高。就医患者个人负担的医疗费用也在逐年增加，这一费用无论是居住在城市还是农村的居民都难以承担，但是农村的患者去城市就医在医疗费用基础上还要再加上交通费、住宿费等，复诊更会使这些费用叠加。

（二）互联网医疗的优势分析

通过远程医疗系统的构建，将优质医疗设备与基层农村医疗机构互联互通，通过健康体检、远程健康咨询等手段，实现先进医疗资源的共享。这种手段对于解决农民“看病贵，看病难”等问题、改善农民生活条件具有实际意义。

1. 可以实现医疗资源共享

互联网医疗使传统医院成为“开放式医院”，将使医疗行业中的每一个部分作为网络医疗资源被共享在网络空间中，不管是医院还是就医患者，都可以通过互联网进入一个独立的网络医疗空间，可以公平地获取网络资源，进行线上复诊、远程会诊、在线病情或心理咨询等。互联网可跨越时间和地域的阻碍，使更多的患者能得到享有稀缺的医疗资源的权利，从而能实现医疗资源合理配置的目的。通过这一网络医疗体系，基层医院也可以使用大医院的医疗器械、设施和人力资源，最大限度地利用有限的医疗资源，避免重复投资造成的浪费，向病人提供更好的医疗服务。这一方式能最大限度地共享医疗人才、医疗设备等资源优势。

2. 能为降低就医成本提供空间

互联网医疗可以节省交通费、住宅费。农村居民去城市线下医院就医，要付出大量的时间、精力、财力。将互联网这个无形的沟通桥梁搭建于医生和患者之间，将会节省大量的交通费、住宿费。网络医疗会诊的范围已经超出了医院范围、省际范围甚至是国家范围，患者通过网络可以享受到世界各地专家的远程会诊服务。弱化空间要求，使患者不用出远门就能获得最权威的治疗。

3. 在一定程度上可以降低药价

我国的药价一直居高不下，药价虚高，网上药店的价格相对实体药店偏低。有关部门做过调查，指出药价虚高的本质是药物到达患者手中，中间有多重加价环节，例如代理商的费用和利润、销售门店的租金和费用、医院的二次加价等。互联网医疗可以实行定点医疗机构指定厂家网络配送，减少中间环节，起到降低药价的作用。

三、农村金融

农村金融是指一切与农村货币流通和信用活动有关的各种经济活动。近年来，随着中国新型农村金融机构逐步兴起和发展，当前中国农村正规金融体系已经不限于传统的商业银行、政策性银行以及农村信用合作社，还囊括了村镇银行、小额贷款公司等。金融机构结合农村金融服务需求特点，积极探索扩大抵押担保范围，扩大小额信用贷款和联保贷款的覆盖范围，涌现了集体林权抵押贷款、大型农机具抵押贷款、“信贷＋保险”产品、中小企业集合票据、涉农企业直接债务融资工具等在全国范围内较有影响的创新产品以及一些具有地方特色的创新实践。然而不少农民缺乏对现代金融方针、政策、金融知识的了解，对银行的认识仅停留在传统的存、取款上。

农村地区金融服务渠道的建设是农村脱贫攻坚和乡村振兴战略的重要突破口，只有从根本上解决了资金问题，才能更好地带动各产业的协调发展。当前政府主导的银行网点下沉、代理服务点建设和新型的互联网金融模式，都使农村的金融供给得到了显著的改善，但要真正将金融服务落实到“最后1公里”还面临着许多挑战。通过提供此类金融信息服务，农民对农村金融会有更深入的了解，进一步找到适合自己的金融服务项目来改善农业生产条件，提高收入。

第二节　农村生产信息服务平台

与农业生产相关的信息主要包括农业政策、农产品市场、农业科技、农业保险等，这些信息都呈现出自上而下单向信息流的特点，是农民进行生产决策的重要依据。农民通过获取此类信息，可有效地定位市场，把握农产品市场的价格变化，对这类信息的有效利用也将直接影响到农村的种养殖结构及农民的收入。

一、农业政策

农业政策是指国家为加强农业发展对农业实施的一系列措施、手段。国家相继出台了一系列惠农政策，如种粮直补政策、农资综合补贴政策、良种补贴政策、农机购置补贴政策、农产品目标价格政策等，共计有 50 多项，但农民能够真正详细了解的信息不多。国家政策的扶持与引导是发展农业生产的重要保证，要确保农民及时准确地了解有关中央政策的精神，获取相关涉农政策方针，这对实现有关惠农政策的落实到位具有重要意义。

二、农产品市场

农产品市场信息的流通是降低农业风险从而增加农民收入的关键。市场经济使农民有了充分的自主经营权，但同时也带来了盲目经营的风险。因此，农民急需获取可靠的、可用的市场信息，以便有效地定位于市场，把握农产品市场价格变化，进而合理地安排生产，及时地调整生产结构。对这类信息的有效利用将直接影响农民的收入、生活水平等。

三、农业科技

农业科技是农民最急需、最关注的信息。农民想要脱贫致富，首先，需要了解各种投资少、见效快、易掌握、好操作的实用农业科学技术方面的信息。要想利用有限的土地资源获取更高的效益，做到节约成本、增加效益、优质高产，仍然离不开农业科技信息的持续供给。其次，农民需要能够对当地地情进行分析的农业科技信息。尽管在生产过程中农民积累了大量生产经验，但是随着农药、化肥等化学用品和农业机械的使用，当地地情发生了一系列变化。通过分析地情，因地制宜，选择最适宜的种植品种，对提高土地利用率以及农民收入具有重要意义。再次，高产、优质、高效的经济作物和市场畅销的畜禽养殖新品种方面的信息以及能解决关键问题、提高产品附加值的新技术信息也是农民所需要的。想要在激烈的市场竞争中胜出，必须随时掌握市场趋势，抓住市场空当，巧钻市场冷门，引进新的品种，运用新技术，增加产品的科技含量，努力培育出独特的农产品，这样才能获得好效益。

四、农业保险

农业是同时面临自然、市场和技术三重风险的高风险产业。农业保险作为专为农业生产者在从事种植业、林业、畜牧业和渔业生产过程中，对遭受自然灾害、意外事故疫病、疾病等保险事故所造成的经济损失提供保障的一种保险，具有分散和转移风险的作用，有助于稳定农户的预期收益，且不同的农业保险产品在降低收益波动性方面存在差异。农业保险对于保障农民的收入，改善农业生产条件以及农业现代化建设具有重要意义。国内外学者对农业保险与农业产出关系的探究尚未达成共识。国内部分学者认为农业保险能够促进农业产出水平，农业保险通过风险预期效应以及结构替代效应对农业产出规模产生影响。但是部分学者认为农业保险对产量影响并不显著，我国政策性农业保险由于激励强度不足，一定程度上抑制了农业产出规模。农民对农业保险的认识不充分，或者有抵触心理，通过提供此类信息服务，农民可以充分了解农业保险的相关信息，评估农业保险能带来的效益，并选择投保合适的农业保险种类，进一步保障农业生产的收入，从而促进农业保险的健康发展。

第三节　农业社会化服务

传统农业向现代化农业转变的过程中，离不开农业机械和农业科学技术，农业社会化服务体系能够给农业发展提供先进的农业生产机械、高效的农业技术、领先的生产理念和准确的市场导向，从而辅助我国农业逐步走向现代化，农业社会化服务是农业服务发展的必然趋势。

一、农业社会化服务体系概述

二维码 8-1　农业社会化服务　视频

“农业社会化服务体系”这一概念是由中国提出来的。1978 年家庭联产承包责任制出现，专业化和商品化提高，“社会化服务”开始产生；1984 年中共中央一号文件指出，要加强社会服务，促进农村商品生产的发展；到 1986 年中共中央一号文件指出，农村商品生产的发展要求生产服务社会化；1990 年《关于一九九一年农业和农村工作的通知》文件首次提出“农业社会化服务体系”；再到 2008 年 10 月 9 日党的十七届三中全会通过的《中共中央关于推进农村改革发展若干重大问题的决定》和当年的中央一号文件明确提出了“力争三年内在全国普遍健全乡镇或区域性农技推广等公共服务机构，逐步建立村级服务点。”此后农业社会化服务体系这一概念被普遍使用开来。

农业社会化服务就是指与农业相关的社会经济组织为满足农业生产的需要，为直接从事农业生产的经营主体提供各种服务，如耕、播、浇、收、防疫灭病、技术指导及良种、生产资料供应和产品销售、加工等。农业社会化服务体系就是上述各种服务形成的相互依赖、相互作用的网络体系。其运行机理如图 8-1 所示。

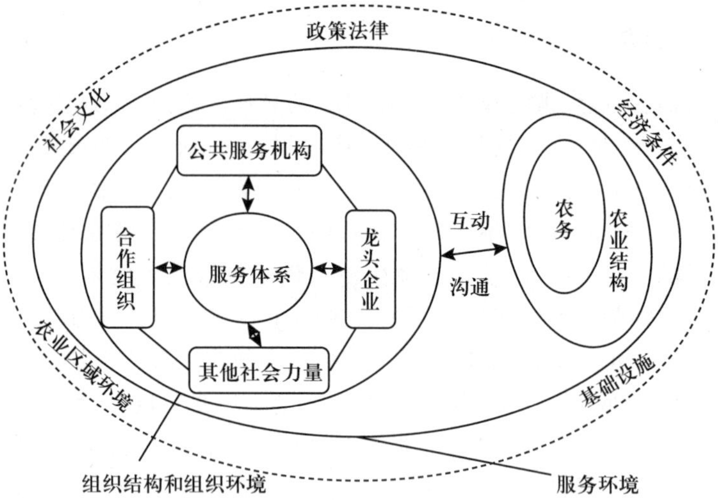

图 8-1　农业社会化服务运行机理

农业社会化服务具有四个典型特征。

(1)农业社会化服务内容系统化。服务的内容包括技术服务、金融服务、信息服务、基础设施建设、农产品质量安全等。

(2)服务主体多元化,服务主体包括政府及涉农事业单位,村集体经济组织,农业院校、科研院所等教育及科研单位,金融、物资、外贸等部门,合作经济组织及涉农企业等。

(3)服务性质社会化。农业社会化服务体系所提供的服务是以商品交换为基础的。

(4)服务供给多重化。农业社会化服务是属于公益性服务和经营性服务相结合的供给体系,公益性服务本身具有非排他性、公益性等特点,需要政府承担服务供给,如农业技术推广、动植物疫病防控;经营性服务则充分导入市场力量,如技术指导、疫病防治。

二、我国农业社会化服务体系发展现状

改革开放之前我国农业社会化服务模式属于"体内循环型",建立了较齐全的服务组织,如供销合作社,也建立了包括县、公社、生产大队、生产小队在内的农业科研推广体系,开展科技成果推广,但是农业服务体系受所在公社管辖,缺乏独立生存、自我扩张的能力,服务主体和形式的单一以及计划经济条件下农产品的统购统销,服务的内容和形式单一,经营缺乏活力和可持续性。改革开放之后农业服务模式由"体内循环模式"转变为"体外循环模式",服务对象由面向村集体发展为直接面对农户,项目类型由以产中服务和单项服务为主拓展为全面综合配套服务,服务方式由原来的以乡政府和村委会支持向多渠道提供服务方式发展。农民成为农村服务市场供应者的主体,形成了以市场方式组建的农业服务实体,以市场交易方式直接为农户提供服务。

现在我国农业社会化服务模式主要有五种:一是以政府公共服务部门为主导的模式,如农技服务网络咨询平台;二是以村集体经济组织为主的"村集体＋中介组织＋农户＋基地"的模式;三是提供产前团购与技术培训服务的"农民专业合作组织＋农户"的模式;四是"多种民间服务主体＋农户"的模式,如"企业＋政府机构＋基地＋农户";五是

“农业产业化龙头企业＋农户”的模式，如民间村级科技服务站。

我国农业社会化服务体系发展现状主要有三个表现。

(1)服务主体快速发展，多元化格局基本形成。公益性服务体系初步形成，建立了从中央到乡镇五级政府公益性服务组织，经营性服务体系初具规模，涌现了大批为农户提供全方位服务的农业企业，各种合作性服务组织快速发展。

(2)服务领域不断拓展，多层次服务格局基本形成。传统型服务基本覆盖，新型服务领域将不断拓展，农业公共服务机构发挥着主导和引领作用，新型服务领域涵盖面广，包括市场预测和信息传递、人才培训与管理、金融与保险服务等。

(3)服务方式与手段不断创新，多形式服务模式基本建立。被动服务转变为主动服务，常规服务向个性化服务发展，专项服务逐步发展为综合服务。更多地以产业化经营推动社会化服务，以产学研协作提升服务水平，农事全过程的服务成为发展趋势。

社会化服务体现了政府职能的转变，为企业和农户联合走向市场架设了桥梁，把科技推广落到实处，其产生的经济效益又带动了社会效益的扩散。发展农业社会化服务体系对我国的农业现代化发展具有重要意义。

三、国外农业社会化服务的现状

(一) 美国模式

美国的农业，不论是在本国国民经济中还是在世界经济中，都具有重要的地位和影响，其以不到全球千分之三的总农业劳动力，产出全世界绝大部分农业产品，其中黄豆产量占全世界总产量的53％，柑橘产量占64％，玉米产量占40％，甜高粱产量占31％，青豌豆产量占23％，牛肉产量占23％，乳制品占15％，猪肉占13％，蛋类占19％，此外棉花及小麦分别占17％和11％。美国的农业生产之所以拥有如此巨大的生产规模，并不仅仅是因为其现代化生产水平极高，从组织和经营角度看，美国农业的高度现代化，是与其高度完善和发达的农业社会化服务体系分不开的。所以，如果没有完善发达的农业社会化服务，就没有美国现代化。19世纪中叶，美国农业开始了由自给自足型农业向商品型农业的转轨时期，由此也开始了美国农业社会化服务体系的萌芽期。至1940年，美国农业步入以工业化生产为特征的高度发达阶段后，美国农业的社会化服务体系也进入成熟期，最终成为美国现代农业经济的一个极为重要的组成部分。经过一百多年的发展，美国的农业社会化服务构成了政府、合作社和私人公司三个层次的网络体系，即公共农业服务系统、合作社农业服务系统、私人农业服务系统，三者相辅相成，相互协调，优势互补，自我发展。

美国的社会化服务模式主要有三种。第一种是公共农业服务系统，主要由政府部门牵头，主要负责组织农业教育、科研与推广，为农业提供最基本的服务，包括农业部农业研究局、林业局、县农技推广机构、各州赠地大学农学院与合作推广站等。第二种是合作社服务系统，由农场主根据生产经营需要而组成各种形式的合作社构成，包括生产合作社、销售合作社、购买合作社和服务合作社与混合型合作社。第三种是私人农业服务系统，由各种从事与农业生产、加工及运销的私营企业组成，通过与农民签订合同将服务送到农民手中，从中实现盈利。

（二）日本模式

日本的社会化服务体系主要有两种模式。第一种是政府组建的相关职能部门，包括农业技术推广、农业科研教育、信息服务等部门。第二种是农民自发形成的各级各类农协组织，主要是提供产前的农资供应服务、农技指导与推广服务、加工销售与流通服务、农村金融与农村保险服务，这些组织向农民提供综合服务的同时也接受政府的监督指导。这两种模式之间相互协调和补充。

（三）国外社会化服务体系的经验启示

（1）重视开发科研教育单位的服务功能。我们要加大对科研机构和农业院校的财政投资力度，制定相关政策保障其良性运行；改革现有的科研教育体制，将农业教育、科研和推广紧密连接在一起；改变条块分割、相互脱节的现状，努力提高科研教育机构自身发展与资金积累能力；提高农技推广人员的工资待遇，建立有效的激励机制；提高服务的效率与质量，促进农业科技的传播与推广。

（2）加强政府与各供给主体间的协作。公益性比较强、投资大而回报低、外部效益较大的服务领域的政府服务机构，应用性较强、直接面对个体农户经营性服务领域的龙头企业、农村专业合作组织、个体经销商、农民经纪人等，在这两者之间建立有效的组织管理机制，加强政府与各供给主体间的协作与配合，实现政府公共机构与其他供给主体的功能互补。

二维码 8-2　农业社会化服务 PPT

（3）积极发展以合同制为主的工商业服务系统。为增加农门收入，防治农业资金的外流我们要鼓励采取合同制，在企业和农户之间建立稳定的产销关系，可以降低工商企业进入农业的成本，农户通过合同的制定，分享农产品加工、销售环节的增值利润。

（4）优先发展以农业合作社为主的农业社会化服务体系。我国农业是建立在分散、小规模农户经营的基础之上，因为由农民自主联合形成合作组织代表农民的利益，它能降低服务费用，为农民提供多种服务，使加工、销售环节利润回流。

第四节　重大农业信息化工程

二维码 8-3　重大农业信息工程 PPT

针对农村信息服务“最后一公里”的难题，综合运用智能推送技术、自组网络技术、无线网络技术、触摸屏技术、智能终端技术等，构建基于物联网的农业综合信息服务平台，面向广大农民，实现农村综合信息智能推送服务。主要内容包括：一是开发农村信息智能服务综合管理系统软件，集现代农村远程教育、农业远程视频诊断、农村信息定制服务、农民电话咨询等功能为一体，切实解决农村信息服务“最后一公里”难题；二是以简化直观、易用方便为特点，以农村社区（村）或农业企业建立信息终端服务站点，以智能触摸屏一体机作为载体，研制适合农民使用的“农村信息一点通”配套信息服务终端新技术产品；三是以集成化的农业知识库群为信息资源保障，将有线网络与无线网络相结合，构建信息服务管理中心，实现对前台应用系统的数据支持和集中管理，以及信息的发布和内部传递，集信息推送、资源管理、终端远程维护等功能为一体；四是建立农业综合信息服务平台示范应用基地，利用信息服务智能终端开展现代农村远程教育、农业远程视频诊断、电话热线咨询等面向农民的信息服务，实现对农村社区（村）、专业合作组织等信息智能推送服务，以发展农村信息服务产业为目标，创新服务方式和经营模式，形成公益性服务与市场化运作相结合的新型农村信息服务运行机制。

一、金农工程

1994 年 12 月，为加速和推进农业和农村信息化，建立“农业综合管理和服务信息系统”，在“国家经济信息化联席会议”第三次会议上提出了金农工程。金农工程一期应用系统如图 8-2 所示。其主要任务有如下几个方面。

（1）网络的控制管理和信息交换服务，包括与其他涉农系统的信息交换与共享。

（2）建立和维护国家级农业数据库群及其应用系统。

（3）协调制定统一的信息采集、发布的标准规范，对区域中心、行业中心实施技术指导和管理。

（4）组织农业现代化信息服务及促进各类计算机应用系统，如专家系统、地理信息系统、卫星遥感信息系统的开发和应用。

图 8-2 金农工程一期应用系统

2002 年 8 月，中共中央办公厅和国务院办公厅转发的《国家信息化领导小组关于我国电子政务建设指导意见》将金农工程列为国家电子政务重点建设系统。其中一期项目由国家统一立项、统一规划，农业部牵头，国家粮食局配合，中央地方分别投资建设，中央给予西部 12 个省（区、市）及新疆生产建设兵团财政资金补助。

农业部和国家粮食局本级项目目前全部完成。2007 年年底,金农工程一期项目的中央本级项目和各地方项目陆续进入建设实施阶段。2011 年年底,农业部本级项目建设内容和在原投资规模内调增的应急指挥场所建设等建设内容全部完成,2011 年 12 月 31 日,通过初步验收后系统全面进入试运行阶段。项目建设共改造了计算机房 1 194 平方米,购置了硬件设备 844 套、软件设备 483 套,实际总投资 16 617 万元。建成了三大应用系统,国家农业综合门户网站和农业监测预警、农产品和生产资料市场监管信息、农村市场和科技信息服务;构建了农产品监测预警、动物疫情防控信息管理、农业信息采集、农产品与生产资料市场监管信息、农业科技信息联合服务、农产品批发市场价格信息服务、农村市场供求信息全国联播服务等子系统,建设了统一的信息安全管理体系、技术体系、运维体系和农业电子政务标准规范体系。项目通过了中国信息安全测评中心所做的信息安全等级测评和风险评估,所测评的金农工程一期各信息系统均基本符合相应的等级保护三级和二级要求,风险评估结论为属于低风险水平。2012 年 7 月 25 日,国家粮食局本级项目全面完成并通过初步验收。

各地方项目基本完成规定建设任务。2011 年 4 月农业部办公厅、国家粮食局办公室联合下发了《农业部办公厅、国家粮食局办公室关于加快推进金农工程一期项目实施工作的通知》,启动"一月一报告、一月一检查、一月一通报"制度,积极推进了地方项目建设进度。2011 年 12 月,农业部市场和经济信息司联合发布《关于金农工程地方项目验收评估工作有关意见的函》,安排部署了地方项目成果验收评估工作。各地方项目建设全面推进,12 个西部地区省份和新疆生产建设兵团基本完成规定建设任务。农业综合统计、物价监测、成本调查、农机事故、农情调度等 16 类主要业务数据采集系统信息填报用户已达 3.1 万个,累计采集省、地、县各级报表近 94 万张,抓取国外农业信息 563 万余条,农业系统各部门信息采集、处理和服务能力得到了显著提升。对小麦、玉米、稻谷、生猪等 18 类重要农产品进行动态监测预警,从供求安全、生产波动、市场价格波动、国际价格竞争力、进口影响指标等方面开展了农业部和省(区)联动的实时在线分析预警工作,上报预警信息 500 余条,国家的农产品市场风险监测能力和先兆预警能力得到很大提升。国家农业综合门户网站日均点击量约 500 万次,信息发布量日均超过 500 篇。市场价格数据会及时在国家农业综合门户网站和中央电视台 2 套经济频道、中央人民广播电台、农民日报等传统媒体对外发布。农村市场供求信息全国联播服务系统,帮助农户与市场进行农产品产销对接,着力解决农产品买卖难的问题。

金农工程一期项目建设的完成,建成了国家和省两级农业数据中心、国家农业科技数据分中心、国家粮食局粮食购销调存数据中心,构建了部省统一的农业电子政务应用系统、国家农业综合门户网站和 31 个农业行业电子政务应用子系统,在原有基础上升级改造了农业部应急指挥系统,建立了统一的信息安全管理体系、技术体系和运维体系。项目建设实现了部省数据共享,支撑了业务管理系统的协同应用,各级农业部门履职能力得到提高,服务型政府、法制型政府、责任型政府建设得以促进,农业部门面向社会的服务渠道进一步拓宽,提升了国家整体"三农"服务的能力和水平,为农业农村经济发展提供了有力保障。

二、农作物种子生产经营许可管理系统

为规范农作物种子生产经营许可行为，根据《农作物种子生产经营许可管理办法》（农业部令 2011 年第 3 号）要求，构建了“全国农作物种子生产经营许可信息管理系统”（以下简称种子许可信息管理系统）。2012 年 3 月农业部办公厅下发《农业部办公厅关于启用种子生产经营许可信息管理系统的通知》（农办种〔2012〕11 号），公布种子许可信息管理系统正式投入使用。

系统填报的主要内容为生产经营许可信息，种子生产许可证填报信息包括：单位名称、许可证编号、公告文件号、发证日期、有效期、发证机关及所在地、住所、法定代表人、作物种类、品种（组合）、生产地点、注册资本、联系电话等。种子经营许可证填报信息包括：单位名称、许可证编号、公告文件号、发证日期、有效期、发证机关及所在地、住所、法定代表人、作物种类、品种（组合）、经营范围、经营方式、有效区域、注册资本、联系电话等。

原按照《农作物种子生产经营许可管理办法》（农业部令 2004 年第 38 号）核发的种子生产、经营许可，种子管理局已将各地 2011 年 4 月前报送的种子生产、经营许可信息录入管理系统。对于按照《农作物种子生产经营许可管理办法》（农业部令 2011 年第 3 号）核发的种子生产经营许可证，各级发证机关通过登录、使用许可证网络打印系统打印种子生产许可证，即可完成生产经营许可信息自动填报。种子生产经营许可实现互联网大数据管控和监督，农作物种子生产经营得到进一步规范。

为进一步落实新修订的《农作物种子生产经营许可管理办法》，做好生产经营许可管理工作，新版种子生产经营许可管理系统（包括网上申报、网上备案两个部分）经各级种子管理部门和有关企业测试，于 2016 年 8 月 15 日正式上线。新版系统可以通过中国种业信息网首页“网上办事”栏目下的“种子生产经营许可”进行访问；管理机构可登录农作物种子管理集成平台，在平台中的种子生产经营许可管理系统和种子生产经营备案管理系统分别进行许可管理和备案管理；企业（个人）可登录农作物种子企业集成业务办理平台，在平台中种子生产经营许可网上申报系统进行网上许可申请及设立分支机构、委托生产种子、委托代销种子等信息填报；受委托生产种子、受委托代销种子、经营不再分装种子和设立分支机构等四类主体登录平台中种子生产经营网上备案系统进行网上备案。具体平台运用如图 8-3、图 8-4、图 8-5 所示。

三、全国农业综合信息服务平台项目

2012 年年初，农业部启动全国农业综合信息服务平台即 12316 中央平台（图 8-6）建设工作，重点打造了以中央平台为系统依托，以省级平台为应用组织保障，以农民专业合作社示范应用为服务基础，基于电脑、手机等多种终端的综合信息服务平台。目前，12316 中央平台各系统已建设完成并投入试运行，丰富了开展农业综合信息服务的方式和手段，支撑了农业部门的业务应用，在政府、企业、农户和合作社等涉农主体之间搭建起了两个综合性沟通互动渠道，随着推广应用的不断深入，此平台正逐渐成为各级农业部门开展综合信息服务的重要载体和窗口。

图 8-3 农作物种子管理集成平台

图 8-4 农作物种子企业集成业务办理平台

图 8-5　种子生产经营许可管理系统

1. 基础设施条件更加完善

依托国家农业数据中心统一的网络、安全等基础保障，构建了统一的平台运行环境，系统的计算、网络、存储等能力大幅提升。原 12316 呼叫中心职场环境基本建成，为语音平台对外服务提供了良好的环境。制定了数据交换、系统集成等标准规范，系统信息交换和共享标准化程度进一步提高。

2. 信息资源共享程度显著提高

通过对有关农业政策、科技、市场、专家知识库等涉农信息资源进行整体规划，打造了统一的 12316 门户网站和 12316 短彩信平台、农民专业合作社经营管理系统等应用系统；初步实现了部省 12316 信息资源的共享整合，形成了集中统一的 12316 农业信息服务平台。同时，用户实名注册管理有效保障了信息资源的真实性和可靠性，创新了服务方式，为农民服务的效能得到了有效提升。

3. 为部门业务开展提供高效手段支撑

12316 短彩信平台覆盖了移动、电信、联通三大网络运营商的手机用户，实现了与现有业务系统的对接，为业务部门工作开展提供了高效先进的信息化手段支撑。作为“中国农民手机报(政务版)”的支撑平台，每次发送用户数量达 4 万多，为广大用户及时了解农业资讯提供了便利。有关业务单位也将平台作为开展业务工作的重要手段，已有 50 多家用户注册使用，大大提高了办公效率。

4. 促进提高农业生产经营管理水平

农民专业合作社经营管理系统的建成，可引导农民专业合作社开展生产经营活动，提高合作社的管理和运营水平，提供现代化管理手段，同时，大大节省了合作社网站建设成本，提高信息共享效率。2012 年，在北京、上海、浙江、广西等 12 个试点省区市 600 多个农民专业合作社进行了系统示范应用，并不断有新的合作社申请开通使用。

5. 为农技推广和创新提供了便捷通道

广大农技推广部门和基层信息服务站点的专家、信息服务人员都可以利用 12316 中央平台开展专家咨询、农业科技讲座、技术交流等活动，广大农民用户也可通过平台及时了解掌握农业新技术、新产品、新动向等各类涉农信息，为农业科技推广和创新工作搭建了便捷实用的综合平台，可以有效解决农民群众生产生活中的实际困难，减少农业损失，提高农业科技服务的精准性和实效性。

图 8-6 12316 农业信息综合服务系统、12316“三农”综合信息服务平台

四、重点农产品市场信息平台

2017 年 11 月 10 日，重点农产品市场信息平台（图 8-7）正式开通运行，以重点品种全产业链数据采集、分析、发布、服务为主线，建立“一网式”市场信息服务窗口，为农业生产经营主体和公众提供权威、全面、及时、有效的市场信息服务。该平台注重聚合全链条数据资源，通过数据整合共享，内容主要包括“农产品批发价格 200 指数”等业务板块，汇聚

了生产、国际贸易、成本收益、市场动态、品牌建设等相关信息。平台按照可机器读取、可社会化再利用的原则，首次向公众开放大量历史数据、统计资料及实时监测数据，促进数据资源的价值增值。目前（截至 2020 年 8 月），平台日上报价格数据 230 多万条，电子交易结算数据 2 923 多万条，接入各类数据约 20 亿条，每天新增数据 10 万余条，成为农产品市场信息的汇聚中心。谷子种植区域、种植面积、产量、价格信息也已经纳入平台服务范围，生产经营者可在农业农村部网站随时查询。2018 年至今每年都会针对平台系统完善进行专项投标，维护、完善平台各项功能，接下来，农业农村部还将强化乡村特色产业监测分析，及时发布监测信息，指导经营主体合理组织生产，防控农产品市场风险。

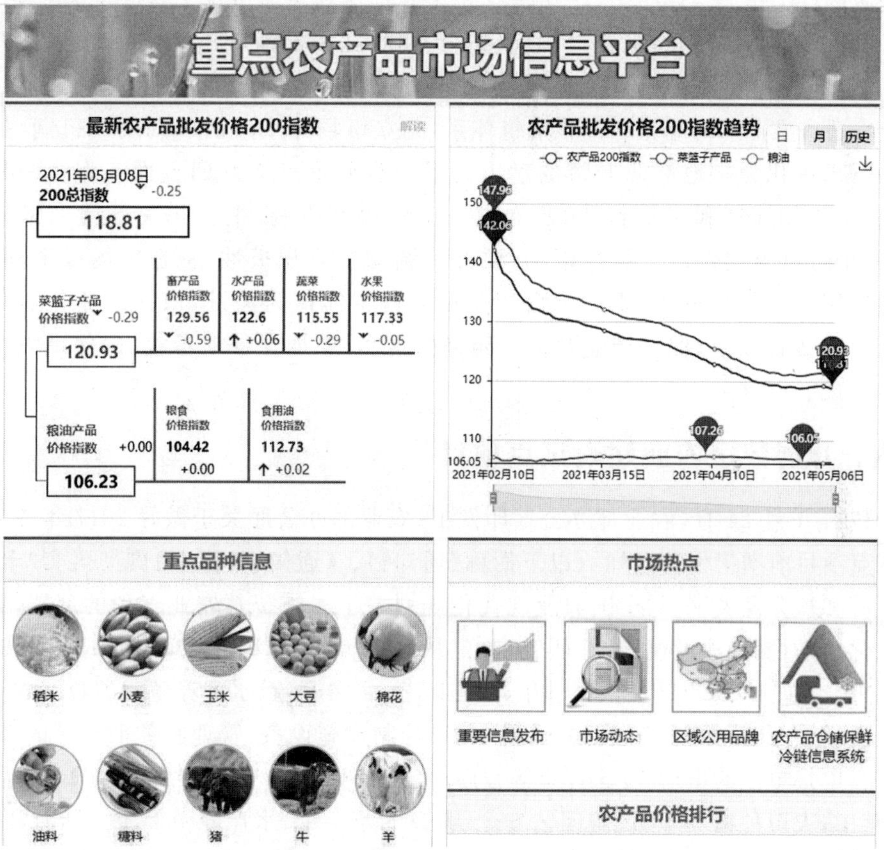

图 8-7　重点农产品信息平台

五、“互联网+”农产品出村进城工程

2019 年 12 月，经国务院同意，农业农村部会同国家发展改革委、财政部、商务部印发了《关于实施“互联网+”农产品出村进城工程的指导意见》；2020 年 5 月，农业农村部为贯彻落实文件部署要求，决定开展“互联网+”农产品出村进城工程试点工作，并制定了《“互联网+”农产品出村进城工程试点工作方案》。

项目优先选择包括贫困地区、特色农产品优势区在内的100个县开展试点，到2021年年底，基本完成试点建设任务。发挥"互联网+"在推进农产品生产、加工、储运、销售各环节高效协同和产业化运营中的作用，培育出一批具有较强竞争力的县级农产品产业化运营主体，建立完善适应农产品网络销售的供应链体系、运营服务体系和支撑保障体系，实现优质特色农产品产销顺畅衔接、优质优价，供给能力和供应效率得到显著提升，农民就业增收渠道进一步拓宽。通过试点，探索形成一批符合各地实际、可复制可推广的推进模式和标准规范，向全国推广应用。2020年12月2日，农业农村部公示首批"互联网+"农产品出村进城工程全国110个试点县名单。

2021年4月9日，农业农村部在京召开视频会议，部署加快推进"互联网+"农产品出村进城试点工作。会议指出，《"互联网+"农产品出村进城试点工程指导意见及试点方案》印发后，各地都高度重视，积极响应，结合实际，扎实推动，探索出了一些发展模式和典型案例，总结出了一些好经验、好做法，呈现出良好态势。会议强调，出村进城工程关键是建立适应农产品网络销售的供应链体系，建立市场与生产的联动反馈机制，把庞大的市场需求内化为本地产业升级的动力。下一步要重点抓好四方面工作。一是抓统筹，要制定工作计划和工作台账，建立试点工作协调机制，把各相关部门力量凝聚起来，扎实推进试点建设。二是抓市场，要充分调动企业积极性，营造市场投资环境，形成良性发展。三是抓重点，要把培育产业化运营主体作为关键，依托产业化运营主体打通全产业链各环节，促进产业升级。四是抓落实，要加强督促考核，确保试点工作按期保质完成。

六、开展数字农业建设试点项目

2017年1月24日，农业部办公厅印发了《农业部办公厅关于做好2017年数字农业建设试点项目前期工作的通知》(以下简称《通知》)。《通知》指出，为贯彻落实"十三五"国民经济和社会发展纲要、全国农业现代化规划关于实施智慧农业工程的部署，提高农业信息化水平，探索建设模式，经研究，决定从2017年起组织开展数字农业建设试点项目。其中，2017年，重点开展大田种植、设施园艺、畜禽养殖、水产养殖四类数字农业建设试点项目，结合产业类型，支持精准作业、精准控制设施设备、管理服务平台等内容建设。经过项目申报单位的申请、专家评审等程序后，最终确定20个数字农业建设试点拟储备项目，其中，大田种植5个、设施园艺6个、畜禽养殖7个、水产养殖2个。同时，2017年10月9日，农业部办公厅印发了《2018年数字农业建设试点项目申报指南》(以下简称《指南》)，《指南》指出2018年将重点建设大田种植、园艺作物、畜禽养殖、水产养殖四类数字农业建设试点项目。2018年度数字农业建设试点专项公示项目包括37个项目，其中，园艺作物类12个、大田种植类5个、畜禽养殖类14个、水产养殖类6个。2019年数字农业建设试点项目重点开展三项任务：一是建设农业生产经营主体、耕地、渔业水域、农产品市场交易、农业投入品等重要领域数据资源，大力培育新生产要素；二是发展数字田园、智慧养殖、农产品电子商务，推进数字技术与农业生产经营相融合，提升数字化生产力；三是开展重大关键技术研发，加快突破技术瓶颈，提高数字农业创新能力。

润物微语

科学研究不是为了争名争利，科技工作者要去掉浮躁，脚踏实地！

——屠呦呦

实践案例

黑龙江省"农业大数据+金融"服务平台

黑龙江省农业农村厅、建设银行和哈工大联合推出的农业金融服务项目，至2018年11月在全省首批26个试点县上线试运行，已有186万户、6 069万亩土地的信息录入平台，通过全省农村金融服务手机APP，为农户和新型经营主体提供方便快捷的融资服务，大幅降低融资成本，为破解农村融资难、融资贵提供有效路径。该项目依托省农业大数据平台的信息化建设成果，搭建"农业大数据+金融"服务平台，运用全省土地确权数据、农机数据、种植者补贴数据，建立农村金融风控模型及信用评价体系，运用信息化手段降低贷款信用风险及农户信息采集和验证成本，从而实现贷款利率的大幅度降低。

建设银行根据农业现代化发展需要，顺应农业集约化、规模化、标准化发展趋势，建设银行打造差异化涉农金融产品体系，建立涉农客户分层体系，实现涉农金融服务由单一向多元化转变。为拓展对涉农小微企业和农户的普惠金融服务，创新网络供应链模式服务"三农"。积极跟进农村产权制度改革，开发农村承包土地经营权抵押贷款和农民住房财产权抵押贷款产品。针对新型农业经营主体特色融资需求，创新"乡村农担贷""富硒茶叶贷"等产品。创新"N+农户"贷款模式，有效推进个人支农贷款发展。为有效解决"农民工讨薪难"的社会难题，同业首创"民工惠"业务，疏通产业链梗阻，实现农民工工资及时精准到账。截至2018年12月末，建设银行涉农贷款余额突破1.7万亿元。

在建设银行黑龙江省分行"智慧乡村"项目组、黑龙江省农业农村厅、哈尔滨工业大学的大力支持下，绥化分行2018年11月24日在庆安支行成功上线通过第一笔"农信云贷"和第一笔"地押云贷"，双双实现全国首笔上线。绥化"农信云贷"和"地押云贷"的上线成功，标志着全国首个面向农村的智慧乡村建设平台——农村金融服务平台正式上线，开创了用金融的力量激活农村资产的先河。

为有效解决农业农村金融服务的难点和痛点，绥化分行积极践行"普惠金融"战略，全力配合建设银行黑龙江省分行"智慧乡村"项目组，由行领导带队，选派优秀业务骨干参与项目开发建设，并选取庆安县、安达市、兰西县作为首批试点县域。在建设银行黑龙江省分行历时半年项目开发时间，绥化分行加强与当地政府、经管站组织协调，提前完成农民土地信息采集、实地勘察、数据共享、系统对接、人员培训等工作，率先在全省达到

"农村金融服务平台"上线条件。平台上线后,成功把手机变成了农民手中的"新农具",所有操作都在手机上进行,实现"一站式"服务、"一口价"收费和"一分钟"融资。此前,农民要想获得贷款,需要加入农民专业合作社,取得农业服务公司担保,到土地流转中心抵押,再到金融机构申报贷款,现在只需要在手机上注册建行"惠懂你"APP,即可实现在线测额、预约开户、身份认证及贷款申请、签约、支用、还款等一站式办理,让贷款难的问题不再难。为降低农民融资成本,平台上线后农村信用贷款利率由6.625%降至5.6%,抵押贷款利率直接降至5%,贷款贵的问题得到了有效解决。在贷款审批时间上,由原来的一个半月缩减至"1分钟",农民贷款慢的问题也迎刃而解。

(黑龙江省人民政府网站 http://www.hlj.gov.cn/、黑龙江省农业农村厅网站 http://nynct.hlj.gov.cn/)

本章小结

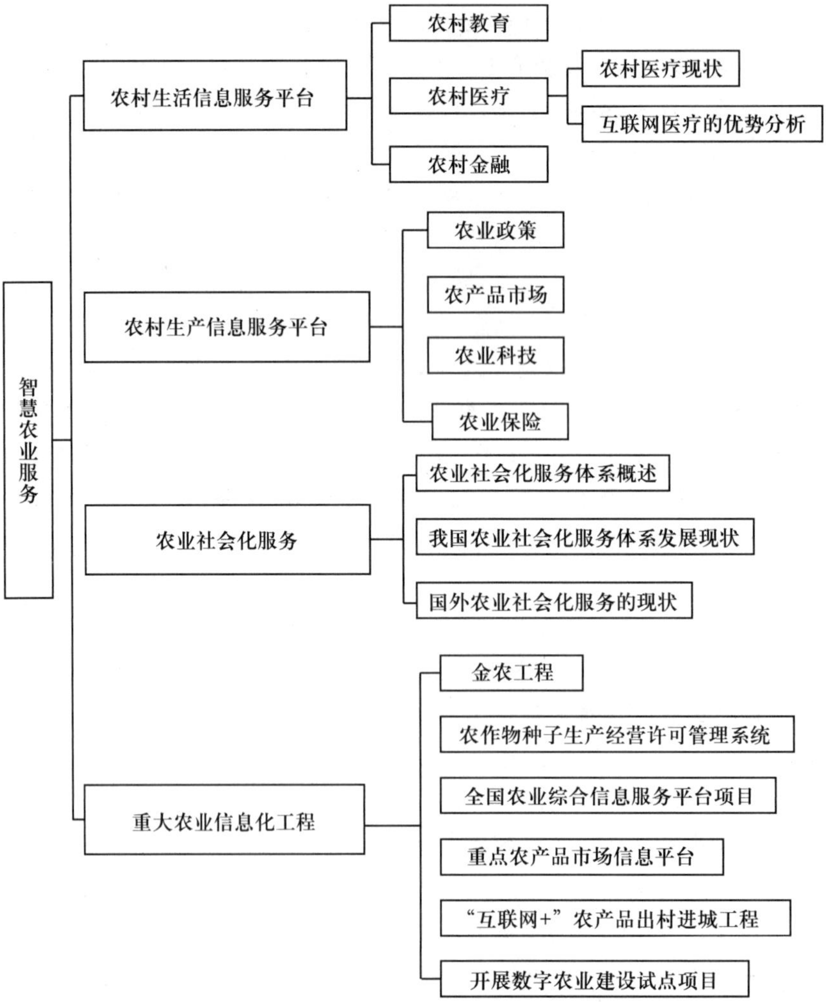

思考题

1. 什么是农业服务？
2. 根据提供农业服务的主体进行分类，可将农业服务分为哪几种？
3. 农业信息服务的手段有哪些？
4. 农村生产信息服务平台包括哪些？
5. 什么是农业社会化服务及其体系？

参考文献

[1] 龚玉娜,刘凯凯,曹思函,等．智慧农业发展现状及对策建议[J]. 绿色科技,2008(16):254-256.

[2] 李天娇,荆林波．农业服务投入对农业生产效率的影响:基于10国面板数据的实证研究[J]. 商业经济研究,2018(5):171-174.

[3] 李玉香,涂宇晰,王孟玉．农业信息服务运营平台的建设研究[J]. 电脑与电信,2019(12):12-14.

[4] 李克乐,杨宏力,曹思雪．我国农业社会化服务组织发展状况研究[J]. 山西农经．2021(20):25-27.

[5] 吕璐．建设新型农业社会化服务体系初探[J]. 农业与技术,2020,40(8):172-173.

[6] 朱少龙,张晋玉,晁毛妮,等．农业遥感技术研究进展[J]. 种业导刊,2019(8):3-9.

[7] 宋变兰, 黄道友, 路鹏,等．全球定位系统技术及其在农业中的应用[J]. 湖南农业科学,2005(3):67-69.

[8] 孟祥宝,谢秋波,刘海峰,等．农大数据应用体系架构和平台建设[J]. 广东农业科学, 2014, 41(14):173-173

[9] 谭长国．大数据农业的发展现状、问题与对策[J]. 商业经济,2016(12):17-26.

[10] 李道亮．农业4.0:即将到来的智能农业时代[J]. 农学学报,2018,8(1):207-214.

[11] 沈凤娇,聂小波,刘曼．县级农经业务管理平台产品开发[J]. 地理空间信息,2017,15(3):81-83,12.

[12] 李艳红,樊同科．农业病虫害监测预警平台设计[J]. 农业工程,2020,10(2):29-32.

[13] 万荣泽,宋玲,沈培坚．基于NET平台的农业电子政务系统研究[J]. 软件导刊,2009(10):94-96.

[14] 夏春秋．发挥电子政务平台在农业经济发展中作用的思考[J]. 调研世界,2008(7):44-45.

[15] 李丹,卢嘉威,何少芳,等．智慧农业生产示范管理服务平台设计与应用[J]. 现代农业装备,2020,41(4):48-54.

[16] 付天新,乔占明．智慧农业时空“一张图”管理平台建设综述[J]. 北方农业学报,2019,47(3):129-134.

[17] 李素梅,张伟杰,黄家怿,等．中山农业物联网云服务平台建设[J]. 现代农业装备,2016(3):50-54.

[18] 曹丽英，肖艳华，姚玉霞，陈桂芬．基于框架表示的玉米病虫草害诊治专家系统的构建及实现[J]．玉米科学，2009，17(4)：148-150.
[19] 张彬露．农业专家系统概述与优化研究[J]．农村经济与科技，2020，31(15)：341-344.
[20] 杨娜．农业专家系统应用研究[J]．农业网络信息，2010(8)：9-12.
[21] 黄语燕，郑回勇，吴敬才，等．我国农作物栽培专家系统应用研究综述[J]．福建农业科技，2017(11)：49-52.
[22] 张煜东，吴乐南，王水花．专家系统发展综述[J]．计算机工程与应用，2010，46(19)：43-47.
[23] 宋蝶，陈新兵，董洋阳，等．养分专家系统推荐施肥对苏北地区水稻产量和肥料利用率的影响[J]．中国生态农业学报，2020，28(1)：68-75.
[24] 杨马庆领，张轶鹏．互联网：第三方冷链物流对生鲜农产品网络营销研究[J]．农村经济与科技，2021，32(2)：57-58.
[25] 刘芳，邹再进．电子商务时代农产品网络营销策略研究[J]．农村经济与科技，2021，32(3)：141-142.
[26] 陈德宝．农产品电商上行问题与对策探析[J]．中国市场，2019(7)：181-184.
[27] 魏松．农村电商发展中的农产品上行路径研究[J]．现代商业，2019(2)：24-25.
[28] 王雪，玉洁，蒋文建．网络营销模式下乡村品牌推广途径[J]．才智，2020(1)：162-164.
[29] 陈骞，陈萍．我国特色农产品现代流通渠道的优化策略[J]．商业经济研究，2019(22)：142-145.
[30] 李千千．新媒体背景下农产品网络营销策略研究[J]．乡村振兴，2021(4)：57-58.
[31] 陈美荣，殷晓锋．移动互联网时代我国农产品电商发展问题分析及对策研究[J]．数字经济，2019(11)：183-191.
[32] 钟聪儿．基于RFID技术的干果类农产品质量安全追溯系统[J]．青岛农业大学学报(自然科学版)，2020，37(4)：277-281.
[33] 杨中杰．农产品追溯系统的设计与实现探讨[J]．农村经济与科技，2019，30(18)：291-292.
[34] 周大森，郑晓冬，宋烨．我国农产品追溯服务发展现状及对策[J]．中国果蔬，2020(3)：38-43.
[35] 薛洋．物联网技术在农产品物流信息化中的应用研究[J]．现代商业，2014(14)：43-45.
[36] 王晶，李祯，牛文佳．基于消费者体验需求的农产品新零售经营策略[J]．农业经济，2021(4)：134-136.
[37] 张峰．棉花生产管理中智慧农业的应用分析[J]．农业工程技术，2021，41(24)：33，36.
[38] Prasad R，Ranjan K R，Sinha A K. AMRAPALIKA：An expertsystem for the diag-

nosis of pests, diseases, and disorders in In-dian mango[J]. Knowledge-Based Systems, 2006, 19(1): 9-21.

[39] Lyu J J, Chen M N. Automated visual inspection expert system for multivariate statistical process control chart[J]. Expert Sys-tems with Applications, 2009, 36(3): 5113-5118.

[40] 王北生,宋悦,王志江,等. 我国农药静电喷雾技术的研究及应用进展[J]. 江苏农业科学,2021,49(22):37-42.

[41] 成子怡,吴阿敏,王政浩,等. 植保无人机的应用及发展[J]. 农机使用与维修,2022(3):100-102.

[42] 孟丹,张亮,李磊,等. 采摘机器人在农业中的应用分析[J]. 农业装备技术,2021,47(5):27-30.

[43] 王思玉,牛成强,李钊,等. 典型果蔬采摘机器人研究现状与趋势[J]. 新疆农机化,2021(6):14-17.

[44] 牛萌萌,周进,张华,等. 大蒜收获机械研究进展[J]. 农业装备与车辆工程,2019(57):182-186.

[45] 王后新,李天华,吴彦强,等. 大蒜收获机械研究现状及展望[J]. 中国农机化学报,2018,39(6):102-107.

[46] 刘宗林,胡军,赵胜雪,等. 马铃薯收获机具研究进展[J]. 中国农机化学报,2019,40(4):31-35.

[47] 王东军. 谷物收获机械类型基本介绍[J]. 农业与技术,2012,32(6):168.

[48] 曾永跃. 机械微喷灌节水技术应用初探[J]. 广西农业机械化,2019(4):27-28.

[49] 刘俊平,朱兴业,袁寿其,等. 中国农业节水喷微灌装备研究进展及发展趋势[J]. 排灌机械工程学报,2022,40(1):87-96.

[50] 韩英,贾如,唐汉. 精准变量施肥机械研究现状与发展建议[J]. 农业工程,2019,9(5):1-6.

[51] 徐宏扬. 水稻插秧机的应用情况与规范化作业要求[J]. 农机使用与维修,2020(8):135.

[52] 何冯光,张伟,李明,等. 甘蔗种植机排种装置的现状及发展趋势[J]. 黑龙江八一农垦大学学报,2018,30(6):82-88.

[53] 苑全红. 我国拖拉机技术现状及发展趋势[J]. 拖拉机与农用运输车,2021,48(3):1-2.

[54] 任巍峥,王帮高. 莱州:智慧农机让粮食生产尽显"科技范"[J]. 山东农机化,2021(3):13-14.

[55] 孙海英. 智慧农机打造大田作物生产新模式[J]. 农业工程信息,2021(9):60-62.

[56] 郑大睿. 我国智慧农业发展:现状、问题及对策[J]. 农业经济,2020(1):12-14.

[57] 任少杰,郝永生,许博浩. 射频识别技术综述[J]. 飞航导弹,2015(1):70-73.

[58] 钱平,郑业鲁,熊本海,等. 射频识别技术及其在农业上应用[J]. 农业图书情报学

刊,2005,17(2):16-19.
[59] 桂淮濛．遥感技术在农业生产中的实际应用[J]．农业工程,2019,9(2):22-24.
[60] 郭良琴．浅析遥感技术在农业生产过程中的应用[J]．农业与技术,2020,40(5):44-45.
[61] 张建华,吴建宅,韩书庆,等．农业传感器技术研究进展与性能分析[J]．AO农业展望,2017(1):38-48.
[62] 王笑娟,刘彩凤,谢虹,等．我国农业物联网发展现状、存在问题和对策[J]．安徽农业科学,2017,45(1):215-217.
[63] 潘陈乡,池雷钧,王学峰．瑞安市农业物联网发展现状、问题及对策[J]．浙江农业科学,2018,59(6):1060-1062.
[64] 冯新新,梁张华．当前我国农业物联网发展存在的问题及建议[J]．通信管理与技术,2018(5):12-14.
[65] 章玮．我国农业物联网发展存在的问题及对策[J]．现代农业科技,2019(12):250-253.
[66] 冯献,李瑾,郭美荣．改革视角下农业物联网创新驱动战略研究[J]．中国农业科技导报,2016,18(3):7-17.
[67] 李奇峰,李瑾,马晨,等．我国农业物联网应用情况、存在问题及发展思路[J]．农业经济,2014(4):115-116.
[68] 张明沛．发展智慧农业,加快乡村全面振兴[J]．广西农学报,2020,35(6):1-4.
[69] 王瑞峰,王东升．基于ARM技术的智慧农业网络架构布局分析[J]．农机化研究,2021(12):242-246.
[70] 赵荣阳,王斌,姜重然,等．基于物联网的农业大棚生产环境监控系统设计[J]．农机化研究,2021(11):131-137.
[71] 闫雪,王成,罗斌．农业4.0时代的农业物联网技术应用及创新发展趋势[J]．温室园艺,2021(2):12-16.
[72] 聂鹏程,董涛,吴迪,等．农业物联网技术及其应用推广[J]．农业工程,2017,7(5):25-30.
[73] 聂鹏程,张慧,耿洪良,等．农业物联网技术现状与发展趋势[J]．浙江大学学报,2021,47(2):135-136.
[74] 李浩琪．浅谈物联网核心技术及其在农业领域的应用[J]．广东蚕业,2021,55(2):74-75.
[75] 樊雪梅．物联网技术发展的研究与综述[J]．计算机测量与控制,2011,19(5):1002-1004.
[76] 陈天超．物联网技术基本架构综述[J]．林区教学,2013(3):64-65.
[77] 李坡,吴彤,匡兴华．物联网技术及其应用[J]．国防科技,2011(1):19-22.
[78] 王保云．物联网技术研究综述[J]．电子测量与仪器学报,2009,23(12):1-7.
[79] 薛秀琴,许方曲,郝秀兰．物联网技术与应用综述[J]．电脑开发与应用,2014(3):

10-16.
[80] 徐鹏,王玉珏,李健．物联网技术综述[J]. 软件导刊,2011,10(5):50-51.
[81] 宋鸿远．智慧农业发展的状况、面临的问题及对策建议[J]. 二十四个重大问题研究,2020(12):62-69.
[82] 向绪友,周超,贺艺．农业物联网应用推广存在的问题和改进建议[J]. 湖南农业科学,2016(1):81-85.
[83] 李道亮,杨昊．农业物联网技术研究进展与发展趋势分析[J]. 中国农业文摘,2018(2):3-12.
[84] 夏青．农业步入“智慧时代”[J]. 农经,2020(9):19-30.
[85] 王坤．新时期我国支持农村教育政策的特征与完善[J]. 徐州工程学院学报(社会科学版),2018,33(5):98-103.
[86] 陈晓栋．基于物联网的谷子大田苗情监测与管理技术研究[D]. 太原:山西农业大学,2015.
[87] 张越杰,基于物联网智慧农业信息平台建设精准监测与智能控制系统的研究[D]. 曲阜:曲阜师范大学,2017.
[88] 祝浩．基于规则推理的旅游景点推荐系统的研究与实现[D]. 北京:华北电力大学,2018.
[89] 段云鹏．基于框架表示的玉米病虫草害诊治专家系统[D]. 长春:吉林大学,2008.
[90] 汪晨冉．基于物联网技术的农产品智能冷链物流体系研究[D]. 昆明:云南财经大学,2019.
[91] 尹吉才．新型苹果采摘机器人的研究[D]. 兰州:兰州理工大学,2019.
[92] 彭冬星．无人机搭载的水稻撒播机研究[D]. 长沙:湖南农业大学,2018.
[93] 熊梓杰．成都智慧农业发展路径研究[D]. 成都:成都大学,2020.
[94] 张向飞．基于农业物联网的数据智能传输与大田监测应用[D]. 上海:东华大学,2016.
[95] 姚旭东．国内外物联网技术发展的比较研究[D]. 西安:西安交通大学,2010.
[96] 初洪龙．基于物联网的智能农业大棚的研究与实现[D]. 大连:大连理工大学,2014.
[97] 郑纪业．农业物联网应用体系结构与关键技术研究[D]. 北京:中国农业科学院,2016.
[98] 李灵．温室大棚多传感农业物联网系统设计与研究[D]. 重庆:西南大学,2020.
[99] 何岚．基于物联网的大棚果蔬智能监控系统研究[D]. 长沙:湖南农业大学,2017.
[100] 周高星．基于农业物联网多源易构传感网络的研究与实现[D]. 泉州:华侨大学,2017.
[101] 赵胜利．作物生长感知与智慧管理物联网平台架构与实现[D]. 南京:南京农业大学,2015.
[102] 聂鹏程．植物信息感知与自组织农业物联网系统研究[D]. 杭州:浙江大学,2012.

[103] 叶李．物联网技术在农业企业中应用的影响因素研究[D]．广州：华南农业大学，2018.
[104] 张伟．面向精细农业无线传感器网络关键技术研究[D]．杭州：浙江大学，2013.
[105] 陈玉兵．基于物联网的农田环境监测及灌溉控制系统研制[D]．西安：西安邮电大学，2019.
[106] 沈敏燕．果蔬类农产品冷链物流信息溯源研究[D]．苏州：苏州科技大学，2017.
[107] 吕亚伟．农产品电子商务[M]．北京：中国农业科学技术出版社，2017.
[108] 中国人工智能学会．中国智能农业发展报告[M]．北京：科学出版社，2017.
[109] 薄丽秀，张鹏祥，王建民．当代视角下的智能农业[M]．北京：中国农业科学技术出版社，2020.
[110] 邹承俊．智能农业技术及应用[M]．北京：水利水电出版社，2013.
[111] 李伟越，艾建安，杜完锁．智慧农业[M]．北京：中国农业科学技术出版社，2019.
[112] 谢能富，曾庆田，马炳先，等．智能农业：智能时代的农业生产方式变革[M]．北京：中国铁道出版社，2020.
[113] 江洪．智慧农业导论：理论、技术和应用[M]．上海：上海交通大学出版社，2015.
[114] 杨立国，李小龙．农业机械信息化与智能化技术[M]．北京：中国农业科学技术出版社，2020.
[115] 杨丹．智慧农业实践[M]．北京：人民邮电出版社，2019.
[116] 李道亮．无人农场：未来农业的新模式[M]．北京：机械工业出版社，2020.
[117] 李道亮．农业 4.0：即将来临的智能农业时代[M]．北京：机械工业出版社，2020.
[118] 李道亮．中国农村信息化发展报告(2019)[M]．北京：机械工业出版社，2020.
[119] 李道亮．互联网与智慧农业[M]．北京：电子工业出版社，2021.
[120] 杨立国，李小龙．粮经作物机械化技术及装备[M]．北京：中国农业科学技术出版社，2020.
[121] 刘立民，曾立新．农产品电子商务 100 问[M]．中国农业出版社，2017.
[122] 梁智慧，路志成．农产品物流[M]．北京：中国农业出版社，2017.
[123] 农业部办公厅、国家粮食局办公室关于加快推进金农工程一期项目实施工作的通知(农办市〔2011〕10 号)[EB/OL]．(2011-06-07)[2022-04-21]．http://www.scs.moa.gov.cn/gzjl/201703/t20170317_6292521.htm.
[124] 从农业大数据看农业未来发展新方向[EB/OL]．(2019-02-19)[2022-04-21]．http://www.nanjingsanyuan.com/h-nd-14.html
[125] 大数据助推数字乡村发展[EB/OL]．(2020-12-10)[2022-04-21]．https://www.sohu.com/a/437450550_120166013
[126] 农业部关于推进农业农村大数据发展的实施意见[EB/OL]．(2017-11-25)[2022-04-21]．http://www.moa.gov.cn/nybgb/2016/diyiqi/201711/t20171125_5919523.htm
[127] 农业部办公厅关于做好 2017 年数字农业建设试点项目前期工作的通知[EB/OL]．(2017-03-09)[2022-04-21]．http://www.moa.gov.cn/gk/tzgg_1/tfw/201703/

t20170320_5530019. htm

[128] “数字乡村”开启振兴新功能[EB/OL]. (2020-10-14)[2022-04-21]. https://new. qq. com/omn/20201014/20201014A0HKVI00. html

[129] 中共中央办公厅、国务院办公厅印发《数字乡村发展战略纲要》[EB/OL]. (2019-05-16)[2022-04-21]. http://www. gov. cn/zhengce/2019-05/16/content_5392269. htm